高职高专园林类专业系列教材

园林植物造型技艺

（第二版）

韩丽文　陈丽媛　主编

科学出版社

北　京

内 容 简 介

　　本书为高职高专园林类专业系列教材，全书由导学和 9 个项目组成，分别阐述园林植物造型基本知识、园林树木自然式造型、园林树木几何体造型、园林树木象形造型、园林树木独干造型、藤本植物框架造型、树木盆景造型、园林植物图案造型、草本花卉立体造型及常见园林植物造型。每个项目分为学习目标、知识准备、任务实施、小结、思考练习等，任务实施中选择若干有代表性的造型任务作为载体，详细描述工作程序和造型方法，便于读者自学。全书图文并茂，并附有若干幅彩图。

　　本书可作为高职高专园林技术、园艺技术、商品花卉等园林类专业的通用教材，也可作为行业企业园林技术类技术人员的培训用书。

图书在版编目（CIP）数据

园林植物造型技艺 / 韩丽文，陈丽媛主编. —2 版. —北京：科学出版社，2024.2

（高职高专园林类专业系列教材）

ISBN 978-7-03-067625-2

Ⅰ. ①园… Ⅱ. ①韩… ②陈… Ⅲ. ①园林植物–造型设计–高等职业教育–教材 Ⅳ. ①S688

中国版本图书馆 CIP 数据核字（2020）第 270269 号

责任编辑：万瑞达　袁星星 / 责任校对：王万红
责任印制：吕春珉 / 封面设计：曹　来

科 学 出 版 社 出版

北京东黄城根北街 16 号
邮政编码：100717
http://www.sciencep.com

三河市中晟雅豪印务有限公司印刷

科学出版社发行　各地新华书店经销

*

2011 年 7 月第 一 版　　开本：787×1092 1/16
2024 年 2 月第 二 版　　印张：18　彩插：4
2024 年 2 月第八次印刷　字数：440 000

定价：69.00 元

（如有印装质量问题，我社负责调换〈中晟雅豪〉）

销售部电话 010-62136230　编辑部电话 010-62130874

本书编写人员

主　编　韩丽文（辽宁生态工程职业学院）

　　　　陈丽媛（辽宁生态工程职业学院）

副主编　单兴宇（辽宁生态工程职业学院）

　　　　付海英（辽宁生态工程职业学院）

参　编　刘姗姗（辽宁生态工程职业学院）

　　　　宋　丹（辽宁生态工程职业学院）

　　　　张姣美（辽宁生态工程职业学院）

　　　　张　影（辽宁生态工程职业学院）

第二版前言

本书是在《园林植物造型技艺》(第一版)(韩丽文、祝志勇主编,科学出版社出版)的基础上修订的。第一版自2011年7月出版以来,在全国职业院校园林类及相关专业中使用,得到了广大师生和社会读者的认可,也为全国园林类技术技能人才的培育发挥了重要作用。鉴于第一版教材缺乏配套的教学资源,为满足教学需要,本书在内容和形式上以第一版为基础,突出教材的职业性、实践性、共享性,重视课程思政教育和学生职业素养的培养,充分体现职业教育特点,依据园林植物造型技术岗位的典型工作任务确定课程内容,使其与行业岗位对接。

本书为体现课程内容以工作任务为依托,教学活动以学生为主体,实现以工作过程为导向的课程体系改革思想和行业发展要求,做到工学结合,培养学生的综合素养,增强学生的就业创业能力。本书在第一版的基础上,由原来的9个单元改成导学和9个项目,增加了藤本植物框架造型项目,充实了教学课件。为适应教育部关于开展"课程思政"的要求,每个项目对教学目标进行了细化,分成了知识目标、能力目标和思政目标,补充了小结、思考练习,对每个工作任务的评价标准进行了量化。本书力求突出理论与实践的结合并以技能训练为主,图文并茂,并穿插有彩色图,实现教学做一体化,体现先进、实际、实用、实践的特点。

本书由全国林业高职院校中具有长期教学经验和专业实践的教师编写,由韩丽文和陈丽媛担任主编,单兴宇和付海英担任副主编。具体的编写分工如下:韩丽文负责起草教材编写提纲,对全书进行统稿,编写前言及制作全书课件;陈丽媛负责全书统稿校对,协助审定编写提纲,编写课程导学的0.3~0.6节及项目6;单兴宇编写课程导学的0.1和0.2节及项目9;付海英编写课程导学的任务实施、小结、思考练习,项目1及项目7的7.1~7.5节;刘姗姗编写项目7的任务实施、小结、思考练习及项目8;宋丹编写项目3和项目4的4.1和4.2节;张姣美编写项目2及项目4的4.3节和任务实施、小结、思考练习;张影编写项目5。

本书的出版和广泛使用,感谢国家社会科学基金"十一五"规划(教育科学)"以就业为导向的职业教育教学理论与实践研究"课题(课题编号:BJA060049)的子课题的推动,感谢科学出版社的协助和大力支持。另外,编者在编写本书过程中参考了一些书籍和文献资料,在此向相关作者致谢!

由于编者水平有限,书中难免有不足之处,敬请读者提出宝贵意见。

编　者

2023年4月

第一版前言

园林类专业是集植物学、生态学、美学、工程学和建筑学等多学科知识与技术构建起来的综合性专业，其中植物是构成园林景观的重要组成要素。一定数量的园林植物不仅起到绿化美化环境的作用，而且具有减轻环境污染、调节小气候、防护减灾减尘等生态功能。植物的美化作用是通过花卉的各种装饰手法和植物的造型来实现的。园林植物造型是融园艺学、文学、美学、雕塑、建筑学等为一体的重要的园林文化表现形式，因此园林植物造型作为园林技术专业的一门专业课，是园林技术专业适应现代园林发展趋势，专业教育与社会需求紧密结合的重要体现。本门课程面向园林植物养护师、苗木造型师、花卉园艺师，主要是让学习者掌握园林树木各种造型技术、盆景制作和群体花卉的平面与立体造型技术。

园林植物造型技艺课程是一门技能性很强的专业课程，是在学习者具备园林树木、园林花卉、园林植物生长发育与环境、园林植物栽培养护、园林美术、园林工程等方面知识的基础上开设的。每个单元选择若干有代表性的造型项目作为载体，详细阐述其工作程序和造型方法，将各单元涉及的各项目共性的先导性知识作为预备知识予以阐述，这既遵循了学习者的认识规律，也减少了各项目中的内容重复，还给予了学习者系统性的工作程序知识，有助于提高学生分析问题、解决问题能力和创新能力的培养。教材编写中力求突出理论与实践的结合并以技能训练为主；突出文字描述与黑白图、彩图相结合做到图文并茂；突出教学做一体化，体现实际、实用、实践的特点。

本书由全国林业高职院校中具有长期教学经验和专业实践的老师编写。韩丽文和祝志勇任主编，张哲斌任副主编。韩丽文负责起草本书编写提纲，对全书进行统稿。具体分工如下：单元1、3、9由祝志勇执笔；单元5、7、8由韩丽文执笔；单元2由李烨执笔；单元4由宋丹执笔；单元6中6.1～6.3节由陈丽媛执笔，6.4～6.5节及实训任务19～28均由崔广元执笔；书中部分插图由任全伟手绘。

本书在编写过程中得到了课题组和科学出版社职教技术中心专家们的热情指导和支持。另外，本书在编写中参考了本书所列作者编著的参考文献，引用了一些文字和插图，在此一并致谢！

由于编者水平有限，书中难免有许多不足之处，希望各院校在使用中把意见反馈给我们，以便再版时修正。

韩丽文

2010 年 12 月

目　录

课程导学　园林植物造型基本知识

学习目标

知识目标 ☞

1. 理解园林植物造型的概念和美学原理。
2. 了解园林植物造型的基本类型。
3. 熟悉树体的结构、枝的生长特性、芽的生长特性与整形修剪的关系。
4. 了解园林植物的整形方式。
5. 了解园林树木整形修剪的时期。
6. 理解园林树木整形修剪的原则。
7. 熟悉园林树木修剪常用工具及辅助机械。
8. 掌握园林树木整形修剪的主要技法。

能力目标 ☞

1. 能准确识别树木的冠形、树体的结构、树木的分枝方式、各种枝条及芽的类型。
2. 能够运用修剪技艺对不同树木进行整形修剪。

思政目标 ☞

1. 培养自主学习、综合分析问题、解决问题的能力和创新意识。
2. 培养吃苦耐劳的精神，增强团结合作的团队意识，培养协调沟通能力及社会适应能力。

知识准备

0.1　园林植物造型及其美学原理

0.1.1　园林植物造型的概念与应用

园林植物造型是园林工作者通过对植物材料的构思设计，采用栽培管理、整形修剪、搭架造型、群体结合等手段，打造出来的符合植物特点、适合环境要求的艺术形象。它包括对培育中的花木造型、对景观绿地中现有植物的造型、群体组合造型等。

园林植物造型首先要根据具体的植物形态，设计出目标造型形态，然后在造型设计的基础上，根据植物的特性，经过长期的栽培管理、不断地整形修剪，逐步打造出符合植物特点、适合环境要求、具有艺术形象的造型植物。

造型植物既包含植物的属性，又具有雕塑独特的艺术性与观赏性。根据环境的特点和需要，把各种几何造型、象形造型等造型植物有机地配置在园景中，可极大地丰富和提升园景的审美价值，甚至可以形成独特的风景观赏区。如图 0.1 所示，根据地形及土壤环境的实际情况，在灌木几何图案色块的基础上，充分运用植物的几何体造型，尤其大量运用锥体造型植物，使整个环境的视觉效果达到一个更高的层面。如图 0.2 所示，根据地形及环境的特点，充分运用半球体、球体、圆柱体、散球形等几何体造型植物的特色，同时适量运用象形造型植物来进行点缀，把植物的特性与雕塑的艺术性完美地结合在一起，使人赏心悦目。如图 0.3 所示，根据环境的特点，大量配置半球体、球体、圆柱体等几何体独干造型植物，把植物的柔美性与山石的刚性艺术性地结合在一起，创造出别具一格的美景。如图 0.4 所示，把大量半球体、球体、圆柱体、圆锥体等几何体造型植物错落有致地配置在园景中，特别是运用了通过修剪整形而成的绿墙及植物拱门，再辅以乔木点缀、绿篱分隔，使整个园景形成颇具艺术特色的景观。

图 0.1　造型植物应用（一）

图 0.2　造型植物应用（二）

图 0.3　造型植物应用（三）

图 0.4　造型植物应用（四）

0.1.2　园林植物造型的基本类型

园林植物造型的类型可从不同的角度划分，从空间划分，可分为平面造型和立体造型；从表现手法划分，可分为具象造型和抽象造型；从材料组织形式划分，可分为单独造型、规则式造型和综合式造型；从艺术形态划分，可分为自然式造型和几何图案式造型；从造型效果划分，可分为植物雕塑、植物建筑和植物图案。下面主要介绍从艺术形态和造型效果划分的类型。

1. 自然式造型和几何图案式造型

自然式造型是在保持植物的自然面貌和生态学特征的基础上，突出其形象和色彩的个性，选用花、叶、干等观赏品位较高的植物进行自然式造型，注重布局的整体气势和神韵的表达，讲究诗情画意，充分体现植物的自然美和意境美。

几何图案式造型是把单株树木或群体植物处理成抽象的几何形状，或是鸟兽等具象的形状，也可以是绿篱及图案式花坛。

2. 植物雕塑、植物建筑和植物图案

植物雕塑是利用单株或几株植物组合，通过修剪、嫁接、绑扎等造型手法创造出各种造型，如几何造型、独干造型、动物造型、各种奇特造型、藤本植物造型等。

植物建筑是用大量的植物通过修剪、绑扎等手段组成类似建筑的各种大规模的植物类型，如绿篱造型、编结和绑扎造型、攀缘植物形成的屏障和篷架等。

植物图案主要指彩结和模纹花坛，它们形成各种各样的图案，由图案又可产生不同的观赏效果和寓意。

0.1.3 园林植物造型的美学原理

园林树木在外界自然环境因子的影响下，只有经过长期的自然选择，才能筛选出美丽的自然造型，而通过人工修剪，不仅可以短期内创造各种优美造型，还可以根据个人喜好和美学原理创造各种自然形体、飞禽走兽或规则的几何形体。人工造型要遵循艺术构图的基本原则。例如，在统一的基础上寻求灵活的变化，在调和的基础上创造出对比的活力，使树木景观富有韵律与节奏，使用正确的比例与尺度，讲究造景的均衡与稳定，具有丰富的比拟联想，等等。

1. 统一与变化

观赏树木是用来绿化园林空间的，其造型要与环境取得统一协调或起烘托作用。例如，在自然的山水中要采用自然式修剪，在规则的园地中要采用规则式修剪。如图 0.5 所示，造型植物在应用中要根据地形、环境特点等，使在绿地中构成的几何图案单元基本统一，但各个单元的布置可以有各种各样的变化。

图 0.5 统一与变化

2. 调和与对比

观赏树木各有不同的自然形态，环境空间也形状各异。例如，修剪成球形树放在方形平台上，形象对比较强；修剪成球形树放在圆形平台上，形象对比调和。如果强调对比的环境，就采用对比的手法进行修剪；如果强调调和的环境，就采用调和的手法进行修剪。对于几何模纹造型，如几何图案、文字等造型，要体现造型的艺术性，应合理选择和搭配各种植物材料。例如，利用红色、黄色、绿色 3 种颜色的苋草巧妙组合的色块图案，色彩对比鲜明且给人视觉美感（彩图 0.1）。

3. 韵律与节奏

通过观赏树木的整形修剪可创造无声的音乐，创造具有韵律与节奏变化的树木形体艺术感。例如，上下球状枝的修剪就是具有简单韵律的表现，上下前后大小枝条的变化具有交替韵律的变化，螺旋的上下有规律的修剪即形成交错韵律的变化。绿篱最常见的修剪形式是平直式，即顶面平坦，侧面垂直，断面呈长方形或稍呈梯形，如果把其修成城垛式、波浪式，就会更具有韵律感的外表。如图 0.6 所示，3 个美女人物植物造型各有姿态，给人以舞动的节奏感。

4. 比例与尺度

植物的本身与环境空间也存在长、宽、高的大小关系，即为比例，观赏树木本身，宽与高的比例不同，给人的感受就不同。可根据不同目的，采用相应的宽高比例，如 1∶1（具有端正感）、1∶1.618（具有稳健感）、1∶1.414（具有豪华感）、1∶1.732（具有轻快感）、1∶2（具有俊俏感）、1∶2.36（具有向上感）。尺度是人常见的某些特定标准之间的大小关系。在比较大的空间里树木的修剪要保持较大的尺度，使其有雄伟壮观之感。在比较小的空间里，树木的修剪要保持较小的尺度，使其有亲切感。在中等大小的空间里，树木的修剪要保持适中的尺度，使其有舒适感。对于象形植物造型，更要注重植物形态各组成部分的比例与尺度，如果比例与尺度控制不恰当，艺术感就难以凸显出来。如图 0.7 所示，一对植物花瓶的瓶身、瓶颈、瓶口与花瓶整体高度、宽度之间的比例、尺度控制适当，使整个花瓶的整体艺术感显现出来。

图 0.6　韵律与节奏

图 0.7　比例与尺度

5. 均衡与稳定

整形修剪后的观赏树木，要给人们留下均衡稳定的感受，就必须在整形修剪时保持明显的均衡中心，使各方都受此均衡中心的控制。如果要创造对称均衡，就要有明确的中轴线，各枝条在轴线两边完全对称布置。如果不对称均衡，就没有明显的轴线，各枝条在主干上自然分布，但在无形的轴线两边要求平衡。稳定是说明观赏树木本身上下或两株树相对的关系，它是受地心引力控制的。从体量上看，上大下小给人以不稳定感，下大上小则显得稳定；从质感上看，上方细致修剪、下方粗犷修剪就显得稳定。利用均衡与稳定的原理整形修剪后的造型，会给人们带来安定感和自然活泼的微妙力量。如图 0.8 所示的宝塔植物造型，从底座到塔顶，一方面要控制合理高度及每层塔之间的距离，以使整个塔体保持均衡的感觉。另一方面要考虑底座大小与宝塔整体的稳定感，如果塔基部过小，则将给人摇摇欲坠的感觉；如果塔基部过大，上部控制过小，则将使整个塔体显得很不协调。

6. 比拟联想

比拟联想是中国的传统艺术手法，包括拟人、拟物两种，将观赏树木修剪成古老的自然形体，会给人们带来古雅之感；将观赏树木修剪成各种建筑、雕塑、动物等几何形体，就可以创造比拟的形象，如大象、龙、飞机、塔、卡通人物等造型。如图 0.9 所示的造型，会使人联想到一位少女在献哈达。

图 0.8 均衡与稳定

图 0.9 比拟联想

0.2 园林植物生物学特性与整形修剪

植物造型主要根据造型设计的目标，一方面根据要求把不同的植物有机地组合在一起，营造艺术效果；另一方面主要通过整形修剪、搭架、绑扎、牵引等技术方法对植物个体进行处理，进而实现造型目的。

整形修剪是植物造型的主要技术手段。整形就是用剪、锯、捆、绑、扎等手段将植物体按其习性或人为意愿整理或盘曲成各种优美的形态与姿态，使普通植物提高观赏价值。修剪是将植物器官的某一部分疏除或剪截，达到调节树木生长势与更新复壮的目的。乔木和大灌木的整形修剪可分为两个阶段，在苗圃出圃前或定植时，确定树体结构的整形修剪称为定型修剪；对定型后的树木，维护其结构并让其继续发展的整形修剪称为养护修剪。整形修剪除了使树木造型符合审美需要，对于调节诸如观赏树木的根冠比、增强树势、促进观花果树木开花结实、老树更新复壮及协调周围环境都有重要意义。植物造型主要以植物本身的特征为依据，根据植物造型的美学原理，重点从植物的整体形态、树体的结构、枝的生长特性、芽的生长特性等方面着手，通过持续的整形修剪等手段，逐步实现造型目的。

0.2.1 树体的结构与整形修剪

1. 树木的株型和冠形

一株树木整体形成的姿态叫株型，由树干发生的枝条集中形成的部分叫树冠。各种树木在自然状态下都有固定的株型。园林乔木常见冠形有尖塔形（圆锥形）、圆柱形、窄卵形、宽卵形、杯状形、圆球形、平顶形、扁球形、棕榈形等（图 0.10）。

2. 树体的结构

树体一般由主干和树冠构成，依据树冠的枝条和其在主干上的位置关系，组成树冠的各种枝条都有一定的名称（图 0.11）。认识组成树干和树冠的各种主要枝条名称术语，是学习整形修剪的基础。

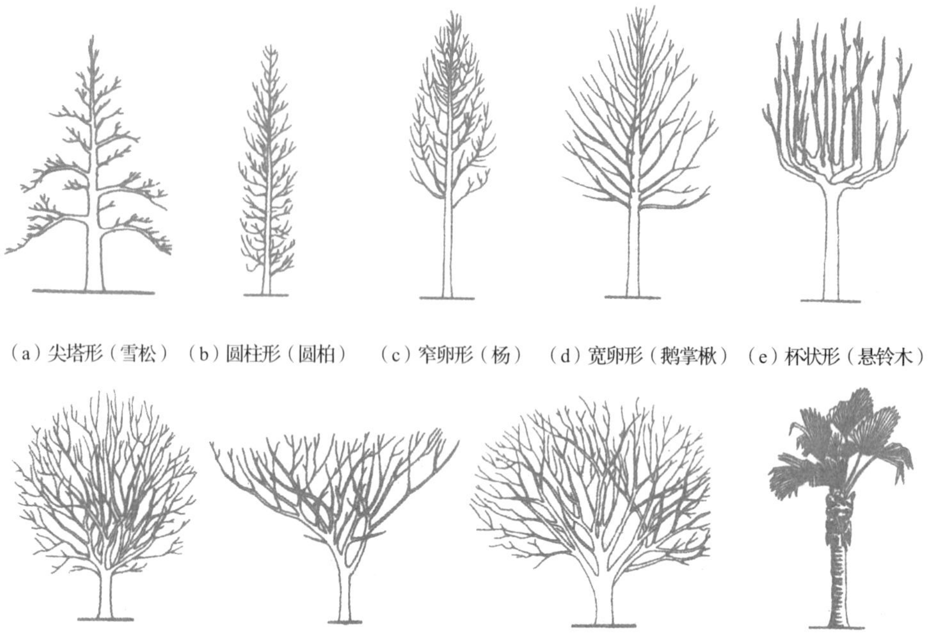

（a）尖塔形（雪松）　（b）圆柱形（圆柏）　（c）窄卵形（杨）　（d）宽卵形（鹅掌楸）　（e）杯状形（悬铃木）

（f）圆球形（梨）　（g）平顶形（合欢）　（h）扁球形（榉）　（i）棕榈形（棕榈）

图 0.10　园林乔木常见的冠形

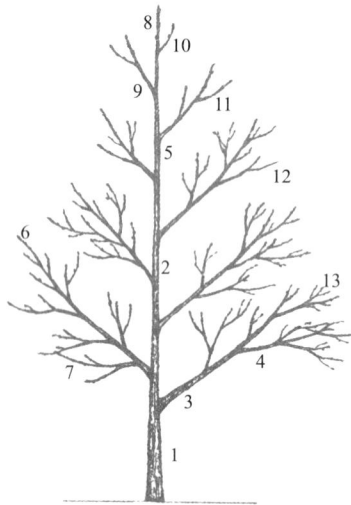

1—主干；2—中干；3—主枝；4—侧枝；5—中央领导干；6—主枝延长枝；7—侧枝延长枝；8—主梢；
9—副主枝（此为二年生枝）；10—副主枝（此为一年生枝）；11—副侧枝（此为一年生枝）；
12—小侧枝（此为一年生枝）；13—当年生枝。

图 0.11　树体结构示意图（单轴分枝）（引自王韬瑢）

1）主干：俗称树干，为树木的分枝以下部分，即从地面开始到第一分枝为止的一段茎。

2）中干：树木第一分枝处以上主干的延伸部分，多由主干的顶芽或茎尖形成，也有由顶芽周边的腋芽形成的。在中干上分布有树木的各种主枝。有些树木的中干很明显，会不断延伸直至树梢，称之为中央领导干；有些不明显，半途中止，或与其他主枝难以区分；有些树木则基本没有中干。中干及中央领导干明显的，其顶端枝梢部分称为主梢（又称顶梢）。

3）主枝：从中干上分出，即由中干的腋芽（侧芽）萌发形成的枝条。从中央领导干分出的枝条称为次级主枝或副主枝。

4）侧枝：从主枝上分出，即由主枝的腋芽形成的枝条。同样，从主枝延长枝分出的枝条称为次级侧枝或副侧枝。

5）小侧枝：从侧枝上分出，即由侧枝的腋芽形成的枝条。

6）主枝延长枝：主枝的延伸，即由主枝的顶芽或茎尖形成的枝条。

7）侧枝延长枝：侧枝的延长，即由侧枝的顶芽或茎尖形成的枝条。

在构成树木地上部分的各种茎中，主枝是构成树冠的骨架，称为骨架枝（又称骨干枝）。但是，随着树木的不断生长，次级主枝和侧枝也会变为树木的骨架枝。因此，骨架枝既是一个永久性的枝条，又是一个相对的概念。

0.2.2　枝的生长特性与整形修剪

树木的分枝方式、枝条的类型、萌芽力与成枝力、顶端优势、干性与层性等特性与植物整形修剪有密切的关系，是植物造型的重要依据。

1.　树木的分枝方式

自然生长的树木，有多种多样的树冠形式，这是因各树种的分枝方式不同而形成的（图0.12）。

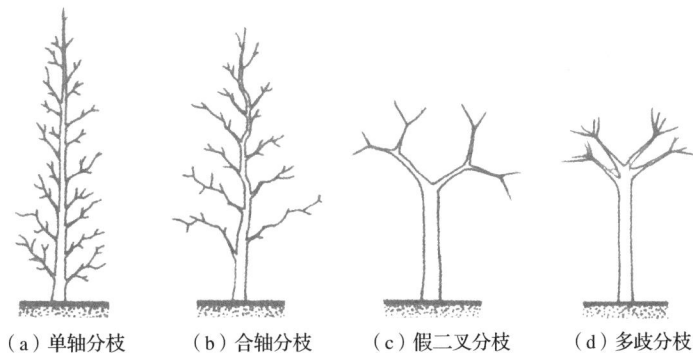

（a）单轴分枝　　（b）合轴分枝　　（c）假二叉分枝　　（d）多歧分枝

图0.12　树木的分枝方式（引自鲁平）

1）单轴分枝（总状分枝）：这类树种的顶芽健壮饱满，生长势极强，每年能向上生长，形成高大通直的主干，侧芽萌发形成侧枝。侧枝上的顶芽和侧芽以同样的方式进行分枝，形成次级侧枝。这种分枝方式以裸子植物为最多，如雪松、水杉、樟子松、桧柏等。阔叶树中属于这种方式的，在幼年期表现突出，在成年树上表现不太明显，如杨树、银杏、栎类等。单轴分枝形成的树冠大多为塔形、圆锥形、椭圆形等。

2）合轴分枝：有些树种的顶芽发育至一定时期死亡或生长缓慢或分化成花芽，由位于顶芽下方的侧芽萌发成强壮的延长枝连接在主轴上，以后侧芽又自剪，由它下方的侧芽代之，因此形成了弯曲的主轴，这种分枝方式称为合轴分枝，如碧桃、杏、李、月季、榆树、核桃、苹果等。合轴分枝形成开张式树冠，通风透光性好，花芽、腋芽发育良好，以被子植物为最多。

3）假二叉分枝：合轴分枝的另一种形式，在一部分叶序对生的植物中存在。顶芽停止生长或形成花芽后，顶芽下方的一对侧芽同时萌发，形成外形相同的两个侧枝，以后如此继续，其外形与低等植物的二叉分枝相似，称为假二叉分枝。这种分枝方式形成的树冠开张，如紫丁香、梓树、泡桐等。

4）多歧分枝：这类树种的顶梢梢芽在生长季末生长不充实，侧芽节间短，或在顶梢直接形成 3 个以上势力均等的顶芽；在下一个生长季节，每个枝条顶梢又抽出 3 个以上新梢同时生长，致使树干低矮。

树木的分枝方式不是固定不变的，往往随树龄而变化，如玉兰等，在幼年期呈单轴分枝，以后渐变为合轴分枝，因而在同一株树上可见到两种分枝方式。

合轴分枝及假二叉分枝的植物，自然去顶（自剪），促使侧芽生长，使树冠内膛光照好，利于开花结果。故这两种分枝比单轴分枝在进化程度上先进，能自我调节。

树木的分枝方式决定了树冠的形式，在整形修剪工作中，根据树木的分枝状态，来决定选择自然式或整形式的观赏树形和修剪方式，以及在促花促果、观赏树木的搭配上有重要的作用。

2. 枝条的类型

（1）依枝条的性质划分

依枝条的性质，可将枝条分为营养枝与开花结果枝。

1）营养枝：在枝条上只着生叶芽，萌发后只抽生枝叶。营养枝根据生长情况又可分为发育枝、徒长枝、叶丛枝和细弱枝。

① 发育枝：枝条上的芽特别饱满，生长健壮，萌发后可形成骨干枝，扩大树冠。发育枝还可以被培养成开花结果枝等。

② 徒长枝：一般多由休眠芽萌发而成。徒长枝生长旺盛，节间长、叶大而薄，组织比较疏松，木质化程度较差，芽较瘦小，在生长过程中，消耗营养物质多，常常夺取其他枝条的养分和水分，影响其他枝条的生长。故一般发现徒长枝后应立即将其修剪掉，只有在需利用它来进行更新复壮或填补树冠空缺时才加以保留和培养利用。

③ 叶丛枝（短枝）：年生长量很小，顶芽为叶芽，无明显的腋芽，节间极短，如银杏、雪松，在营养条件好时，可转化为结果枝。

④ 细弱枝：多年生在树冠内膛阳光不足的部位，枝细小而短，叶小而薄。

2）开花结果枝：着生花芽或者花芽与叶芽混生的枝条。依其枝条长短，可分为长枝、中枝和短枝。

（2）依枝条的生长态势划分

从枝条的生长方向看（图 0.13），向外斜生的称为斜生枝或外向枝；向上生长的称为直立枝；呈水平生长的称为水平枝；向下生长的称为下垂枝；向树冠内部生长的称为内向枝或逆向枝；与附近各枝延伸方向相反倒逆而生的称为逆行枝。

从两个枝条的相互关系而言，相互交错的称为交叉枝；在同一个垂直平面内上下重叠的称为重叠枝；在同一个水平面上相互平行伸展的称为平行枝；在同一水平面上长着两个以上，其距离与方向都较相近的多个枝条称为并生枝；多个枝条从同一节上抽出且向不同方向生长的称为轮生枝。

（3）依枝条抽生时间及老熟程度划分

依枝条抽生时间及老熟程度，可分为春梢、夏梢和秋梢。在春季萌发长成的枝条称为春梢；由春梢顶端的芽在当年继续萌发而成的枝条称为夏梢；秋季雨水、气温适宜还可由夏梢顶部抽生秋梢。秋梢一般来不及木质化，就进入冬季，故容易受冻害。新梢落叶后至第2年春季萌发前的枝条称为一年生枝条，着生一年生枝条或新梢的枝条称为二年生枝条，当年春季萌发、当年在新梢上开花的枝条称为当年生枝条。

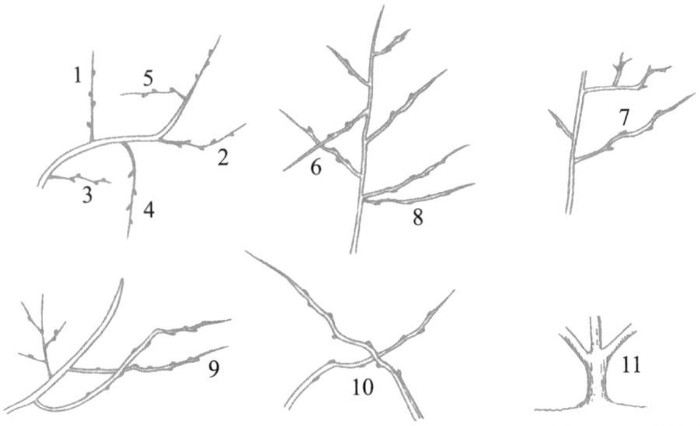

1—直立枝；2—斜生枝；3—水平枝；4—下垂枝；5—内向枝；6—逆行枝；
7—平行枝；8—并生枝；9—重叠枝；10—交叉枝；11—轮生枝。

图 0.13　各类枝条示意图

3. 萌芽力与成枝力

1）萌芽力：一年生枝条上芽萌发的能力。芽萌发得多，则萌芽力强，反之则弱。萌芽力用萌芽率表示，即枝上芽的萌发数量占该枝总芽数的百分比。

2）成枝力：一年生枝条上芽萌发抽生成长枝的能力。抽生成长枝多的，则成枝力强，生产上一般以抽生成长枝的具体数来表示。

萌芽力与成枝力的强弱，因树种、树龄、树势而不同。萌芽力与成枝力都强的树种，如葡萄、新疆核桃、紫薇、桃、栀子花、月季、六月雪、黄杨等。梨的萌芽力强而成枝力弱。有些萌芽力、成枝力均弱，如梧桐、苹果的某些品种（国光）、桂花等。有些树种的萌芽力与成枝力因树龄而增强或转弱，如美国皂荚。一般萌芽力和成枝力都强的树种，枝条多，树冠容易形成，较易于修剪和耐修剪，在灌木类修剪后易形成花芽开花。但树冠内膛过密影响通风透光，修剪时宜多疏轻截。萌芽力与成枝力弱的树种，其树冠多稀疏，应注意少疏，适当短截，促其发枝。

4. 顶端优势

同一枝条上顶芽或位置高的芽抽生的枝条生长势最强，向下生长势递减的现象称为顶端优势。这是枝条背地生长的极性表现，也是树体内营养物质及水分优先分配给顶部芽，引起顶端部分芽生长旺盛，同时顶部芽分生组织又形成较多的内源激素向下输送，抑制了下部芽的萌发与生长和下部侧芽从根部获得的激素较少等综合影响造成的。顶端优势的强度与枝条的分枝角度有关，枝条越直立，顶端优势越强；枝条越下垂，顶端优势越弱。

修剪时经常将枝条顶部剪去，解除顶端优势，促使侧芽萌发或对旺枝加大角度，抬高弱枝，减少夹角，以达到抑强扶弱的作用。调节枝势的目的是，使观花植物先端生长转弱，促使向生殖生长方面转化，如月季、紫薇等，花后在饱满芽处剪去枝梢，促使其继续开花。

5. 干性与层性

树干分枝点以下，直立生长的部分称为中心主干，主干的强弱因树种不同而异。中心主干强弱程度及所持续时间的长短称为干性。顶端优势明显的树种，能形成高大、通直的主干，如雪松、水杉、杨梅、银杏、山核桃、刺槐等称为主干性强的树种；有的虽具中心主干，然而短小，这类树种干性弱，如桃、柑橘、紫丁香、石榴等。顶端优势和芽的异质性，使一年生枝条的成枝力自上而下减少，年年如此，导致主枝在中心主干上的分布或二级侧枝在主枝上的分布形成明显的层次，称为层性，层性因树种和树龄而不同。一般顶端优势强、成枝力弱的树种，其层性明显，如柿、梨、油松、马尾松、雪松等；而成枝力强、顶端优势弱的树种，其层性不明显，如桃、柑橘、紫丁香、垂丝海棠等。层性往往随树龄而变化，一般幼树较成年树的层性明显，但苹果则随树龄增大，弱枝死亡，层性逐渐明显。研究树木的层性与干性，对园林树木冠形的形成、演变和整形修剪有重要的意义。一般干性和层性明显的树种多生长高大，适合整成有中心主干的分层树形；而干性弱、层性不明显的树种，生长较矮小，树冠披散，多适合整成自然开心形的树冠。

0.2.3　芽的生长特性与整形修剪

1. 芽的类型

1）依芽在树体上的着生位置，可分为顶芽、侧芽和不定芽。顶芽在形成的第 2 年萌发，侧芽在第 2 年不一定发芽，不定芽多在根颈处发生。

2）依芽的性质，可分为叶芽、花芽和混合芽。叶芽萌发成枝叶，花芽萌发成花，混合芽萌发后既生花又生枝叶，如葡萄、海棠、紫丁香。花芽一般肥大且饱满，与叶芽较易区别。

3）依芽的萌发情况，可分为活动芽和休眠芽。活动芽于形成的当年或者第 2 年即可萌发。这类芽往往生长在枝条顶端或者是近顶端的几个腋芽。休眠芽在第 2 年不萌发，以后可能萌发或一生处于休眠状态。休眠芽的寿命长短因树种而异，如柿树、核桃、苹果、梨等，休眠芽的寿命较长。

2. 芽的异质性

芽在形成的过程中，由于树体内营养物质和激素的分配差异和外界环境条件的不同，同一个枝条上不同部位的芽在质量上和发育程度上存在着差异，这种现象称为芽的异质性。在生长发育正常的枝条上，一般基部及近基部的芽，春季抽枝发芽时，由于当时叶面积小，叶绿素含量低，光合效率不高，碳素营养积累少，加之春季气温较低，芽的发育不健壮且瘦小。

随着气温的升高，叶面积很快扩大，同化作用加强，树体营养水平提高，枝条中部的芽发育得较为充实，枝条顶部或近顶部的几个侧芽是在树木枝条生长缓慢后，营养物质积累多的时候形成的，芽多充实饱满，故基部芽不如中部芽，如葡萄等。前期生长型的树木，春梢形成后，由于秋季气温或雨水充足等因素，常能形成秋梢，秋梢形成之后，秋梢因生长时间短，秋末枝条组织难以成熟，枝上形成的芽一般质量较差，在枝条顶部难以形成饱满的顶芽，许多树木达到一定年龄后，新梢顶端会自动枯死（板栗、柿、杏、柳树、紫丁香等），有的顶芽则自动脱落（柑橘类）。某些灌木和丛生植株中下部的芽反而比上部的好，萌生的枝势也强。

3. 芽与修剪的关系

花灌木及乔木、果树,因树种不同,花芽分化的时期和部位也不相同。例如,蔷薇科的月季是在当年生的枝条上由顶芽分化形成花芽的,每年可以分化多次,故一年之中能够不断开花。当修剪时,可在休眠期对一年生枝条重短截,每次花后轻短截,使下部侧芽萌发更多的侧枝开花,但新抽的枝顶不能剪,否则会把花芽剪去。然而与月季同科的藤本蔷薇十姐妹(又称七姊妹)的开花习性不同,它是在每年的5~6月开花一次,花谢之后开始抽生新的枝条,然后从新枝的腋芽分化形成花芽,秋末花芽分化完成,进入休眠,到翌年春夏相交之际再行开放,因此对七姊妹的修剪只能在花谢之后将枝条短剪,促使剪口下方的腋芽萌发较多侧枝,以增加第2年的花枝数量多开花。但在冬季和早春萌芽前是不能进行修剪的,否则会把大量的花枝剪掉而影响开花。因此在修剪之前,了解各种植物的开花习性是非常必要的。

不定芽、休眠芽常用来更新复壮老树或老枝,如桃、梅的休眠芽可存活一定的年份,稍遇刺激或修剪、损伤等即可发芽,抽出粗壮直立的枝条。休眠芽长期休眠,发育上比一般芽年轻,用其萌发出的强壮旺盛的枝代替老树,便可达到更新复壮的目的,侧芽可用来控制或促进枝条的长势。

芽的质量直接影响芽的萌发和萌发后新梢生长的强弱,修剪中利用芽的异质性来调节枝条的长势,平衡树木的生长和促进花芽的形成、萌发。在生产中,为了使骨干枝的延长枝发出强壮的枝头,常在新梢的中上部饱满芽处进行剪截。对生长过程中的个别枝条,为限制旺长,在萌芽处下剪,抽生弱枝缓和枝势。为平衡树势,扶持弱枝常利用饱满芽当头,能抽生壮枝,使枝条由弱转强。总之,在修剪中只有合理地利用芽的异质性,才能充分发挥修剪的应有作用。

总之,树木的枝芽生长习性是园林植物进行整形修剪时的理论依据。修剪形式、方法、强弱,因树种而异,只有顺其自然、合乎自然,才能取得整形修剪的成功。人工造型时,虽依修剪者的主观意愿,将树冠造型成特定的形式,但树木的萌芽力、成枝力、耐修剪能力都是影响造型成败的主要因素。因此,必须选择萌芽力、成枝力强的植物。

园林植物造型只有根据植物的自然形态和生长习性,选择适宜的造型时期、适当的造型方式和科学的造型方法,才能达到预期的造型目的。

0.3 园林植物的整形方式

0.3.1 自然式整形

在园林绿地中,自然式整形操作比较简单,它是最普遍、最常用的整形方式。

自然式整形的基本方法是利用各种修剪技术,按照树种本身的自然生长特性,对树冠的形状做辅助的调整和促进,使之早日形成自然树形。对因各种因子而产生的扰乱生长平衡、破坏树形的徒长枝、内膛枝、并生枝及枯枝、病虫害枝等,均应加以抑制或剪除,注意维护树冠的匀称和完整。

自然式整形是符合树木本身生长发育习性的,因此常有促进树木生长良好、发育健壮的效果,并能充分发挥该树种的树形特点,提高观赏价值。庭荫树、园景树和有些行道树多采用自然式整形。常见的自然式整形有如下几种。

1）中央领导干形：又称单轴中干形，在强大的中央领导干上配列疏散的主枝，适用于单轴分枝的叶木类乔木，如青桐、银杏及松柏类乔木等。这类树木整形的关键是自始至终要突出主干、中干、主梢这一轴心，成为中央领导干，让其充分发挥领导作用。依据分枝点的高低分为高位分枝中央领导干形（以银杏的播种苗、杨树等为代表）和低位分枝中央领导干形（以雪松、龙柏为代表）。高位分枝中央领导干形的分枝点较高，一般在 3m 以上。定型修剪用"先养干，后定枝"的方法，即着重培养端直主干，逐年保留和淘汰分枝点以下的一部分抚养枝，使树冠部分的厚度始终占据全株高度的 2/3 左右。当高度生长达到需要的整形带后，要选留好中干上的主枝，除去主枝以下的所有枝条，同时继续维护好中央领导干这一"轴心"。低位分枝中央领导干形的分枝点很低，并且越低越美。定型修剪用"边养干，边定枝"的方法，即从初期开始既要培养好它的中央领导干，又要培养好它的主枝和次级主枝。

2）多领导干形：又称合轴中干形，适用于合轴分枝中顶端优势较强的叶木类乔木。这类树木主干明显，但其干性先强后弱，萌芽力、成枝力则较强，强壮的枝条较多，但 2～3 年后中干延伸枝的优势会逐渐减弱，与主枝的生长势相仿，不再成为中央领导干。在树冠的中心部分往往有 3～5 个分枝角度较小的主枝集体代替中央领导干的生长，或与中央领导干一起往上生长，从属关系不清楚。

多领导干形在苗期要"先养干，后定枝"，主干高度不够而又过分发达时必须剪去强枝，保留弱枝作抚养枝，以促使主干长直，同样使树冠部分的厚度始终占据全株高度的 2/3 左右。整形带一般在 2m 以上，当到达整形带的若干主枝确定后，如果中干过分发达而影响了主枝生长（树体高而瘦），则需截去中干延伸部分；如果中干优势已经失去，则可任其自然发展或消亡，如香樟、女贞、石楠、榆树、枫杨等。

3）多枝闭心形：整形的树冠内部充实，是相对于开心形而言的，适用于枝条较多、树冠较充实的花木类小乔木或灌木。整形方法也是"先养干，后定枝"，由于中干一般不发达可以保留，或者在长到一定阶段后（如侧级主枝发生）再人为除去。这类树木往往枝条较多，成枝力强，枝条级次不清，因此定型时以疏剪密植为主。枝距可适当小些，树冠内部充实，不讲究层次，整形要求不高，树形端正即可，如石榴、木槿、桂花、山茶等。

0.3.2　人工式整形

依据园林景观配置需要，有时可用较多的人力物力将树木剪成各种有规则的几何形体、不规则的人工形体，以及亭、门等雕塑形体，原在西方园林中应用较多，但近年来在我国也有逐渐流行的趋势。人工式整形适用于黄杨、小叶女贞、龙柏等枝密、叶小的树种。常见的人工整形植物造型有如下几种形式。

1）圆锥形造型：把自然株型按圆锥形进行整形，或将直干造型的树冠修剪成圆锥形（图 0.14）。

2）圆筒形造型：由自然株型整形为圆筒形，再整形为卵形，或把直干造型的树木剪成圆筒形（图 0.15）。

3）球形造型：把树冠修剪成球形或半球形，常用于灌木剪枝（图 0.16）。

4）散球形造型：清理多余的分枝，把枝顶端的叶修剪成多个球形，整理后叶繁茂的部分称为球（图 0.17）。

图0.14　圆锥形造型　　　　图0.15　圆筒形造型　　　　图0.16　球形造型　　　　图0.17　散球形造型

5）车字形造型：把直立干的繁茂部分修剪成似串状的分层球状，因树形似"车"字而得名（图0.18）。

6）层云形造型：把枝条左右交互留下并修剪成球状，由"车"字原形变化而来（图0.19）。

7）竹筒形造型：把由直立干长出的横枝于近基部全部剪断，把由切口处长出的枝条修剪成球状（图0.20）。

图0.18　车字形造型　　　　　　图0.19　层云形造型　　　　　　图0.20　竹筒形造型

8）镶边主干造型：把从直立长出的横枝从基部剪掉，用于缩小枝过于扩张的大树树冠（图0.21）。

9）垂枝形造型：使由主干长出的顶枝及横枝自然下垂（图0.22）。

10）象形造型：把树木修剪成动物或几何形体，用于萌芽力旺盛、叶茂密的树种（图0.23）。

图0.21　镶边主干造型　　　　　图0.22　垂枝形造型　　　　　　图0.23　象形造型

0.3.3　自然与人工混合式整形

自然与人工混合式整形是在自然树形的基础上，结合观赏和树木生长发育要求而进行的整形方式。

1）杯状形：俗称"三股六侧十二枝"的骨架枝分布形式，即枝条最低数三大主枝、6个侧枝、12个小侧枝。整形时要"先养干，后截干定枝"，首先培养好端直的主干，达到整形带的高度（一般为 2.8～3.5m）要求后，确定主枝并截去中干，以后确定侧枝后截去主枝延长枝，再以后确定小侧枝后截去侧枝延长枝，以此类推。杯状形树冠内不允许有直立枝、内向枝，一经出现必须剪除。此种整形方式适用于城市落叶行道树，尤以悬铃木的整形最为常见。

2）开心形：主干很低，整形带只有 30～50cm，采用"同时定干定枝"的方法。在苗期就要及早摘心，自然选留 3～5 个向四周方向展开的骨架枝后截去中干。各主枝上再选留数个向外开展的侧枝，以此类推。各级枝条在选留好若干个下一级枝条后，本身的延长枝是否截去宜按需而定。开心形的树冠中心适当露空，以充分接受阳光，树冠直径往往大于冠幅厚度。开心形适用于干性弱、枝条开展、腋芽开花的花木类小乔木或灌木，如桃、梅等。

3）无领导干形：又称中干形，适宜于合轴分枝或假二叉分枝中顶端优势较弱的叶木类乔木。此类树木是乔木中干性最弱的，有主干，但往往易于弯曲或低处分枝，中干会很快失去优势。由于萌芽力、成枝力强，强壮枝条不多，且分枝角度偏大，要注意选留分枝点高、方位角好的枝条，并且要拉大枝距，力求自然。采用"先养干，后定枝"的方法，整形带一般有 2m 以上，在未到整形带时要逐年适量保留分枝点以下的抚养枝。此种整形常见的树种如合欢、苦楝、无患子等。

4）灌丛形：适用于枝条较多、较长、树体不大的灌木，如迎春花、连翘、锦带、蜡梅、云南黄馨等。每灌丛自基部留主枝 10 余个。每年新增主枝 3～4 个。剪掉老主枝 3～4 个，促进灌丛的更新复壮。

5）攀缘形：属于垂直绿化栽植的一种形式，适用于各类藤本植物，包括叶木和花木，常见于葡萄、紫藤、凌霄、木通等。此种整形有棚架式（图0.24）、凉廊式、附壁式、篱笆式（图0.25）、垂挂式、柱干式（图0.26）等。先建各种形式的棚架、廊、亭，种植藤本树木后，按生长习性加以整剪、牵引。

图 0.24 棚架式造型   图 0.25 篱笆式造型   图 0.26 柱干式造型

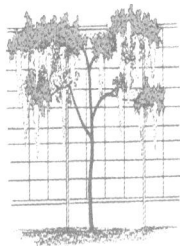

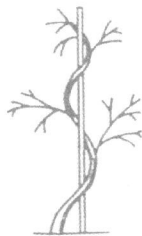

总括以上所述的 3 类整形方式，在园林绿地中以自然式应用最多，既省人力、物力又易成功。其次为自然与人工混合式整形，它比较费工，亦需适当配合其他栽培技术措施。关于人工式整形，一般而言，由于很费人工，并且只有具有较熟练的技术水平的人员才能修整，故常在园林局部或特殊美化要求处应用。

0.4 园林树木整形修剪技术

0.4.1 修剪技法

植物修剪技法可以概括为"截、疏、伤、变、放"五字要诀。可根据修剪的目的灵活运用。

1. 截

截又称短剪，指对一年生枝条的剪截处理。枝条短截后，养分相对集中，可刺激剪口下侧芽的萌发，增加枝条数量，促进营养生长或开花结果。短截程度对产生的修剪效果有显著影响（图 0.27）。

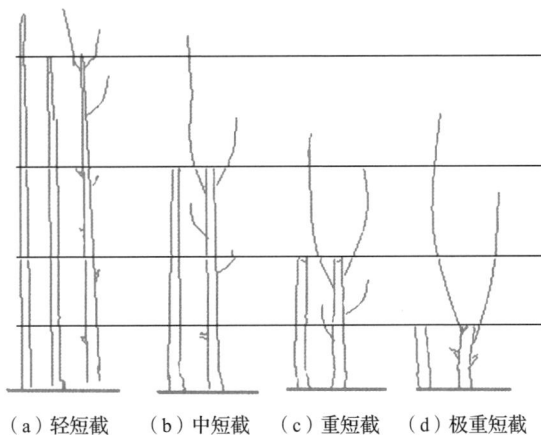

（a）轻短截   （b）中短截   （c）重短截   （d）极重短截

图 0.27 不同程度短截新枝及其生长（引自鲁平）

1）轻短截：剪去枝条全长的 1/5～1/4，主要用于观花类、观果类树木强壮枝的修剪。枝条经短截后，多数半饱满芽受到刺激而萌发，形成大量中短枝，易分化更多的花芽。

2）中短截：自枝条长度 1/3～1/2 的饱满芽处短截，使养分较为集中，促使剪口下发生较多的营养枝，主要用于骨干枝和延长枝的培养及某些弱枝的复壮。

3）重短截：自枝条中下部，全长 2/3～3/4 处短截，刺激作用大，可促进基部隐芽萌发，适用于弱树、老树和老弱枝的复壮更新。

4）极重短截：仅在春梢基部留 2～3 个芽，其余全部剪去，修剪后会萌生 1～3 个中、短枝，主要应用于竞争枝的处理。

5）回缩：又称缩剪（图 0.28），指对多年生枝条（枝组）进行短截的修剪方式，多用于枝组或骨干枝的更新及紧缩树干等。当树木生长势减弱、部分枝条开始下垂、树冠中下部出现光秃现象时采用此法，但需剪口下留强枝、直立枝，伤口要小，促使剪口下方的枝条的旺盛生长或刺激休眠芽萌发长枝，达到更新复壮的目的。

6）截干：对主干粗大的主枝、骨干枝等进行回缩的措施，可有效调节树体水分吸收和蒸腾平衡间的矛盾，提高移栽成活率，在大树移栽时多见。此外，尚可利用其逼发隐芽的效用，进行壮树的树冠结构改造和老树的更新复壮。

修强留弱，
减小高度

竞争枝弱，
一次缩剪处理

竞争枝强，分
2年缩剪处理

第1年
第2年

正确回缩修剪位置，立枝
方向与干一致，姿态自然

不正确回缩修剪位置，立枝
方向与干不一致，姿态不自然

主枝弱，竞争枝
强，换头

两枝均强，可将
任一枝作弯头处理

缩剪延长枝

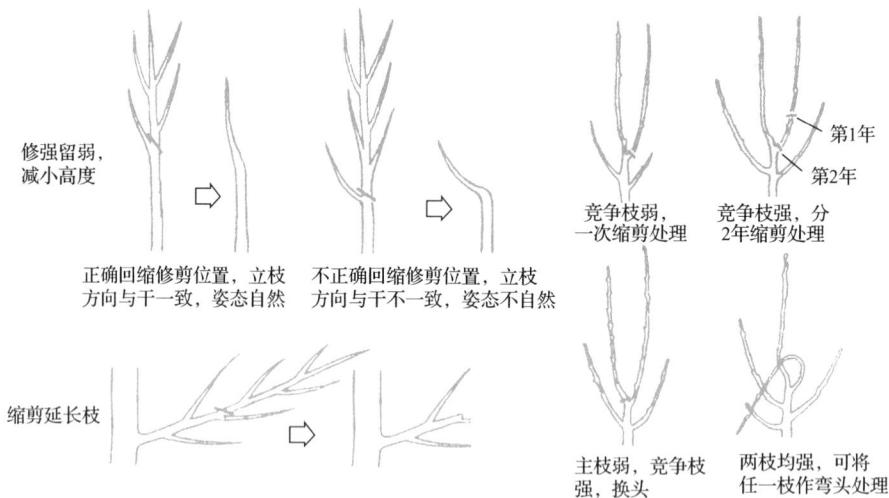

图 0.28　回缩方法示意图（引自鲁平）

7）摘心：摘除新梢顶端生长部位的措施。摘心后削弱了枝条的顶端优势，改变了营养物质的输送方向，有利于花芽分化和结果。摘除顶芽可促使侧芽萌发，从而增加了分枝，促使树冠早日形成。适时摘心，可使枝、芽得到足够的营养，充实饱满，提高抗性。摘心通常在生长期进行。

2. 疏

疏又称疏删或疏剪，即从分枝基部把枝条剪掉的修剪方法（图 0.29）。疏剪能减少树冠内部的分枝数量，使枝条分布趋向合理与均匀，改善树冠内膛的通风与透光，增强树体的同化功能，减少病虫害的发生，并促进树冠内膛枝条的营养生长或开花结果。疏剪的主要对象是弱枝、病虫害枝、枯枝及影响树木造型的交叉枝、干扰枝、萌蘖枝等各类枝条。特别是树冠内部萌生的直立性长枝，芽小、节间长、粗壮、含水分多、组织不充实，宜及早疏剪以免影响树形；但如果有生长空间，则可改造成开花结果枝，用于树冠结构的更新、转换和老树复壮。

由基部剪去

（a）主干上疏剪大枝　　　（b）侧枝上疏剪过密枝　　　（c）小枝先端疏剪

（d）疏上，增强下枝　　　（e）疏下，削弱上枝　　　（f）疏中，抑上促下

图 0.29　疏剪方法示意图（引自鲁平）

疏剪对全树的总生长量有削弱作用，但能促进树体局部的生长。疏剪对局部的刺激作用与短截有所不同，它对同侧剪口以下的枝条有增强作用，而对同侧剪口以上的枝条则起削弱作用。应注意的是，疏枝在母树上形成伤口，从而影响养分的输送，疏剪的枝条越多，伤口间距越接近，其削弱作用越明显。对全树生长的削弱程度与疏剪强度及被疏剪枝条的强弱有关，疏强留弱或疏剪枝条过多，会对树木的生长产生较大的削弱作用；疏剪多年生的枝条，对树木生长的削弱作用较大，一般宜分期进行。

疏剪强度是指被疏剪枝条占全树枝条的比例，剪去全树 10%的枝条者为轻疏，强度达10%～20%时称中疏，疏剪 20%以上枝条的则为重疏。实际应用时，疏剪强度依树种、长势和树龄等具体情况而定。一般情况下，萌芽率强、成枝力强的树种，可多疏枝；幼树宜轻疏，以促进树冠迅速扩大；进入生长与开花盛期的成年树应适当中疏，以促进营养生长与生殖生长的平衡，防止开花、结果的大小年现象发生；衰老期的树木发枝力弱，为保持有足够的枝条组成树冠，应尽量少疏；花灌木类，轻疏能促进花芽的形成，有利于提早开花。

此外还包括抹芽和去蘖（又称除萌）。抹除枝条上多余的芽体，可改善留存芽的养分状况，增强其生长势。例如，每年夏季对行道树主干上萌发的隐芽进行抹除，一方面可使行道树主干通直；另一方面可以减少一定的营养消耗，保证树体健康地生长发育。榆叶梅、月季等易生根蘖的园林树木，生长季期间要随时去除萌蘖，以免扰乱树形，影响树冠的正常生长。

3. 伤

用各种方法损伤枝条的韧皮部和木质部，以达到削弱枝条的生长势、缓和树势的方法称为伤。伤枝多在生长期内进行，对局部影响较大，而对整个树木的生长影响较小，是整形修剪的辅助措施之一，主要的方法有以下几种。

（1）环剥

环剥（环状剥皮）是指用刀在枝干或枝条基部的适当部位，环状剥去一定宽度的树皮，以在一段时期内阻止枝梢碳水化合物向下输送的方法。此方法有利于环剥上方枝条营养物质的积累和花芽分化，适用于发育盛期开花结果量较小的枝条（图0.30）。实施时应注意：剥皮宽度要根据枝条的粗细和树种的愈伤能力而定，一般以 1 个月内环剥伤口能愈合为限，为枝直径的 1/10 左右（2～10mm），过宽伤口不易愈合，过窄愈合过早而不能达到目的。环剥深度以达到木质部为宜，过深伤及木质部会造成环剥枝梢折断或死亡，过浅则韧皮部残留，环剥效果不明显。实施环剥的枝条上方需留有足够的枝叶量，以供正常光合作用之需。

环剥是在生长季应用的临时性修剪措施，多在花芽分化期、落花落果期和果实膨大期进行，在冬剪时要将环剥以上的部分逐渐剪除。环剥也可用于主枝，但须根据树体的生长状况慎重决定，一般用于树势强、花果稀少的青壮树。伤流过旺、易流胶的树种不能进行环剥。

（2）刻伤

刻伤是指用刀在芽（或枝）的上方（或下方）横切（或纵切）而深及木质部的方法，常在休眠期结合其他修剪方法施用。主要方法有以下几种。

1）目伤：在芽或枝的上方进行刻伤，伤口形状似眼睛，伤及木质部以阻止水分和矿质养分继续向上输送，以在理想的部位萌芽抽枝；反之，在芽或枝的下方进行刻伤时，可使该芽或该枝生长势减弱，但因有机营养物质的积累，有利于花芽的形成（图0.31）。

图0.30　环剥（引自张秀英）

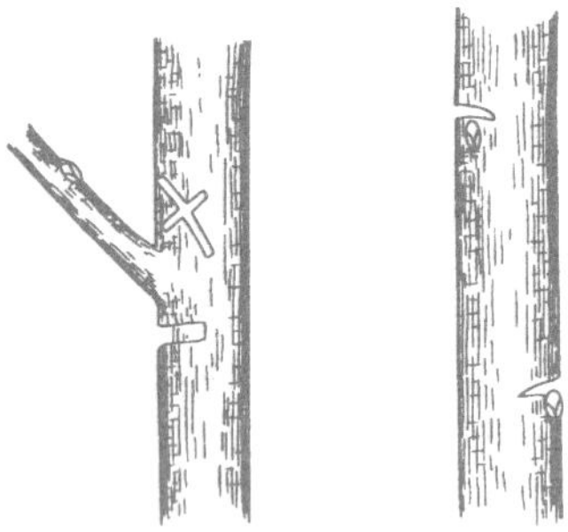

图0.31　目伤（引自张秀英）

2）纵伤：在枝干上用刀纵切而深达木质部的方法，目的是减少树皮的机械束缚力，促进枝条的加粗生长。纵伤宜在春季树木开始生长前进行，实施时应选树皮硬化部分，小枝可进行一条纵伤，粗枝可纵伤数条。

3）横伤：对树干或粗大主枝横切数刀的刻伤方法，其作用是阻滞有机养分的向下输送，促使枝条充实，有利于花芽分化达到促进开花、结实的目的。横伤的作用机理同环剥，只是强度较低而已。

（3）折裂

为曲折枝条使之形成各种艺术造型，常在早春芽萌动初始期进行折裂。先用刀斜向切入，深达枝条直径的1/2～2/3处，然后小心地将枝弯折，并利用木质部折裂处的斜面支撑定位，为防止伤口水分损失过多，往往要在伤口处进行包裹（图0.32）。

（4）扭梢和折梢（枝）

扭梢和折梢（枝）多用于生长期内生长过旺的枝条，特别是着生在枝背上的徒长枝，扭转弯曲而未伤折者称为扭梢（图0.33），折伤而未断离者则称为折梢（图0.34）。扭梢和折梢均是部分损伤传导组织以阻碍水分、养分向生长点输送，削弱枝条长势以利于短花枝的形成。

图0.32　枝条折裂（引自张秀英）

图0.33　扭梢（引自张秀英）

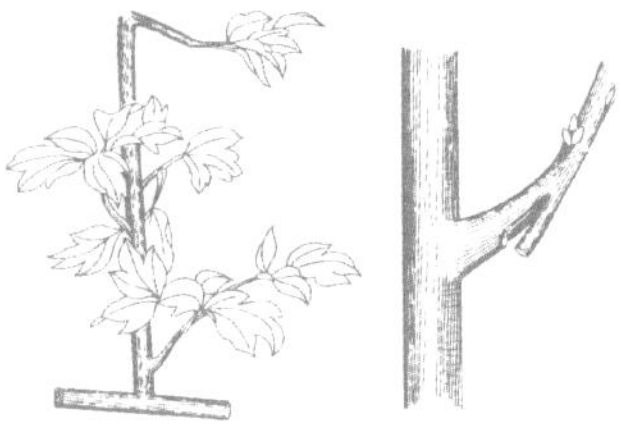

图0.34　折梢和折枝（引自张秀英）

4. 变

变是变更枝条生长的方向和角度，以调节顶端优势为目的，并可改变树冠结构的整形措施。变有撑枝（图0.35）、曲枝、弯枝、拉枝（图0.36）、抬枝等形式，通常结合生长季修剪进行，对枝梢施行屈曲、缚扎或扶立、支撑等技术措施。直立诱引可增强生长势；水平诱引具有中等强度的抑制作用，使组织充实易形成花芽；向下屈曲诱引则有较强的抑制作用，但枝条背上部易萌发强健新梢，须及时去除，以免适得其反。

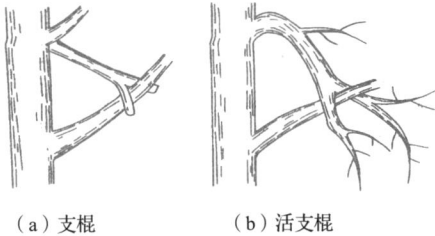

（a）支棍　　　　（b）活支棍

图 0.35　撑枝（引自张秀英）

图 0.36　拉枝（引自张秀英）

5. 放

营养枝不剪称为放，也称长放或甩放，适宜于长势中等的枝条。长放的枝条留芽多，抽生的枝条也相对增多，可缓和树势，促进花芽分化。丛生灌木也常应用此措施，如连翘，在树冠上方往往甩放 3～4 根长枝，形成潇洒飘逸的树形，长枝随风飘曳，观赏效果极佳。

6. 其他

1）摘叶（打叶）：主要作用是改善树冠内的通风透光条件，提高观果树木的观赏性，防止枝叶过密，减少病虫害，同时起到催花的作用。例如，紫丁香、连翘、榆叶梅等花灌木，在 8 月中旬摘去一半叶片，9 月初再将剩下的叶片全部摘除，在加强肥水管理的条件下，则可促其在国庆节期间二次开花；而红枫的夏季摘叶措施，可诱发红叶再生，增强景观效果。

2）摘蕾：实质上为早期进行的疏花、疏果措施，可有效调节花果量，提高存留花果的质量。例如，对杂种香水月季，通常在花前摘除侧蕾，而使主蕾得到充足养分，开出漂亮而肥硕的花朵；对聚花月季，往往要摘除侧蕾或过密的小蕾，使花期集中，花朵大而整齐，观赏效果增强。

3）摘果：摘除幼果可减少营养消耗、调节激素水平，枝条生长充实，有利花芽分化。对紫薇等花期延续较长的栽培树种，摘除幼果，可延长花期；紫丁香开花后，如果不是为了采收种子也需摘除幼果，以利来年依旧繁花。

4）断根：在移栽大树或山林实生树时，为提高成活率，往往在移栽前 1～2 年进行断根，以回缩根系、刺激发生新的须根，有利于移植。进入衰老期的树木，结合施肥在一定范围内切断树木根系的断根措施，有促发新根、更新复壮的效用。

0.4.2　剪口及其处理

1. 剪口与剪口芽

枝条被剪截后，留下的伤口称为剪口，距剪口最近的芽称为剪口芽。

1）剪口：枝条短剪时，剪口可采用平剪口或斜剪口。平剪口位于剪口芽顶尖上方，呈水平状态，小枝短剪中常用。斜剪口 45° 的斜面，从剪口芽的对侧向上剪，斜面上方与剪口芽尖齐平或稍高，斜面最低部分与芽基部相平，这样剪口创面较小，易于愈合，芽可得到充足的养分与水分，萌发后生长较快（图 0.37）。

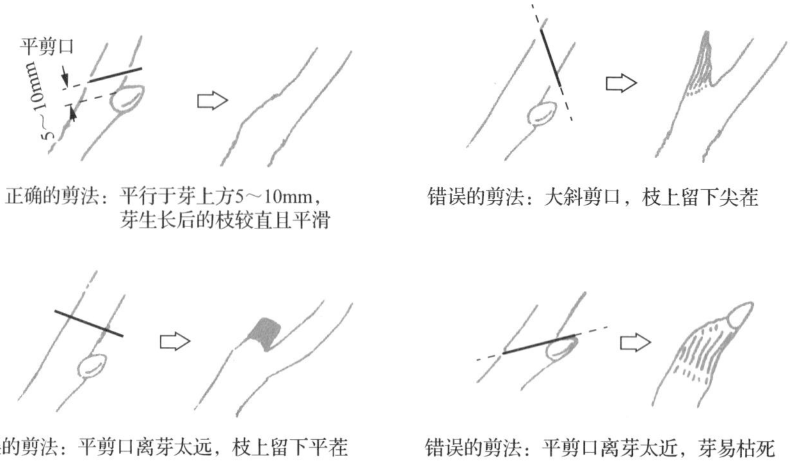

正确的剪法：平行于芽上方5～10mm，芽生长后的枝较直且平滑　　　错误的剪法：大斜剪口，枝上留下尖茬

错误的剪法：平剪口离芽太远，枝上留下平茬　　　错误的剪法：平剪口离芽太近，芽易枯死

图 0.37　剪口剪法正误示意图（引自鲁平）

疏剪的剪口应与枝干齐平或略凸，这样有利于剪口愈合。

2）剪口芽：剪口芽的方向、质量，决定新梢生长方向和枝条的生长势。选择剪口芽应慎重，从树冠内枝条分布状况和期望新枝长势的强弱考虑，需向外扩张树冠时，剪口芽应留在枝条外侧，如欲填补内膛空虚，剪口芽方向应朝内，对生长过旺的枝条，为抑制它生长，以弱芽当剪口芽，扶弱枝时选留饱满的壮芽（图 0.38）。

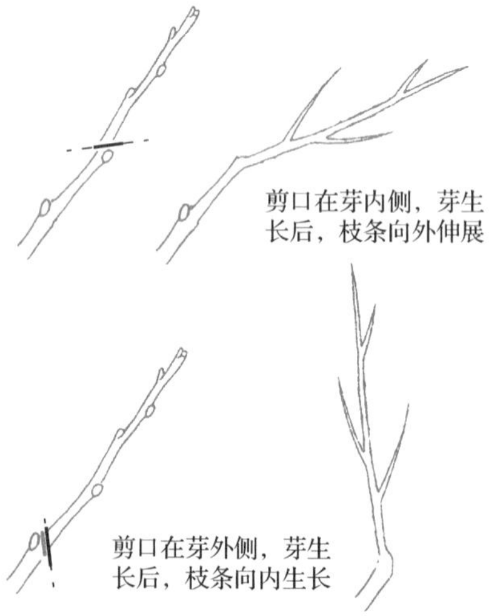

剪口在芽内侧，芽生长后，枝条向外伸展

剪口在芽外侧，芽生长后，枝条向内生长

图 0.38　剪口芽的位置与来年新枝的方向（引自鲁平）

有些对生叶序的树种，它们的侧芽是两两对生的，为了防止内向枝过多影响树形的完美和良好的通风透光，在短截的同时，还应把剪口处对生芽朝树冠内膛着生的芽抹掉，如蜡梅、水曲柳、美国白蜡等。

此外，呈垂直生长的主干或主干枝，由于自然枯梢等因素，需要每年修剪其延长枝时，选留的剪口芽方向应与上年留芽方向相反，保证枝条生长不偏离主轴。

剪口芽距剪口的距离，一般在 0.5～1cm。剪口距芽太远，水分养分不易流入，芽上段枝条易干枯形成残桩，雨淋日晒后易引起腐烂。剪口距芽太近，因剪口的蒸腾使剪口芽易失水干枯，修剪时机械挤压也容易造成剪口芽受伤。剪口距剪口芽的距离可由空气湿度决定，干燥地区适当长些，湿润地区适当短些。

2. 大枝剪截方法

对较粗大的枝干，回缩或疏枝时常用锯操作。从上方起锯，锯到一半的时候，往往因枝干本身重量的压力而劈裂。从枝干下方起锯，可防枝干劈裂，但是因枝条的重力作用夹锯，操作困难。故在锯除大枝时，正确的方法是采用分步作业法。首先从枝干基部下方向上锯入深达枝粗的1/3左右时，再从上方锯下，则可避免劈裂与夹锯（图0.39）。大枝锯除后，留下的剪口较大且表面粗糙，因此应用利刀修削平整光滑，以利愈合。同时涂抹防腐剂等，防止腐烂保护伤口。疏剪大枝必须在分枝点处剪去，仅留分枝点处凸起的部位，这样伤口小。修剪时防止留残桩，否则不易愈合且易腐烂。

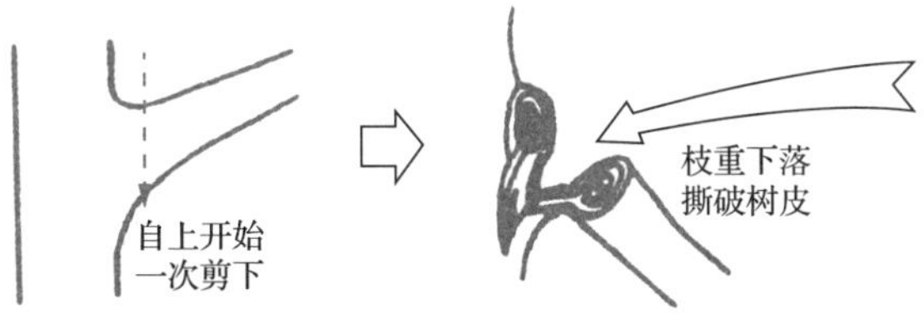

（a）错误的剪法

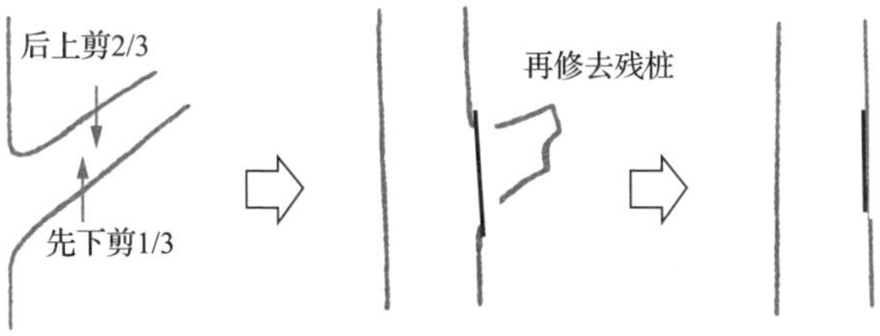

（b）正确的剪法

图0.39　大枝剪法正误示意图（引自鲁平）

3. 主枝或骨干枝的分枝角度

对高大的乔木而言，分枝角度太小时，容易受风、雪压、冰挂或结果过多等压力影响而发生劈裂事故。在二枝间因加粗生长而互相挤压导致没有充分的空间发展新组织，反而会使已死亡的组织残留于二枝之间，从而降低承压力。反之，当分枝角度较大时，由于二枝间有充分的生长空间，二枝之间的组织联系牢固而不易劈裂（图0.40）。

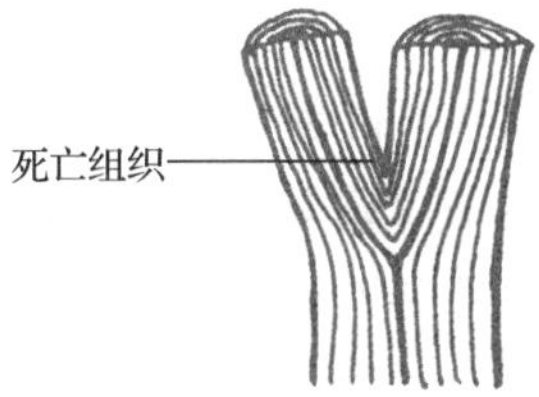

（a）分枝角小时易产生死亡组织且结合不牢固 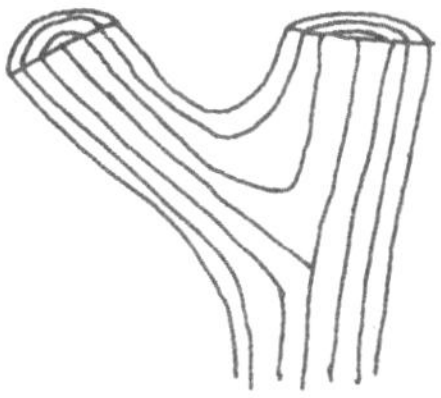　　　（b）分枝角大时结合牢固

图0.40　主枝或骨干枝分枝角大小的影响（引自张秀英）

基于上述的道理，在修剪时应该剪除分枝角过小的枝条，而选留分枝角较大的枝条作为下一级的骨干枝，对初形成树冠而分枝角较小的大枝，可用绳索将枝拉开，或于二枝间嵌撑木板加以矫正。

4. 剪口的保护

短剪与疏枝的伤口不大时，可以任其自然愈合。但如果用锯锯去粗大的枝干，则会造成伤口面比较大，表面粗糙，会因雨淋、病菌侵入而腐烂。因此伤口要用锋利的刀削平整，用 2%的硫酸铜溶液消毒，最后涂保护剂，起防腐、防干和促进愈合的作用。常用的效果较好的保护剂有以下两种。

1）保护蜡：用松香粉 2.5kg、蜂蜡 1.5kg、动物油 0.5kg 配制。先把动物油放入锅中加温火熔化，再将松香粉与蜂蜡放入，不断搅拌至全部熔化，熄火冷却后即成。使用时用火熔化，蘸涂锯口。在熬制过程中注意防止着火。

2）豆油铜素剂：用豆油 1kg、硫酸铜 1kg 和熟石灰 1kg 制成。将硫酸铜与熟石灰加入油中搅拌，冷却后即可使用。

此外，调和漆、黏土浆也能达到一定的保护效果。

0.4.3　整形修剪时期

园林树木的整形修剪，从理论上讲一年四季均可进行。但正常养护管理中的整形修剪，主要分为休眠期与生长期两个时期集中进行，少数树种也可以随时修剪。

1. 休眠期修剪（冬季修剪）

休眠期是大多落叶树种的修剪时期，宜在树体落叶休眠到春季萌芽开始前进行，习称冬季修剪。此期内树木生理活动缓慢，枝叶营养大部分回归主干、根部，修剪造成的营养损失最少，伤口不易感染，对树木生长的影响较小。修剪的具体时间，要根据当地冬季的具体纬度特点而定。例如，在冬季严寒的北方地区，修剪后伤口易受冻害，要以早春修剪为宜，一般在春季树液流动约 2 个月的时间内进行；而一些需保护越冬的花灌木，应在秋季落叶后立即重剪，然后埋土或包裹树干防寒。

对于一些有伤流现象的树种，如槭类、四照花等，应在春季伤流开始前修剪，可减少养分损失。伤流是树木体内的养分与水分在树木伤口处外流的现象，流失过多会造成树势衰弱，甚至枝条枯死。有的树种伤流出现得很早，如核桃，在落叶后的 11 月中旬就开始发生，最佳修剪时期应在果实采收后至叶片变黄之前，并且能对混合芽的分化有促进作用；但如果为了栽植或更新复壮的需要，则修剪也可在栽植前或早春进行。

2. 生长期修剪（夏季修剪）

生长期修剪（夏季修剪）可在春季萌芽后至秋季落叶前的整个生长季内进行，此期修剪的主要目的是改善树冠的通风、透光性能，一般采用轻剪，以免因剪除大量的枝叶而对树木造成不良的影响。对于发枝力强的树木，应疏除冬剪截口附近的过量新梢，以免干扰树形；对于嫁接后的树木，应加强抹芽、除蘖等修剪措施，保护接穗的健壮生长；对于夏季开花的树种，应在花后及时修剪，避免养分消耗，并促进来年开花；对于一年内多次抽梢开花的树木，应在花后剪去花枝，可促成新梢的抽发，再现花期；对于观叶、赏形的树木，夏季修剪可随时进行去除扰乱树形的修剪，因冬季修剪伤口易受冻害而不易愈合，故宜在春季气温开始上升、树枝开始萌发后进行。根据常绿树种在 1 年中的生长规律，可采取不同的修剪时间及强度。针叶常绿树由于树脂较多，一般适宜在春秋两季修剪，春季更好于秋季；阔叶常绿灌木适宜性很强，春季、秋季、梅雨季节均可；部分常绿阔叶乔木，如香樟、石楠、杜英、山毛榉等，一般适宜在春季修剪。

3. 园林树木年周期不同阶段的整剪

对于乔灌木的整形修剪，整个年周期通常分为春季阶段、初夏阶段、盛夏阶段、秋季阶段和冬季阶段 5 个阶段。在实际工作中，各地区应结合当地的气候特点进行相应的调整安排。

1）春季阶段：3～4 月。这一阶段气温逐渐升高，各种树木陆续发芽、展叶，树木开始生长。整剪主要是在冬季修剪的基础上进行剥芽去蘖。

2）初夏阶段：5～6 月。这一阶段温度高，湿度相对小，是树木生长的旺季。这一阶段主要是对花灌木的花后修剪，并对乔灌木进行剥芽、去蘖、去除根蘖和干蘖。

3）盛夏阶段：7～9 月。这一阶段高温多雨，对根冠大、根系浅的树种采取疏、截相结合的方法，改善冠内通风条件，防止病虫害发生。

4）秋季阶段：10～11 月。除特殊需要外，这一阶段的修剪工作相对较少。

5）冬季阶段：12 月至翌年 2 月。这一阶段树体处于休眠状态，养分从枝叶回流，此时修剪不仅能促进来年枝叶的萌发，而且使养分消耗相对减少。

0.5　园林树木整形修剪的原则

1. 依据园林绿化对树木的类型要求进行整形修剪

不同的绿化目的对树木造型有不同的功能要求。例如，同是一种桧柏，它在草坪上孤植供观赏与作绿篱栽植，就有不同的造型要求，因而，具体的修剪整形方法也就不同。孤植时，一般位于视觉的焦点处，起着园林绿地景观构成的主景物作用，修剪应精细，并结合多种艺术造型使园林多姿多彩、新颖别致、充满生机，发挥出最大的观赏功能以吸引游人；作绿篱时，则应采取规则式整形修剪，形成几何图案。行道树要求的主要是整齐、大方、遮阴、体现城市风貌等功能，在整剪上要求操作方便、风格统一。遮阴树要求树叶繁茂，冠大荫浓，以自然式树形为宜。在游人较少的偏角处，或以古朴自然为主格调的小游园和风景区，则以保持树木粗犷自然的树形为宜，使游人有回归自然的感觉，充分领略自然美。以观花为主的树种，应使其上下花团锦簇、满树生辉。

2. 依据树木所处的生态环境和配置环境进行整形修剪

对于生长在盐碱地、土壤贫瘠及地下水位较高的地区的树木，造型时主干应留低一些，树冠也相应要矮小些。否则树木长势差，起不到很好的观赏效果。在风口或多风地区的树木，应低于矮冠植物，并且枝条要相对稀疏，防止风大倒伏。

此外，在不同的气候带，也应采用不同的修剪方式。南方地区雨水多，空气特别潮湿，很容易引起树木病虫害，因此除应加大株行距外，修剪还应以疏为主，增强树冠的通风和光照条件，降低树冠内部的湿度，使枝叶接受更多的阳光。如果在干燥的北方地区，降雨量少，易引起干梢或焦叶，修剪就不能过重，尽量保持较多的枝叶，使它们相互遮阴，以减少枝叶的蒸腾，使树体内保持较高的含水量。在东北等地冬季长期积雪的地区，为防止雪压，应进行更重的修剪，尽量缩小树冠的体积，防止大枝被重厚的积雪压断。

树木造型应与树木周围的配置环境协调与和谐，或烘托主要内容以达到环境美的效果。例如，在规则的建筑前采用几何形的整形或修剪，在自然的山水园中多采用自然式修剪。修剪造型后的植物应与建筑物的高低、格调协调一致，使树木的形态与建筑、草地、花坛等组成一个完整的整体，互相衬托，使景物美观和谐，花果与树姿相映成趣。例如，在门厅两侧宜用规则的圆球形或垂悬式树形，宜在高楼前选用自然式树冠，以丰富建筑物的立面构图。在树木上方有线路通过的道路两侧，行道树应采用自然型或开心形的树冠。

即使同一个树种，栽植环境不同，整剪方式也有所不同。例如，桃花栽在湖坡上，应剪成下垂的悬崖式；栽植在大门旁，最好剪成桩景式；栽植在草坪上，则以整剪成自然开心形为佳。

3. 依据树种的生长发育和开花习性进行整形修剪

不同树木都有不同的分枝方式，应针对树木的分枝习性进行整形修剪。例如，雪松、龙柏、水杉等单轴分枝方式的树木顶芽优势极强，长势旺，易形成高大通直的树干，若形成多数竞争枝，则会降低观赏价值，这类树木要以自然式整形为主，修剪时要控制侧枝，将侧方主枝整剪成圆柱形、圆锥形等。对于合轴分枝树木，幼树时应培育中心主干，合理选择和安排各侧枝，以达到骨干枝明显、花果满枝的目的。对于假二叉分枝的树木，幼年时可用剥除枝顶两侧对生侧芽的 1 枚芽，留 1 枚壮芽向上生长来培育干高，定干后再用同样的方法来培养 3～5 个主枝。对于多分枝的树木，如果期望其长高，则可在修剪整形过程中采用抹芽或短截的方法培养主干，定干后则可根据需要设计多种造型。

树木的分枝习性、萌芽力与成枝力的大小、修剪伤口的愈合能力及修剪后的反应各不相同，植物造型时要区别对待。凡萌芽力、成枝力、伤口的愈合能力强的树种，称为耐修剪树种，如悬铃木、黄杨等，其修剪强度可以不局限于一种，可根据植物造型的需要，比较自由地调节修剪强度。例如，馒头柳新枝萌芽力强，加长、加粗生长的速度都很快，因此可采用其自然树形，又可剪成球形、方形等。萌芽力、成枝力、伤口的愈合能力弱的树种，称为不耐修剪树种，如桂花、玉兰等，植物造型时应以维持其自然冠形为宜，只能采取轻剪，少疏枝或不疏枝，一般只是剪除过密枝条及干枯的老枝条等。

对于一些喜光树种，如梅、桃、樱、李等，如果为了多结果实，则可采用自然开心形的修剪方式。像龙爪槐等具有曲垂而开展习性的，则应采用盘扎主枝为水平圆盘状的方式，以便使树冠呈开张的伞形。

整形修剪时还要考虑花芽着生的位置、花芽分化时期及花芽的性质。例如，春季开花的树木，花芽通常在前一年的夏秋分化，着生在二年生枝上，因此在休眠期修剪时必须注意花芽着生的部位。花芽着生在枝头顶端的，花前绝不能短截。花芽着生在叶腋里，可根据需要在花前短截。具有腋生的纯花芽的树木在短截枝条时应注意剪口不能留花芽，因为纯花芽只能开花，不能抽生枝叶，花开后在此处会留下一段很短的干枝而影响观赏效果。

如果是观果类树木，花上面没有枝叶就会影响坐果和果实的发育。夏秋开花的种类，花芽在当年抽生的新梢上形成，可在秋季落叶或早春萌芽前修剪。

4. 依据树木年龄、树势进行整形修剪

不同年龄的树木应采用不同的修剪造型方法。幼年期的植物处于营养生长的旺盛时期，植物的年生长量大，萌芽力和成枝力强，整剪应以培养主干、迅速扩张树冠、形成良好的冠干比为目的。对于盛花期的壮龄树，通过修剪来调节其营养生长与生殖生长的关系，防止不必要的营养消耗，促使分化更多的花芽。对于观叶类树木，在壮年期的修剪只是保持其树冠的丰满圆润，不使它们出现偏冠或空缺。对于生长逐渐衰老的老龄树，应通过更新修剪刺激其休眠的隐芽，以促弱为强，恢复树势，延缓衰老进程。一般在同一树上进行逐渐分期轮换更新。

5. 依据植物修剪反应进行整形修剪

同一树种上枝条着生的性质、长势和姿态不同，修剪程度不同，则反应也不同。修剪反应一看剪口下的枝条的长势、成花和结果情况，二看全树长势。因此修剪时，应顺其自然，做到恰如其分。有的树种修剪反应比较强烈，造型时要注意考虑季节与修剪强度。在实际应用中，并非所有树种的整形修剪均要考虑上述因素，应根据不同树种、不同目的灵活把握侧重点。

0.6　园林树木修剪常用工具及辅助机械

0.6.1　常用工具

树木修剪过程中要借助许多工具，常用工具有修枝剪、修枝锯等（图0.41）。

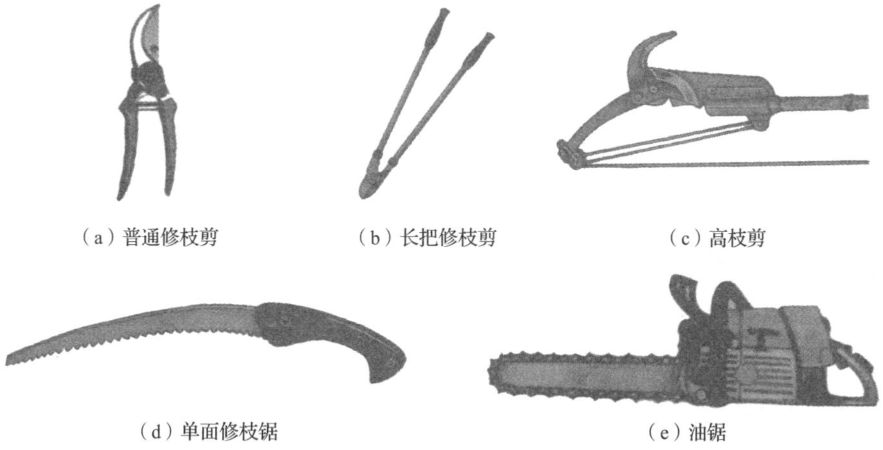

（a）普通修枝剪　　　（b）长把修枝剪　　　（c）高枝剪

（d）单面修枝锯　　　（e）油锯

图 0.41　修剪常用工具（引自鲁平）

1. 修枝剪

修枝剪主要有普通修枝剪、圆口弹簧剪、小型直口弹簧剪、大平剪、高枝剪、残枝剪、长把修枝剪等。

1）普通修枝剪：适用于木质坚硬粗壮的枝条，在切粗枝时应稍加回转。

2）圆口弹簧剪：普通修枝剪，适用于花木和观果树种枝条的修剪，一般用于剪截 3cm 以下的枝条。操作时，用右手握剪，左手将粗枝向剪刀小片方向猛推，即可剪掉枝条。

3）小型直口弹簧剪：适用于夏季摘心、折枝及树桩盆景小枝的修剪。

4）大平剪：又称绿篱剪、长刃剪，适用于绿篱、球形树和造型树木的修剪。它的条形刀片很长，刀面较薄，易形成平整的修剪面，但只能用来平剪嫩梢。

5）高枝剪：用于剪截高处的细枝。它装有一根能够伸缩的金属长柄，可以随着修剪的高度来调整。在刀叶的尾部有一根尼龙绳，修剪时靠猛拉尼龙绳完成修剪。在刀叶和剪筒之间还装有一根钢丝弹簧，在放松尼龙绳的情况下，可以使刀叶和镰刀形固定剪片自动分离而张开。

6）残枝剪：刀刃在外侧，可从枝条基部平整、完全地剪除残枝。使用时，刀间的螺钉不要旋得太紧或太松，否则影响工作。

7）长把修枝剪：其剪刀呈月牙形，没有弹簧，手柄很长，能轻快地修剪直径 1cm 以内的树枝，适用于高灌木丛的修剪。

2. 修枝锯

修枝锯适用于粗枝或树干的剪截，常用的有手锯、单面修枝锯、双面修枝锯、高枝锯、电动锯、油锯、割灌机等。

1）手锯：适用于花木、果木、幼树枝条的修剪。

2）单面修枝锯：适用于截断树冠内中等粗度的枝条。弓形的单面细齿手锯的锯片很窄，可以伸入树丛中去锯截，使用起来非常灵活。

3）双面修枝锯：适用于锯除粗大的枝干。双面修枝锯的锯片两侧都有锯齿，一边是细齿，另一边是由深浅两层锯齿组成的粗齿，在锯除枯死的大枝时用粗齿，锯截活枝时用细齿。另外，锯把上有一个很大的椭圆形孔洞，可以用双手握住来增加锯的拉力。

4）高枝锯：适用于修剪树冠上部大枝。

5）电动锯：适用于大枝的快速锯截。

6）油锯：适用于大枝或主干的锯截。

7）割灌机：适用于绿篱的快速修剪。

0.6.2　辅助机械

应用传统的工具修剪高大树木，费工、费时，有时还无法完成作业任务。对于高大的树木，修剪时可采用移动式升降机辅助，这样能大幅提高工作效率。在国外，人们在城市树木的管护中已大量应用移动式升降机，这些设备大多来自电力部门的作业机械。

任务实施

任务 0.1　树木冠形、分枝方式及枝条、芽类型识别

任务描述 ☞

园林植物造型的主要技术手段是整形修剪，要学会整形修剪，就必须能准确识别树木的冠形和树体上各种枝条及芽的类型，只有这样才能做到科学修剪、合理造型。通过观察公园或行道树的各种树木，学生能正确判别当地常见园林树木的冠形，认识与整形修剪密切相关的各种枝条及芽的名称术语，会辨别叶芽、花芽。

任务目标 ☞

1. 准确识别各种树木的冠形。
2. 掌握树木的分枝方式。
3. 依据枝条和芽的形态术语能辨别各种枝条和芽。

植物材料 ☞

雪松、圆柏、杨、海棠、鹅掌楸、紫丁香、柳树、桂花、桃树、悬铃木、梨、合欢、榉树、棕榈等（注：可根据当地植物种类按树形选择所观察的树种）。

造型用具与备品 ☞

普通修枝剪、手锯、高枝剪、绘图纸、铅笔、橡皮等。

任务操作步骤与方法 ☞

1. 树木的冠形观察

在街道上观察行道树有哪些树种，到公园或家属小区观察孤植、丛植、列植的各种庭荫树和景观树，它们是自然式整形的树形、人工式整形的树形，还是自然与人工混合式整形的树形。要正确估测每株树的高度、冠幅宽度、树冠长轴和横轴的比例等，从而判定树冠的形状为哪一类型，并将观察的树木冠形绘成草图进行各种冠形的比较。

2. 树体的结构观察

观察单轴分枝型中龄树种，根据枝条与主干的关系判断以下树体结构：主干（从地面开始到第一分枝为止的一段茎）、树冠（由树干发生的枝条集中形成的部分）、中干（树木在第一分枝处以上主干的延伸部分）、主枝（从中干上分出，即由中干的腋芽（侧芽）萌发形成的枝条）、侧枝（从主枝上分出，即由主枝的腋芽形成的枝条）、骨干枝（构成树冠骨架永久性枝的统称，如主干、中干、主枝、侧枝等）、延长枝（各级骨干枝先端的延伸部分）、花枝组（由开花枝和生长枝组成的一组枝条）。

3. 枝条的类型识别

1）依据枝条的生长态势识别直立枝、斜生枝、水平枝、下垂枝、逆行枝、内向枝、重叠枝、平行枝、轮生枝、交叉枝、并生枝等。

2）依据枝条抽生时间及老熟程度判断春梢、夏梢、秋梢3种新梢。早春休眠芽萌发抽生的枝梢为春梢，7～8月抽生的枝梢为夏梢，秋季抽生的枝条为秋梢。认识一次枝和二次枝，春季萌芽后第一次抽生的枝条为一次枝，当年在一次梢上抽生的枝条为二次枝。

3）依据枝的性质识别营养枝和开花结果枝。营养枝中生长旺盛将来能够开花结果的为发育枝；生长过旺组织不充实的为徒长枝；生长不良，短而细弱的为细弱枝；枝条节间短、叶片密集，常呈莲座状的短枝称为叶丛枝。能开花结果的枝条为开花结果枝。

4. 芽的类型识别

1）根据芽在树体上的着生位置识别顶芽、侧芽、不定芽。

2）根据芽的性质识别叶芽、花芽、混合芽，观察花灌木，叶芽是萌发后仅生枝叶而不生花的芽；花芽是萌发后仅生花的芽，如桃、榆叶梅、连翘都为纯花芽；芽萌发后，既抽生枝叶又开花的芽为混合芽，如海棠、山楂、紫丁香等。

3）根据芽的萌发情况识别活动芽和休眠芽。

5. 树木的分枝方式观察

观察单轴分枝类型的树木，如雪松、龙柏、水杉、杨树等；观察合轴分枝类型的树木，如悬铃木、柳树、榉树；观察假二叉分枝类型的树木，如泡桐、紫丁香等。

任务评价 ☞

能将所观察的内容绘出草图并标注；能在短时间内正确识别判断每种园林树木的冠形、分枝方式，对每株树都能迅速判断其枝与芽的类型；绘制的草图清晰，与实际相符，标注规范。具体评价标准如表0.1所示。

表 0.1　树木冠形、分枝方式及枝条、芽类型识别评价标准

序号	制作步骤	评价标准	赋分	备注
1	树木的冠形观察	绘制5种树木的冠形	5分	
		绘出的草图清晰、标注规范	2分	
		绘出的冠形准确	3分	
2	树体的结构观察	绘制的树体结构准确	3分	
		绘出的草图清晰、标注规范	2分	
		树体的结构各部位标注名称正确	5分	
3	枝条的类型识别	绘制的枝条的类型准确	3分	
		绘出的草图清晰、标注规范	2分	
		枝条的类型标注正确	5分	
4	芽的类型识别	绘制的芽的类型准确	2分	
		绘出的草图清晰、标注规范	2分	
		芽的类型标注正确	6分	

序号	制作步骤	评价标准	赋分	备注
5	树木的分枝方式观察	绘制的树木的分枝方式准确	4分	
		绘出的草图清晰、标注规范	2分	
		分枝方式的名称标注正确	4分	

巩固训练 ☞

1. 统计当地每个园林树种的冠形和分枝方式，并进行比较。
2. 在一株树上绘出各种枝条的类型。
3. 观察当地各类植物造型所体现的美学原理。

任务 0.2　树木造型修剪技法训练

任务描述 ☞

植物造型修剪是在构图设计原理指导下，以园林植物生物学特性为基础的技术性较高的工作。学生必须掌握整形修剪的主要手法，熟悉使用工具，并具有一定的安全生产意识。本任务在公园或街道等绿地选择待整形修剪的行道树、庭园树和花灌木进行修剪练习，以训练学生修剪技法的综合运用、修剪工具的使用及安全意识的培养。

任务目标 ☞

1. 掌握休眠季修剪的基本技法。
2. 掌握生长季修剪的基本技法。
3. 能够按照修剪程序进行修剪。
4. 能正确使用修剪工具。
5. 有安全意识，在修剪过程中会使用各种安全用具。

植物材料 ☞

待整形修剪的冬季或生长季的中大型乔木、观花小乔木等（各地可依具体情况选择树种）。

造型用具与备品 ☞

普通修枝剪、高枝剪、高枝锯、单面修枝锯、双面修枝锯、刀锯、芽接刀、电工刀、斧头、木凳等。

任务操作步骤与方法 ☞

1. **休眠季修剪技法训练**

落叶后至早春树液未流动前选择中大型乔木进行下列修剪技法训练。

（1）截

选择一年生枝条做不同程度的短截，在春秋梢交并处（盲节）做轻短截；在春梢中上部做中短截；在春梢中下部做重短截；在春梢基部留1～2个瘪芽做极重短截。第2年春季观察修剪反应。

（2）回缩

选择多年生枝条短剪，剪口下留弱枝，并保留较小的剪口。

（3）疏剪

最好选择成年观花类、观果类树木，认识并剪除下列避忌枝条（图0.42）。

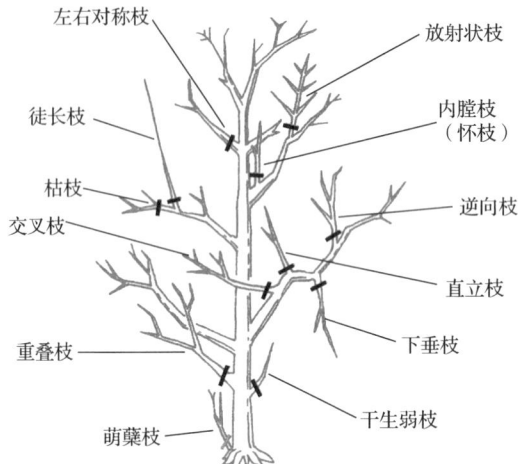

图0.42　避忌枝条的种类

1）枯枝：枯死后仍残留在树上，不但有碍美观，而且是病虫害发生的原因。

2）重叠枝：对主要枝而言，即在同一个垂直平面内上下重叠的枝为多余枝条。

3）左右对称枝：由树干左右对称生出的枝。

4）放射状枝：呈放射状枝，拥挤时可剪去一部分。

5）逆向枝：向树的内侧伸展的不正常枝。

6）直立枝：枝上垂直生长的枝，不仅不正常，也是树势衰弱的原因。

7）下垂枝、交叉枝：与正常枝相反而向下伸展的为下垂枝，与其他枝纠缠的枝为交叉枝。

8）内膛枝（怀枝）：靠近树干枝叶内膛而生出的枝，影响通风透光。

9）干生弱枝：在干上生出的弱枝。

10）萌蘖枝：由基部长出的新枝，除丛生形造型外，不需要的枝。

11）徒长枝：与其他枝缺乏平衡，随意长可继续伸长的枝，若放任不管，则会消耗养分。

2. 生长季修剪技法训练

选择幼树或中龄树进行摘心、抹芽、摘叶、去蘖、摘蕾、枝条折裂、扭梢、环剥等措施训练，注意环剥的宽度、深度，不伤木质部，不留韧皮部组织。

3. 修剪工具使用

普通修枝剪一般剪截3cm以下枝条，修剪时只要枝条能放入剪口内的均能够剪断。操作时，如果用右手握剪，则用左手将粗枝向剪刀小片方向猛拉即可，不要左右扭动剪刀，否则剪刀易松口，刀刃也容易崩裂。

剪断高处细枝使用高枝剪；剪断中等枝条使用单面修枝锯，锯除粗大枝使用双面修枝锯；枝冠上部大枝使用高枝锯锯除。

4. 安全作业

1）修剪时使用的工具应当锋利，上树机械或折梯在使用前应检查各部件是否灵活，有无松动，防止发生事故。

2）上树操作必须系好安全带、安全绳，穿胶底鞋，手锯一定要拴绳套在手腕上，以保安全。

3）作业时严禁打闹，要思想集中，以免错剪。刮5级以上大风时，不宜在高大树木上修剪。

4）在高压线附近作业时，应特别注意安全，避免触电，必要时应请供电部门配合。

5）在行道树修剪时，必须专人维护现场，树上、树下要互相联系配合，以防锯落大枝砸伤过往行人和车辆。

任务评价 ☞

能较正确运用修剪方法，正确使用修剪工具；剪口位置合适，留芽方向正确，正确锯除大枝，不劈裂、不夹锯。具体评价标准如表0.2所示。

表0.2　树木造型修剪技法训练评价标准

序号	制作步骤	评价标准	赋分	备注
1	休眠季修剪技法训练	修剪基本方法选取正确	10分	
		剪口位置、方向、留茬高度合适	5分	
		剪口芽方向合适，留芽位置正确	5分	
2	生长季修剪技法训练	修剪方法正确	5分	
		能按照培养目的正确选择修剪方法	5分	
3	修剪工具使用	修剪工具选取正确	1分	
		修剪工具使用方法正确	3分	
		修剪工具保养到位	1分	
4	安全作业	安全意识强	2分	
		会使用安全辅助工具	1分	
		作业前有安全防范措施	2分	

巩固训练 ☞

每组选1株成年苹果树进行修剪技法综合训练。

■■ 小结 ■■

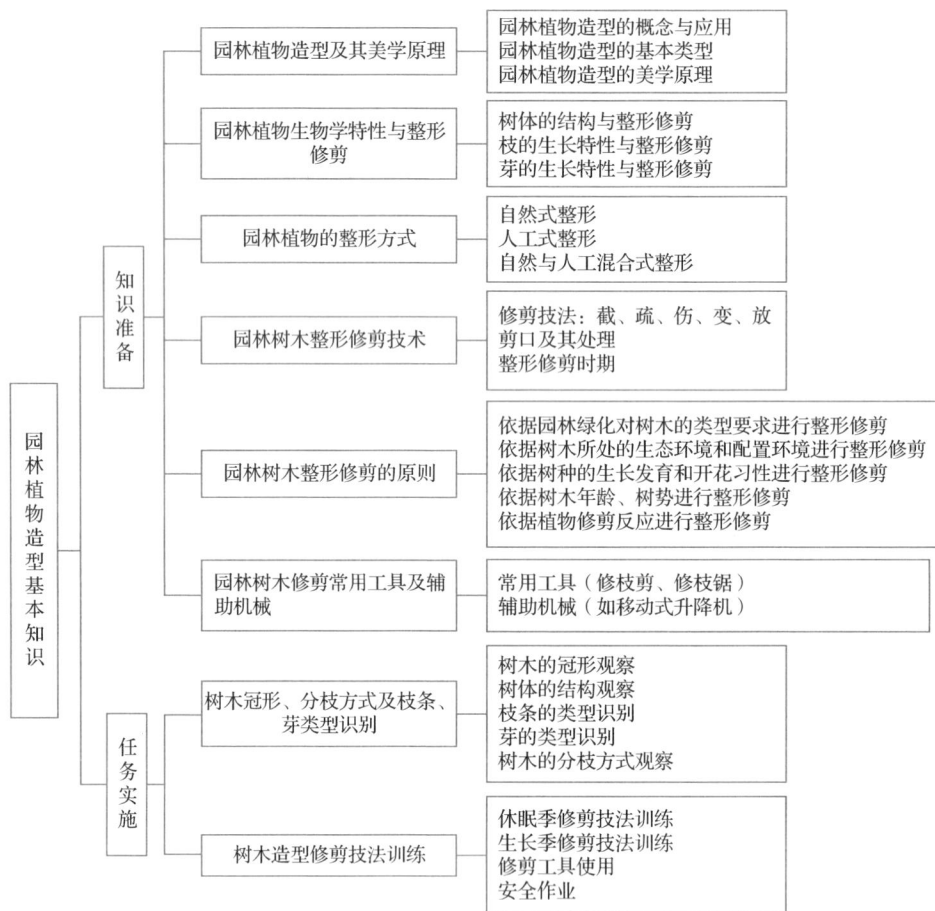

■■ 思考练习 ■■

一、选择题

1. 主干和中央领导干上永久的大分枝称为（　　）。

　　A. 主干　　　　　　B. 中央领导干　　　C. 主枝　　　　　　D. 侧枝

2. 具有两个以上分枝的枝群称为（　　）。

　　A. 辅养枝　　　　　B. 枝组　　　　　　C. 竞争枝　　　　　D. 徒长枝

3. 生长在枝条顶端的芽称为（　　）。

　　A. 顶芽　　　　　　B. 侧芽　　　　　　C. 不定芽　　　　　D. 潜伏芽

4. 在分枝方式中，主干由多个轴联合形成呈曲折状的分枝方式为（　　）。

　　A. 单轴分枝　　　　B. 合轴分枝　　　　C. 假二叉分枝　　　D. 多歧分枝

5. 下列树种中有尖塔形树形的是（　　）。

　　A. 海棠　　　　　　B. 云杉　　　　　　C. 圆柏　　　　　　D. 合欢

6. 早春开花的灌木，如连翘、迎春花等，为促发较长新枝，为第2年开花做准备宜在（　　）修剪。

A．休眠季　　　　　B．秋季　　　　　C．花后　　　　　D．萌芽期

7．根据园林观赏的需要将植物树冠强制修剪成特定的形状称为（　　　）。

A．自然式整形　　　　　　　　B．人工式整形

C．自然与人工混合式整形　　　D．杯状形

8．开心形树形修剪时，要增加枝条的开展角度，修剪时剪口下宜留（　　　）。

A．内芽　　　　　B．外芽　　　　　C．不定芽　　　　　D．休眠芽

9．下列适合做人工式整形的树种是（　　　）。

A．杨树　　　　　B．银杏　　　　　C．柳树　　　　　D．圆柏

10．将枝条从分枝基部完全剪除的修剪方法叫（　　　）。

A．短截　　　　　B．疏剪　　　　　C．回缩　　　　　D．折裂

二、填空题

1．枝条被剪截后，留下的伤口称为_____，距剪口最近的芽称为_____。

2．根据枝条短截的程度可分为_____、_____、_____、_____。

3．植物修剪技法可以概括为_____、_____、_____、_____、_____五字要诀。

4．疏剪的主要对象是_____、_____、_____及_____、_____、_____。

三、简答题

1．园林植物造型的美学原理有哪些？

2．园林树木整形修剪的原则有哪些？

3．园林植物的整形方式有哪些？

项目 1　园林树木自然式造型

知识目标 ☞

1. 了解自然式造型适合的园林树木应用类型。
2. 熟悉行道树自然式造型的种类。
3. 熟悉花灌木修剪的依据。
4. 掌握行道树、花灌木等不同用途的园林植物的自然式造型方法。

能力目标 ☞

1. 能依据园林树木的分枝方式和冠形进行自然式整形修剪。
2. 能依据园林树木生长习性进行自然开心形造型。
3. 能依据园林树木生长习性进行自然杯状形造型。

思政目标 ☞

1. 通过树木造型技艺的学习和实践增强审美意识。
2. 在树木造型的过程中培养敬业、精益、专注、创新的工匠精神。

知识准备

1.1　园林树木的自然式整形

自然式整形是以树木的自然形态为基础，保证其大自然的造化神韵。这种整形方式是对植株本身不尽如人意之处稍加整理修饰，使其更加完美。采用这种整形方式时，从总体上要保持植株的自然风貌，不露人工做作的痕迹。

在园林绿地中，自然式整形最为普遍，施行起来最省工，最易获得良好的观赏效果。自然式整形的基本方法是利用各种修剪技术，按照树种本身的自然生长特性，对树冠的形状做辅助性的调整，使之早日形成自然树形，对扰乱生长平衡、破坏树形的徒长枝、内膛枝、病虫枝等，均应加以抑制或剪除。自然式整形符合苗木本身的生长发育习性，因此常有促进苗木良好生长、健壮发育的作用，并能充分发挥该树种的树形特点，提高观赏价值。

1.1.1　行道树的修剪与整形

行道树是指在道路两旁整齐列植的树木。在城市中，干道栽植的行道树的主要作用是美化市容，改善城区的小气候，夏季增湿降温、滞尘和遮阴。行道树的冠形由栽植地的交通状况及架空线路决定。在架空线路多的主干道上及一般干道上，采用规则形树冠，修剪整形成杯状形、开心形等立体几何状。在无机动车辆通行的道路或狭窄的巷道内，可采用自然式树冠。

行道树通常用乔木树种，主干高度要求在 2.5～6m，行道树上方有架空线路通过的干道，其主干的分枝点高度应在架空线路的下方，而为了车辆、行人的交通方便，分枝点高度一般为 2～2.5m。城郊公路及街道、巷道的行道树，其主干高度可达 4～6m 或更高。行道树定干时，同一条干道上分枝点的高度应一致，不可高低错落，影响美观与管理。行道树在一般情况下以常规修剪为主，不做特殊的造型修剪。但是，随着城市绿化水平的不断提高，现在很多城市将行道树的树冠修剪成圆球形、扁圆形、规则的几何形体等多种造型，以提高其观赏性。

行道树的修剪受生长空间所限，在保证道路畅通安全的前提下，采用疏枝来改善光条件，避免供电、通信等线路与树木生长竞争空间，更重要的是通过短截来促进新枝生长，迅速扩大树冠，提高绿量并利用剪口芽引导树姿，调节树势。根据行道树在公路、游园、广场等不同地方的功能作用不同，要将行道树修剪成规则式、绿篱式等冠形（图 1.1）。

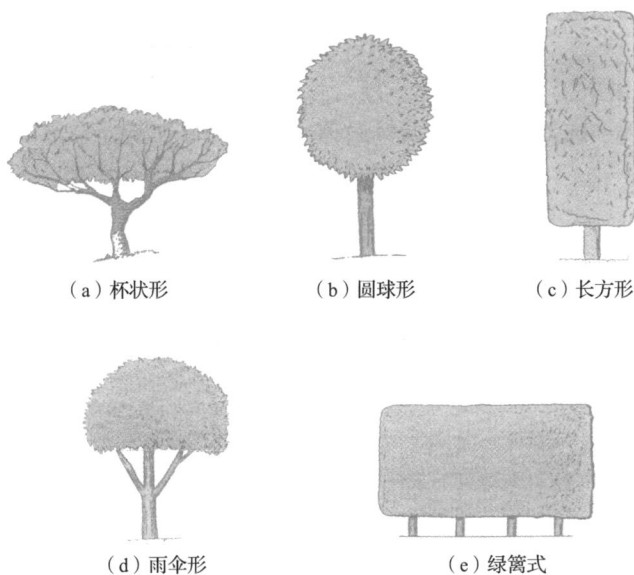

| （a）杯状形 | （b）圆球形 | （c）长方形 |

| （d）雨伞形 | （e）绿篱式 |

图 1.1　几种行道树整剪的树形（引自鲁平）

1. 自然式行道树的修剪与整形

在不妨碍交通和其他公用设施的情况下，行道树多采用自然式冠形。这种树形在树木本身特有的自然树形基础上，稍加人工调整即可。修剪成自然式冠形的目的是充分发挥树种本身的观赏特性。例如，槐树、桃树的自然冠形为扁圆形；玉兰、海棠的自然冠形为长圆形；龙爪槐、垂枝榆的自然冠形为伞形；雪松的自然冠形为塔形等。

在行道树自然式树形整形中，有中央主干的，如杨树、水杉、侧柏、金钱松、雪松、枫杨等，其分枝点的高度按树种特性及树木规格而定，栽培中要保护顶芽向上生长。主干顶端如果受损伤，则应在顶端选择一直立向上生长的侧枝或在壮芽处短截，并把其下部的侧芽抹去，抽出直立枝条代替，避免形成多头现象。

　　此外，修剪主要是对枯病枝、过密枝的疏剪，一般修剪量不大（图 1.2）。

　　阔叶类树种如毛白杨，不耐重抹头或重截，应以冬季疏剪为主。修剪时应保持树冠与树干的适当比例，一般树冠高占 3/5，树干（分枝点以下）高占 2/5。在快车道旁的分枝点高度应在 2.8m 以上。注意最下的三大主枝上下位置要错开，方向均称，角度适宜。要及时剪掉三大主枝上最基部贴近树干的侧枝，并选留好三大主枝以上的其他各主枝，使呈螺旋形往上排列。再如银杏，每年枝条短截，下层枝应比上层枝留得长，萌生后形成圆锥状树冠，成形后也仅对枯病枝、过密枝疏剪。

　　无中央主干的行道树，主干性不强的树种，如旱柳、榆树等，其分枝点高度一般为 2～3m，留 5～6 个主枝。修剪重点是调节冠内枝组的空间位置，如去除交叉枝、并生枝、重叠枝、逆行枝等，使整个树冠看起来清爽整洁，并能显现出本身的树冠（卵圆形或扁圆形等）。另外，就是进行常规性的修剪，包括去除密生枝、枯死枝、病虫枝和伤残枝等。

　　2. 杯状形行道树的修剪与整形

　　杯状形修剪一般用于无主轴或顶芽能自剪的树种，如悬铃木、火炬树、榆树、槐树、白蜡等。杯状形修剪主干高度一般在 2.5～4m，整形工作在定植后的 5～6 年内完成（图 1.3）。

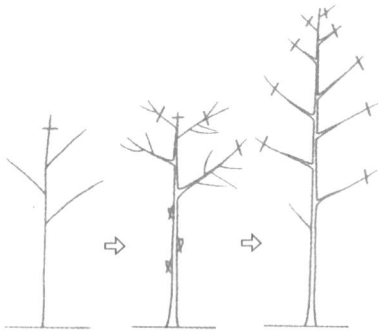

图 1.2　中央主干形行道树自然式整剪（引自鲁平）　　　　图 1.3　杯状形造型示意图

　　骨架构成后，树冠扩大很快，疏去疏生枝、直立枝，促发侧生枝，可适当保留内膛枝，增加遮阴效果。上方有架空线路时，应按规定保持一定距离，勿使枝与线路触及，一般距电话线为 1m 以上。靠近建筑物一侧的行道树，为防止枝条扫瓦、堵门、堵窗，影响室内采光和安全，应随时对过长枝条进行短截修剪。

　　生长期内要经常进行抹芽，抹芽时不要扯伤树皮，不留残枝。冬季修剪时把交叉枝、并生枝、下垂枝、枯枝、伤残枝及背上直立枝等截除。

　　3. 开心形行道树的修剪与整形

　　开心形为杯状形的改良与发展。开心形行道树的主枝有 3 个，主枝上保留的侧枝方位可以不在两侧，不像杯状形要求那么严格。为了避免枝条的相互交叉，同级侧枝要留在同一方向。采用此开心形树形的多为中干性弱、顶芽能自剪、枝展方向为斜上的树种（图 1.4）。

定植时，将主干留 3m 高或者截干，春季发芽后，选留 3 个位于不同方向、分布均匀的侧枝进行短剪，促进枝条生长成主枝，其余全部抹去。生长季注意将主枝上的芽抹去，只留 3 个方向合适分布均匀的主枝。休眠季短截后翌年主枝萌发的枝选留侧枝，保留 2 个健壮的侧枝，但是生长方向不要求必须在两侧，其余全部剪除，使保留的 12 个侧枝向四方斜生，并进行短截，促发次级侧枝，使冠形丰满、匀称。此种树形的特点是各主枝层次不明显，树冠纵向生长弱，透光条件好，有利于开花结果。在园林中的

图 1.4　开心形造型示意图

碧桃、京桃、杏树、李树、山楂、海棠等观花类、观果类树木修剪时常采用此形。

1.1.2　花灌木的修剪与整形

1. 根据配置的环境要求

花灌木通过整形修剪可以形成高灌丛形、独干形、篱架式、丛状形、杯状形、宽灌丛状形等不同的造型（图 1.5）。但不是所有树种都合适整成所有造型。必须根据植物的生长特征，以及在园林中的作用并结合环境配置的要求进行设计，结合周围植物景观的整体效果来控制植株的高矮、疏密、刚柔造型。

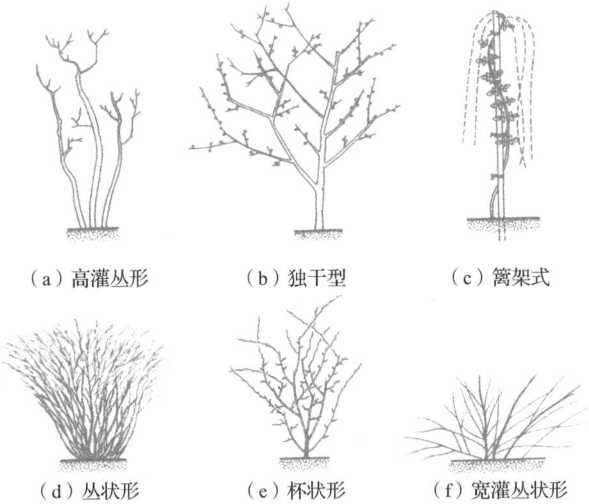

（a）高灌丛形　　　（b）独干型　　　（c）篱架式

（d）丛状形　　　（e）杯状形　　　（f）宽灌丛状形

图 1.5　花灌木的几种整形形式（引自鲁平）

2. 根据观赏部位

（1）观花类

针对以观花为主要目的的树种，即观花类树种，首先要了解其开花习性、着花部位及花芽的性质，然后采取相应的修剪措施，以促使花开繁茂。

（2）观果类

花灌木中有很大一部分既观花又观果的树种，如金银木、火棘、枸骨、铺地蜈蚣等。观果类树种的修剪时间及方法与早春开花的种类相似。不同之处在于，观果类树种要注意疏枝，以增强通风透光，这样果实着色较好，也不易产生病虫害，可提高观赏效果。花后

一般不做短截，如果为使果实大而多，则可在夏季采用环剥或疏花疏果的措施调节。

（3）观枝类

观枝类树种常见的有红瑞木、棣棠、金枝槐等。这类树种往往在早春芽萌动前进行修剪，在冬季不进行修剪，使其在冬季少花的季节里充分发挥观赏作用。该类树木的嫩枝一般较鲜艳，老干的颜色相对较暗淡。因此，最好年年重剪，促发更多的新枝，提高观赏价值。

（4）观形类

观形类树种主要有龙爪槐、垂枝桃、垂枝梅、垂枝榆等。修剪时应根据不同的种类而采用不同的方法，如对龙爪槐、垂枝桃、垂枝梅短截时留上芽不留下芽，以诱发壮枝。

（5）观叶类

观叶类树种较多，分春彩、秋彩、四季彩。春彩的有红叶石楠、海棠类等；秋彩的有鸡爪槭、枫香等；四季彩的有紫叶季、紫叶小檗、红枫等。在园林中，既观花又观叶的种类，往往按早春开花的类型进行修剪；其他的观叶类一般进行常规修剪，有时为与周围搭配和谐，也可将其进行特殊的造型修剪。

3. 根据花芽的生长规律

观花类和观果类花灌木修剪的关键是使植株的花芽生长发育健壮，必须根据各种植物花芽生长的自然规律进行修剪。否则将花芽剪掉了，当年也就不可能开花了。花木的花芽生长方式大致有：长在当年生新枝顶部；长在二年生（即上一年生）新梢顶部；长在二年生短枝叶腋中；长在二年生短枝上；从二年生短枝上部长出混合芽，然后抽生新枝顶部开花等。

（1）春季开花，花芽（或混合芽）着生在二年生枝条上的花灌木

例如，连翘、榆叶梅、碧桃、迎春花、牡丹等灌木是在上一年生的夏季高温时进行花芽分化，经过冬季低温阶段于翌春开花的。因此，应在花残后叶芽开始膨大尚未萌发时进行修剪。修剪方法以短截和疏枝为主。修剪的部位依植物种类及纯花芽或混合芽的不同而有所不同。连翘、榆叶梅、碧桃、迎春花等可在开花枝条基部留2～4个饱满芽进行短截。牡丹则仅将残花剪除即可。

对玉兰、紫丁香、春鹃等，要在花后即进行修剪，因为此类花芽着生在二年生新梢的顶部，来年春天就会长出花芽，开花。如果在夏季进行修剪，就不会再萌发长花芽的新枝。

对于具有顶生花芽的，如茉莉、蔷薇、木槿等，花芽集中在枝条上部，在休眠期修剪时，不能对着生花芽的一年生枝进行短截，因为短截后就没有开花的部位了。对于腋生花芽的种类，如梅、桂花、桃等，在冬季修剪时，可以对着生花芽的枝条进行短截。

另外，对于具有拱形枝条的种类，如连翘、迎春花等，虽然其花芽着生在叶腋，剪去枝梢并不影响开花，但为保持树形饱满美观，通常也不采取短截修剪，而采用疏剪并结合回缩，疏除过密枝、枯死枝、病虫枝及扰乱树形的交叉枝，回缩老枝，促发强壮的新枝。

（2）夏秋季开花，花芽（或混合芽）着生在当年生枝条上的花灌木

例如，紫薇、木槿、珍珠梅、绣球、六道木、夹竹桃、石榴、夏鹃等是在当年萌发枝上形成花芽的，修剪时间通常在早春树液开始流动前进行，一般不在秋季修剪，以免枝条受刺激抽发新梢，遭受冻害，影响来年的开花。修剪方法也是以短截和疏剪相结合。将二年生枝基部留2～3个饱满芽或1对对生的芽进行重剪，剪后可萌发出一些茁壮的枝条，花枝会少些，但由于营养集中会产生较大的花朵。值得注意的是，此类树种不要在开花前进行重短截，因为此类花芽大部分着生在枝条上部和顶端。有些灌木如果希望其当年开两次

花，则可在花后将残花其下的 2～3 芽剪除，刺激二次枝条的发生，适当增加肥水则可二次开花。

（3）花芽（或混合芽）着生在多年生枝上的花灌木

例如紫荆、贴梗海棠等，虽然花芽大部分着生在二年生枝上，但当营养条件适合时多年生的老干亦可分化花芽。对于这类灌木中进入开花年龄的植株，修剪量应较小，在早春可将枝条先端枯干部分剪除，在生长季节为防止当年生枝条过旺而影响花芽分化时可进行摘心，使营养集中于多年生枝干上。

（4）花芽（或混合芽）着生在开花短枝上的花灌木

例如西府海棠等，这类灌木早期生长势较强，但当植株进入开花年龄时，会形成多数的开花短枝，在短枝上连年开花。对这类灌木一般不做较重的修剪，可在花后剪除残花，夏季生长旺盛时将生长枝进行适当摘心，抑制其生长，并将过多的直立枝、徒长枝进行疏剪。

（5）一年多次抽梢、多次开花的花灌木

例如月季，可于休眠期对当年生枝条进行短剪或回缩强枝，同时剪除交叉枝、病虫枝、并生枝、弱枝及内膛过密枝。寒冷地区可进行强剪，必要时进行埋土防寒。生长期可多次修剪，可于花后在新梢饱满芽处短剪（通常在花梗下方第 2～3 芽处），剪口芽很快萌发抽梢，形成花蕾，花谢后再剪，如此重复。

1.1.3　其他类型树木的修剪与整形

1. 庭荫树与孤植树的修剪与整形

庭荫树又称绿荫树，以遮阴为主要目的，常植于路边、广场、草坪、池旁、廊亭前后，或与山石、庭院相配。孤植树又称独赏树，常植于草坪、广场、道路交叉口等处，一般要求树木高大雄伟、枝叶量大、树形优美、生长茂盛。常见的阔叶类树种有白玉兰、马褂木、七叶树、桂花、合欢、槐树、白蜡、杨柳类；针叶类树种有雪松、圆柏、侧柏、铅笔柏、龙柏等。

庭荫树与孤植树的树冠一般以尽可能大一些为宜，这样不仅能使其发挥观赏特性，还能使其充分达到遮阴的目的。庭荫树和孤植树的树冠一般不小于树高的一半，常以占树高的 2/3 以上为佳。这类树木整形时，首先要培养一段高矮适中、挺拔粗壮的树干。树木定植后，尽早疏除 1.5m 以下的侧枝。以后随着树体增加再逐个疏掉树冠下的分生侧枝。作为庭荫树，干高应在 1.8～2.0m，栽在花坛中央的观赏树，其主干大多不超过 1m。庭荫树和孤植树的修剪一般以自然型为主，但有时为与周围环境的协调统一或其他特殊的要求，亦可修剪成一定的几何造型、桩景造型等。

如果是观花果乔灌木用作庭荫树或孤植树，则修剪时还要考虑促花促果，以充分发挥其观赏特性。

2. 片林的修剪与整形

有主轴的树种（如杨树等）组成片林，修剪时注意保留顶梢，当出现竞争枝（双头现象）时，只留一个；如果中央领导枝枯死折断，则应扶立一侧枝代替主干延长生长，将其培养成新的中央领导枝，适时修剪主干下部侧生枝，逐步提高分枝点。分枝点的高度应根据不同树种、树龄而定。对于一些主干很短，但树已长大，不能再培养成独干的树木，也可以把分生的主枝当作主干培养，逐年提高分枝，呈多干式。此外，还应保留林下的树木、地被和野生花草，增加野趣和幽深感。

3. 绿篱的自然式修剪与整形

绿篱是萌芽力、成枝力强，耐修剪的树种，密集呈带状栽植而成，起防范、美化、组织交通和分隔功能区的作用。适宜作绿篱的植物很多，如女贞、大叶黄杨、桧柏、侧柏、石楠、冬青、火棘、野蔷薇等。绿篱进行修剪，既为了整齐美观，增添园景，也为了使篱体生长茂盛，长久不衰。高度不同的绿篱，采用不同的整形方式。

绿墙（高度为 160cm 以上）、高篱和花篱常采用自然式修剪整形，要适当控制高度，并疏剪病虫枝、干枯枝，任枝条生长，使其枝叶相接紧密成片，提高阻隔效果。用于防范的枸骨、火棘等绿篱和玫瑰、蔷薇、木香等花篱，也以自然式修剪为主。开花后略加修剪使之继续开花，冬季修去枯枝、病虫枝。对蔷薇等萌发力强的树种，盛花后进行重剪，新枝粗壮，篱体高大美观。

1.2　常见园林乔木自然式整形修剪

1.2.1　常绿行道树、庭荫树

1. 雪松

雪松［*Cedrus deodara* (Roxb.) G. Don］为松科雪松属常绿乔木，在原产地树高可达 75m，有平枝、垂枝、翘枝三大品系；大枝平展，小枝下垂，树冠呈塔形；温带树种，是世界五大庭园树种之一，产于我国西藏南部的喜马拉雅山，现在长江中下游生长良好。雪松幼小时耐阴，大时喜光；适应黏重黄土及其他酸性土、微碱土，浅根性，不耐煤烟，怕水湿；可插条、播种、嫁接繁殖，2～3 月播种，春播为宜，40 天生根；在雨水多的低凹处要抬高栽植；栽后要立防风支柱，注意浇水、施肥。

雪松一年有两次生长，4 月中旬萌芽，5～6 月新梢生长，7～8 月停止生长，9～10 月第 2 次生长，为秋梢，10～11 月停止生长。

雪松幼苗具有主干顶端柔软而自然下垂的特点，可用竹竿缚扎顶梢。为了维护中心主枝顶端优势，幼时重剪顶梢附近粗壮的侧枝，促使顶梢旺盛生长。当原主干延长枝长势较弱，而其相邻的侧枝长势特别旺盛时，剪去原头，以侧代主，保持顶端优势。其干的上部枝要去弱留强，去下垂留平斜向上枝。回缩修剪下部的重叠枝、平行枝、过密枝。剪口处应留生长势弱的下侧枝、平斜侧枝做头。主枝数量不宜过多、过密，以免分散养分。在主干上间隔 0.5m 左右，组成一轮主枝。主干上的主枝条一般要缓放不短截，使树疏朗匀称、美观大方（图 1.6）。

（a）修剪前　　　　　（b）修剪后

图 1.6　雪松修剪（引自田如男、祝遵凌）

雪松是典型的单轴分枝树体，整形方式为低位分枝的中央领导干形。整形带需从低处第一分枝开始，需妥善保护下部枝条，损失则不能再生。修剪手法以疏剪为主,苗期要轻修勤剪,经常注意树形。修剪时间在晚秋或早春,一年一次。

2.　樟

樟〔*Cinnamomum camphora* (L.) Presl〕为樟科樟属常绿大乔木,高可达 30m 以上,冠幅庞大,树冠椭圆形;喜温暖湿润气候,不耐寒;在深厚肥沃的黏质、砂质壤土及酸性、中性土中发育较好;耐水湿;对氯气、二氧化碳、氟、臭氧等具有抗性;3 月播种繁殖为好,分根分蘖也可。樟树一年二次生长,3 月上旬萌芽,3～4 月开始生长并大量换叶,4～5 月生长盛期,5～6 月花期,花后即 6 月底停止生长,8～9 月萌发秋梢和少量二次枝,10 月果实停止生长。

一年生的播种苗要进行一次剪根移植,以促进侧根生长,提高大树移植时的成活率。樟树是典型的合轴分枝形式,萌芽力强,耐修剪,整形方式多为中央领导干形。要将顶芽下生长超过主枝的侧枝疏剪 4～6 个,剥去顶芽附近的侧芽,以保证顶芽的优势。如果侧枝强、主枝弱,则可去主留侧,以侧代主,并剪去新主枝的竞争枝,修去主干上的重叠枝,保持 2～3 个为主枝,使其上下错落分布,从下而上渐短。在生长季节,要短截主枝延长枝附近的竞争枝,以保证主枝顶端优势。定植后,要注意修剪冠内轮生枝,尽量使上下两层枝条互相错落分布。粗大的主枝,可回缩修剪,以利扩大树冠(图 1.7)。樟树苗期定型时间在春季,养护修剪一年 1～2 次,要春强夏弱。

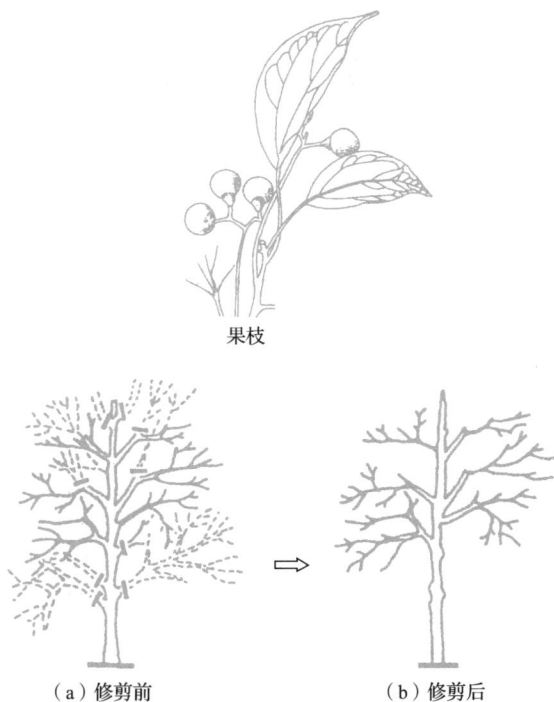

果枝

(a)修剪前　　　　　　　　(b)修剪后

图 1.7　樟树修剪(引自田如男、祝遵凌)

3.　广玉兰

广玉兰(*Magnolia grandiflora* L.)为木兰科木兰属常绿乔木,树冠为椭圆形;为亚热带树种,原产北美;喜光,能耐半阴,喜温暖、湿润气候;较耐寒,适于深厚、肥沃、湿润的土壤；秋季采种后及时播种，春季用一年生嫩枝嫁接，也可用压条、扦插繁殖；抗风力强，栽植后须加防风支架。广玉兰一年1～2次生长，4～5月新梢生长，5～6月开花，6～7月新梢停止生长，9～10月果熟，同时有少量秋梢发生，10月花芽分化。

幼时要及时剪除花蕾，使剪口下壮芽迅速形成优势，向上生长，并及时除去侧枝顶芽，保证中心主枝的优势。定植后回缩修剪过于水平或下垂的主枝，维持枝间的平衡关系，使每轮主枝相互错落，避免上下重叠生长，充分利用空间。夏季随时剪除根部萌蘖枝，各轮主枝数量减少1～2个；疏剪冠内过密枝、病虫枝。主干上，第1轮主枝剪去朝上枝，主枝顶端附近的新枝注意摘心，以降低该轮主枝及附近主枝对中心主枝的竞争力（图1.8）。

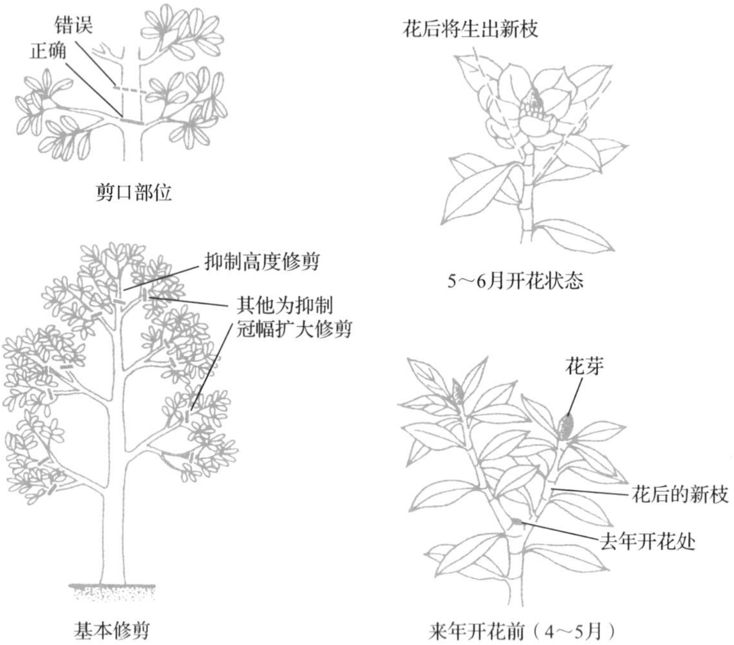

图1.8　广玉兰修剪（引自田如男、祝遵凌）

广玉兰开始为单轴分枝，成熟时演变为合轴分枝。采用中央领导干或多领导干形的整枝方式。整形带常为1～1.5m处。广玉兰愈合能力弱，修剪不宜过多。养护修剪以疏剪为主，修剪季节以秋季果后为主。

1.2.2　落叶行道树、庭荫树

1. 银杏

银杏（*Ginkgo biloba* L.）为银杏科银杏属落叶乔木，高可达40m，干性强，树干挺直，树冠广卵形，冠形如盖；单轴分枝，顶端优势强，萌芽力强，且潜伏芽多，雌雄异株，雄株的顶端优势比雌株更明显。雌株较大，枝条开展；雄株较小，枝条耸立。银杏为我国特产，寿命长；在气候温和、阳光充足、土层深厚、水分充足的条件下均能正常生长，尤其在经常潮湿而排水良好的砂质土壤中长势非常好，在干燥、盐碱、荫蔽的条件下生长则会受阻；可用播种、扦插、分蘖和嫁接等法繁殖，但以播种及嫁接法最多。

银杏在花后为新梢生长期，7～8月停止生长，然后转为加粗生长。银杏的短枝为矩形短枝，与长枝区别明显。长枝的顶芽及近顶的数芽每年仍长成粗壮长枝，中部的芽长成细长枝或短枝；短枝的顶芽仍继续形成短枝或分化成花芽，其寿命可达 10 余年。

银杏主轴明显，栽培和修剪时应注意保护其顶芽向上直立生长，主干顶端若受损伤，则应选择一个直立向上生长的枝条或在壮芽处短剪，并把其下部的侧芽抹去，抽出直立枝条代替，避免形成多头现象。

银杏作为行道树主要的整形方式是中央领导干形，由于其主枝开张角度较小，在选骨架枝时要尽量选开张角度较大的。

2. 二球悬铃木

二球悬铃木 [*Platanus × acerifolia*(Aiton.) Willd.] 为悬铃木科悬铃木属落叶大乔木，干高达 35m，合轴分枝，冠圆球形；为阳性树种，较耐寒，适应各种土壤；属浅根性树种，要控制树冠生长，以防风倒；播种、扦插繁殖均可。悬铃木发枝快，分枝多，再生能力强，树冠大，枝叶浓，是良好的行道树和庭荫树树种，被誉为"世界行道树之王"。

二球悬铃木常为杯状整形，养护修剪量很大，严格说应为人工整形方式。幼树时，根据功能环境需要，保留一定的高度截取主枝而定干，并在其上部选留 3 个不同方向的枝条进行短截，剪口下留侧方芽，在生长期内，及时剥芽，保证三大枝的旺盛生长。冬季可在每个主枝中选 2 个侧枝短截，以形成 6 个小枝。夏季摘心控制生长。来年冬季在 6 个小枝上各选 2 个枝条短截，则形成"三主六枝十二叉"的分枝造型。以后每年冬季可剪去主枝的 1/3，保留弱小枝为辅养枝，剪去过密的侧枝，使其交互着生侧枝，但长度不应超过主枝；对强枝要及时回缩修剪，以防止树冠过大，叶幕过稀；及时剪去病虫枝、交叉枝、重叠枝、直立枝。大树形成后，每两年修剪一次，可避免种毛污染（图 1.9）。

（a）杯状树形修剪法

（b）合轴主干修剪法

图 1.9　二球悬铃木修剪（引自田如男、祝遵凌）

3. 鸡爪槭

鸡爪槭（*Acer palmatum* Thunb.）为槭树科槭属落叶小乔木，树冠扁圆形或伞形；原产我国温带，喜湿润、富有腐殖质、肥沃、排水良好的土壤，耐旱怕涝。

12 月至来年 2 月或 5～6 月对鸡爪槭进行修剪。幼树易产生徒长枝，易在生长期及时将徒长枝从基部剪去。5～6 月短剪保留枝，调整新枝分布，使其长出新芽，创造优美的树形。成年树，要注意在冬季修剪直立枝、重叠枝、徒长枝、枯枝、逆枝及基部长出的无用枝。由于粗枝剪口不易愈合，木质部易受雨水侵蚀而腐烂成孔，所以应尽量避免对粗枝的大剪。10～11 月剪去对生枝其中的一个，以形成相互错落的生长形式（图 1.10）。

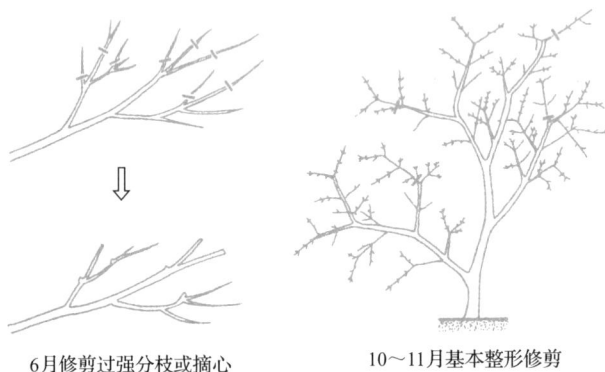

6月修剪过强分枝或摘心　　　10～11月基本整形修剪

图 1.10　鸡爪槭修剪（引自田如男、祝遵凌）

1.2.3　常绿花灌木

1. 山茶

山茶（*Camellia japonica* L.）为山茶科山茶属常绿灌木或小乔木，树冠椭圆形；花期 1～4 月；亚热带树种；喜温暖、湿润、疏松、肥沃、排水良好的酸性壤土；忌碱性土；不宜过寒、过热，怕风；扦插或嫁接播种繁殖。

山茶的整形方式为多枝闭心形。幼年顶端优势较明显，下部分枝少，故下部分枝比较宝贵，不宜把整形带定得过高，一般为 40～60cm。

山茶的养护修剪通常一年两次，于花后和秋季进行。花生在当年枝的顶端，花后将前一年的枝剪去 1/3～1/2，并整理树冠。成年树冠高比以 2：3 为宜。从最下方的主枝向上 50cm 处选留各个方向发展的枝条 3～4 个，作为主干上的主枝。回缩较强壮的枝条，既可避免影响主干或邻近主枝生长，还可填补树冠空隙，以利增加花量。每年结合修剪残花，对一年生枝进行短截，以剪口下方保留外芽或斜生枝，促进下部侧芽萌发，发展侧枝，以降低下年开花部位。3～4 月剪去细枝、无用枝、枯枝，保留原来叶片 2～3 枚，留下花旁的顶芽。因为山茶在 5 月底停止新梢生长，7 月开始夏梢生长，所以 5～7 月应将其半木质化的新生交叉枝、重叠枝、过密枝、杂乱枝、病虫枝、萌蘖枝、瘦弱枝等剪去（图 1.11）。

2. 桂花

桂花［（*Osmanthus fragrans* (Thunb.) Lour.）］为木樨科木樨属常绿乔木或灌木，假二叉分枝，干性较强而层性弱，冠圆球形。金桂、银桂、丹桂花期 9～10 月，四季桂四季开花；

喜光，能耐半阴；较耐寒，喜温暖湿润、通风良好的环境；好生于肥沃而排水良好的水质壤土，对土壤的要求较严；不耐积水，不耐煤烟，怕盐碱土壤；多用嫁接繁殖，压条、扦插也可。

桂花的整形方式通常采用多枝闭心形，幼年期及早确定树形，整形带一般在 40～100cm 内。定植后早春在树干 80～100cm 壮芽外短截，抹去一个对生芽，形成直立延伸枝。待整形带以上有 5～6 个主枝可选留时，截去中干，再在各主枝上选留若干个侧枝，形成内部丰满、外部圆整的树冠。

自然的桂花枝条多为中短枝，每枝先端生有 4～8 枚叶片，在其下部则为花序。枝条先端往往集中生长 4～6 个中小枝，每年可剪去先端 2～4 个花枝，保留下面 2 个枝条，以利来年长 4～12 个中短枝，树冠仍向外延伸。每年对树冠内部的枯死枝、重叠枝、短枝等进行疏剪，以利通风透光。对过长的主枝或侧枝，要找其后部有较强分枝的进行回缩，以利复壮。开花后一直到 3 月一般将拥挤的枝剪除即可，要避免在夏季修剪（图 1.12 和图 1.13）。

图 1.11 山茶修剪（引自田如男、祝遵凌）

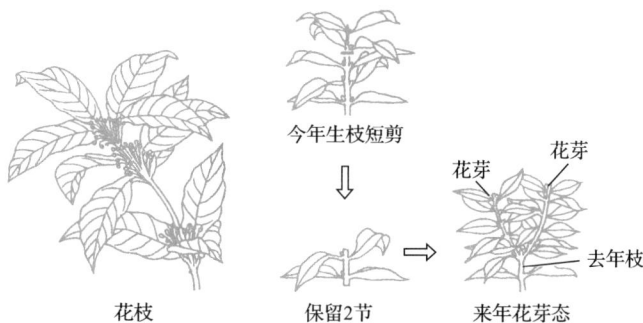

图 1.12 桂花修剪（一）（引自田如男、祝遵凌）

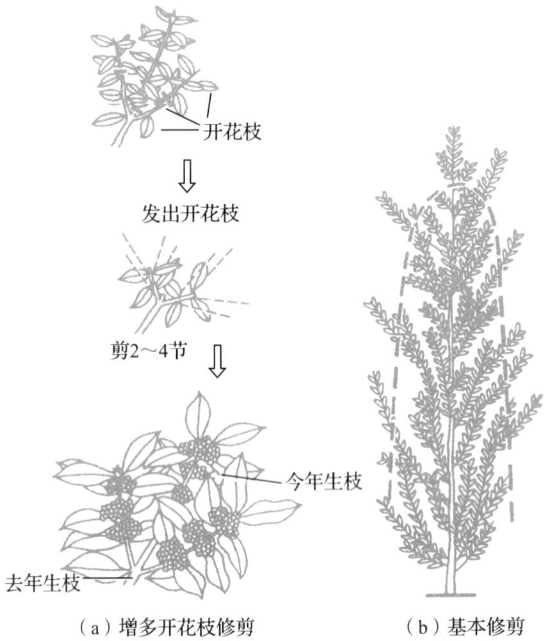

开花枝

发出开花枝

剪2～4节

今年生枝

去年生枝

（a）增多开花枝修剪　　　（b）基本修剪

图 1.13　桂花修剪（二）（引自田如男、祝遵凌）

1.2.4　落叶花灌木

1. 牡丹

牡丹（*Paeonia* × *suffruticosa* Andr.）为芍药科芍药属落叶灌木，丛生状；4～5 月开花；性耐寒畏热，喜光照，耐干燥，也耐阴，夏季强光时要疏剪遮蔽；适于深厚、有腐殖质的黏质壤土，忌盐碱土，喜湿润、排水良好的土壤；嫁接、扦插、播种繁殖。

牡丹生长 2～3 年后定干 3～5 枚，其余的干全部剪除；5～6 月开花后将残花剪除；6～9 月花芽分化；10～11 月回缩枝条 1/2 左右；从枝条基部起留 2～3 枚花芽，可适时摘除 1 枚弱花芽，以保证来年 1～2 枚开花。每年冬季剪去枯枝、老枝、病枝、无用小枝等（图 1.14）。

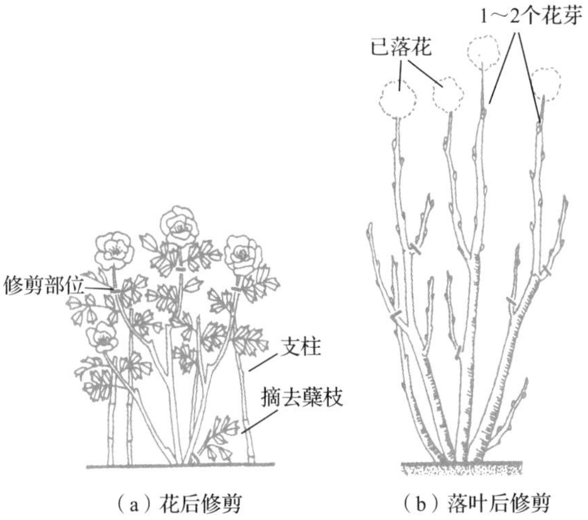

1～2个花芽

已落花

修剪部位

支柱

摘去蘖枝

（a）花后修剪　　　　（b）落叶后修剪

图 1.14　牡丹修剪（引自田如男、祝遵凌）

2. 月季花

月季花（*Rosa chinensis* Jacq.）为蔷薇科蔷薇属常绿或半常绿直立灌木，俗名月季，有古代月季和现代月季两大类，现代月季为高度杂交种，其主要类群有杂种香水月季、杂种长春月季、丰花月季、杂种藤本月季和微型月季。花以春秋为主，四季皆有。月季性喜温暖又喜光，好肥沃土壤，在中性、富有机质、排水良好的壤土中生长较好；以扦插繁殖为主，也可播种繁殖。

月季一般修剪整形在冬季或早春进行。在夏、秋生长期，也可经常进行摘蕾、剪梢、切花和剪去残花等。因类型长势不同，可分为轻剪、适度修剪、重剪（图 1.15），因造型不同又可分为灌木状、树状等。

（1）灌木状月季的修剪整形

当幼苗的新芽伸展到 4~6 片叶时，及时剪去梢头，积聚养分于枝干内，促进根系发达，使当年形成 2~3 个新分枝。冬季剪去残花，多留腋芽，以利早春多发新枝。主干上枝条长势较强，可多留芽；主干下部枝条长势较弱，可少留芽。夏季花后，扩展型品种应留里芽；直立形品种应留外芽。应在第 2 片叶上面剪花，保留其芽，以再抽新枝。

翌年冬季，灌木型姿态初步形成时，重剪去上年连续开花的一年生枝条，更新老枝，剪口芽方向同上，注意侧枝的各个方向相互交错，使造型富有立体感。由于冬剪的刺激，春季会产生根蘖枝，如果是从砧木上长出的，则应及时剪去；如果是扦插苗，则可填补空间，更新老枝，剪除树丛内的枯枝、病虫枝及弱枝（图 1.16）。

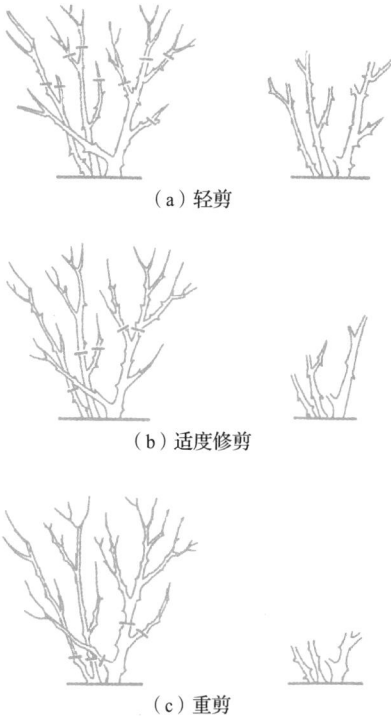

（a）轻剪

（b）适度修剪

（c）重剪

图 1.15　月季修剪程度（引自田如男、祝遵凌）

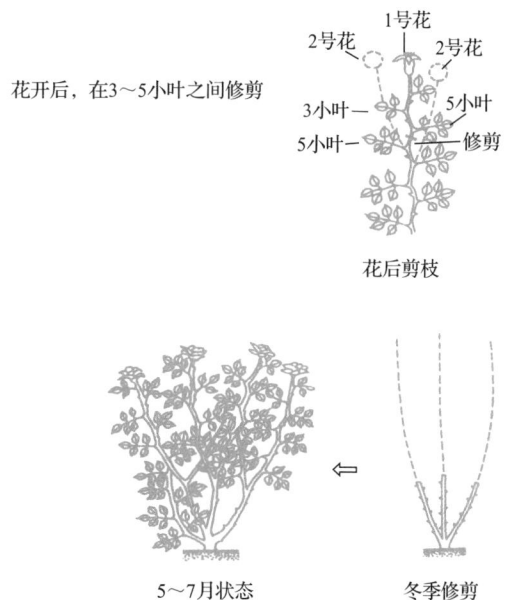

花开后，在 3~5 小叶之间修剪

1 号花
2 号花　　2 号花
3 小叶
5 小叶
5 小叶　　修剪

花后剪枝

5~7 月状态　　冬季修剪

图 1.16　灌木状月季修剪（引自田如男、祝遵凌）

10 年以上的树开始老化，枝干粗糙、灰褐色，老枝上不易生新枝。当根部的萌蘖枝长出 5 片复叶时，立即进行摘心，促使腋芽在下面形成。当长出 2～4 个新枝时，即可除去老枝。

（2）树状月季的修剪整形

新主干高 80～100cm 时摘心，在主干上端剪口下依次选留 3～4 个腋芽，作为主枝培养，除去主干上其他腋芽。主枝长到 10～15cm 时即摘心，使腋芽分化，产生新枝，在生长期内对主枝进行摘心，到秋季即可形成主干。主枝的作用是形成骨架，支撑开花侧枝。冬季修剪时应选留一个健壮外向枝短截，使其扩大树冠，促生新侧枝开花。如果主干上第三主枝优势强，则适当轻短截保留 7～8 个芽，下面的主枝短截，保留 3～6 个芽，使主枝在各个方向错落分布。侧枝是开花枝的，保留主枝上两侧的分枝，剪除上下侧枝并留 3～5 个芽。主枝先端的侧枝多留芽，下面的少留芽，交错保留主枝上的侧枝。另外，还要剪除交叉枝、重叠枝、内向枝，以免影响通风、透光。花后修剪同灌木状月季。成形后的树状月季，因头重脚轻而需设立支架绑缚。

3. 紫荆

紫荆（*Cercis chinensis* Bunge.）为豆科紫荆属乔木，暖温带树种，较耐寒，喜光，稍耐阴；合轴分枝，树姿不整齐，多丛生倾向，萌蘖性强，耐修剪；花期 4 月，叶前开花，紫红色，变种白色；一年生长 1～2 次，常有二次枝；夏秋分化型，潜伏芽很多，因此在老枝甚至老干上都能开花，荚果不易脱落。

紫荆通常采用骨架灌丛形整形。苗期于冬季用回头方法促使分枝，翌年夏季对新生侧枝进行摘心，防止树冠中空，两年内可培养数个健壮骨干枝，迅速成形。骨架形成后，采用换头、短截等手法使枝条分布匀称、树冠圆整。生长期对根际滋生的蘖枝除保留少量以用于填补空当外，其余悉数剪除；同时对新梢进行摘心；适当疏剪密枝，保持适宜枝距。

养护修剪在冬季进行，因其习性强健，故疏剪、短截、换头均可采用，修剪时结合整形。修剪对象以整理杂枝为主，老枝适当疏剪；此时花芽明显，修剪容易，枝条过长的可酌情短截，剪口下留 1～2 个方向合理的叶芽即可。但对开花、姿态均良好的紫荆，则不要轻易采用回缩或更新等方法。

4. 紫丁香

紫丁香（*Syringa oblata* Lindl.）为木樨科丁香属落叶小乔木或灌木，俗名丁香；阳性树种，喜光，稍耐阴，耐寒，也耐旱，忌在低洼积水地栽植，对土壤的要求不严；假二叉分枝，干性、层性均较强，萌蘖性强，树势强健；夏秋分化型；萌芽后随即抽梢开花，花紫色（变种白色），有香味，圆锥花序顶生，花后为生长盛期。

紫丁香的整形方式通常用多领导干形，整形带 1m 左右，整形在冬季进行。紫丁香的分枝形式决定其容易形成貌似"二叉式"树形，多对生枝，苗期在未到整形带时，要及时选择生长健壮、角度较小的枝条代替主干，并交替除去一侧对生枝，维持一侧对生芽的方法，选留 4～5 个方位好、枝距错开的主枝，形成多领导干形，然后用同样的方法培养侧枝，逐步成形。

紫丁香也可以用多枝闭心形的方式整形，枝条适当多留，尽量除去对生枝即可。但多枝闭心形的高低相差幅度很大，在园林中不宜用于群栽。

紫丁香的花芽是混合芽，由靠近枝条顶端的数节腋芽分化而成。养护修剪通常一年两次，一是花后，将花茎剪去，不使结果；新梢长放，以促使其花芽分化，确保翌年花量。二是冬季，以整理杂枝为主，并疏剪无花芽的枝条，尽量不用短截；为平衡树势，也可进行少量换头。

5. 迎春花

迎春花（*Jasminum nudiflorum* Lindl.）为木樨科茉莉属落叶灌木，俗名迎春；喜光，稍耐阴，较耐寒，喜湿润，也耐干旱，怕涝，对土壤的要求不严；枝条丛生，细长直出或拱形；萌芽力、成枝力、萌蘖性均强；夏秋分化型，花单生叶腋，黄色，花期 2～3 月，先叶开放或同时；花后至夏末为生长盛期，秋季还有一次生长，通常为较短的二次枝。

迎春花是丛生性灌木，适宜用丛生式灌丛形式进行整形。苗期及早在离地 20cm 以下截干，促使分枝，并尽量利用萌蘖枝长放，第 2 年若分枝不够，则用摘心或短截尽快增加枝条数量，形成伞形树冠。迎春花的枝条柔软，自然成拱形，通常 2～3 年后即可在绿地应用。经过整形的迎春花树形矮小，枝条坠地，覆盖根际，很适合配植。

迎春花的养护修剪在花后 4～5 月进行，5 月以后要避免修剪。以整理杂枝为主，尤其在枝条过密时要疏剪老枝，局部更新。同时要将一部分过长的新梢轻短截，以调节第 2 次生长和花芽分化的关系。另外，由于其枝端着地极易生根，影响树形，可在生长盛期用竹竿拨动枝条，不使其生根。

■■ **任务实施**

任务 1.1　乔木自然开心形和自然杯状形造型

任务描述 ☞

乔木类园林树木造型是园林树木自然式造型的重要组成部分。合轴分枝的乔木类造型多以开心形或杯状形造型为主要形式，但是开心形和杯状形造型要求树形必须符合"三股六叉十二枝"的骨架基础，而树木自然发枝的方向很难完全符合其要求的分枝角度，这就需要进行压枝、拉枝或顶枝等技术操作，不仅造型难度大，还违背树木生长规律。因此，将开心形和杯状形改良成自然开心形和自然杯状形，不完全局限于"三股六叉十二枝"，可以是 2～5 主枝，每个主枝上可以留 2～5 个侧枝（图 1.17），这样造型减少了工作量，还遵循树木生长发枝规律，在造型上也能呈现树木的自然美。

任务目标 ☞

1. 掌握自然开心形造型技艺。
2. 掌握自然杯状形造型技艺。
3. 能根据不同树种的分枝方式和环境要求进行正确的自然式造型修剪。

植物材料 ☞

梅、法桐苗木（各地可依具体情况选择树种）。

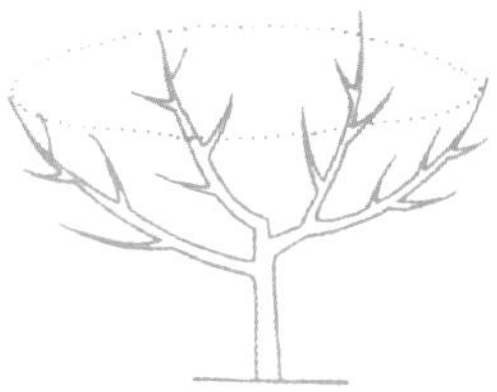

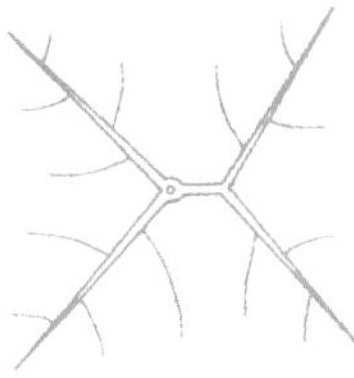

（a）三主枝四侧枝正视图　　（b）三主枝四侧枝俯视图

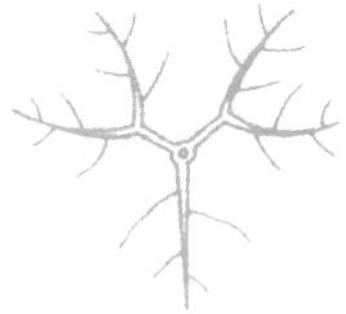

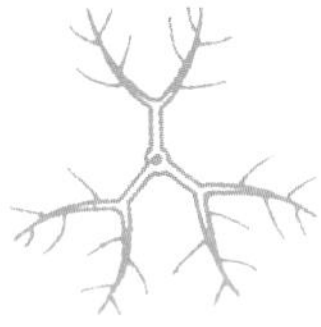

（c）三主枝五侧枝俯视图　　（d）三主枝六侧枝俯视图

图 1.17　自然开心形造型示意图

造型用具与备品 ☞

普通修枝剪、高枝剪、高枝锯、单面修枝锯、双面修枝锯、刀锯、芽接刀、电工刀、斧头、木凳等。

任务操作步骤与方法 ☞

1. 梅的自然开心形造型

（1）定干

梅的整形从一年生苗开始，要在离地面 50～70cm 处将其上部枝梢全部剪去，弱苗略低，壮苗稍高，其剪口下若有二次枝，则应自基部疏除，以集中营养刺激萌发健壮新枝。

（2）定干第 1 年的夏季修剪

定干当年芽萌发后，留各个方向的新梢 6～8 个。当新梢长到 50cm 左右时，选与主干的夹角适宜、水平分布均匀、上下有一定间距的健壮枝 3～4 个，作为主枝培养，让其自然斜向外出，缓放不剪，其余分枝保留 30cm 摘心作为辅养枝，辅助主枝生长。

（3）定干后第 1 年的冬季修剪

对选留的主枝以轻剪为主，一般剪去枝长的 1/4～1/3，留 30～60cm。如果主枝角度适当，则剪口下留侧芽使其延长枝改变角度。为了合理配备主枝上的侧枝，三大主枝的剪口芽方向要一致，即若在左侧，则都在左侧。

（4）定干后第 2 年的夏季修剪

主枝在冬季短截后会萌发很多新梢，对直立的和过密的要及时抹除，选留长势适中，且方向、位置适当的作为侧枝来培养。

（5）定干后第 2 年的冬季修剪

定植两年后，主枝延长枝的剪留长度要相应加长，使树冠迅速扩大，主枝先端短截，剪口芽与上一年剪口芽在相反的方向。在主枝离树干 30cm 左右处选留第一侧枝，并且要同级侧枝在同一个方向上，避免交叉。

（6）定干后第 3 年的夏季修剪

剪口下萌发很多枝，要疏除直立枝和过密枝，尽量多留平斜枝，以利于早开花。

（7）定干后第 3 年的冬季修剪

对主枝的延长枝头短截时保留长度适当加长，以促发壮枝，培养必要的侧枝，对侧枝的延长枝要根据生长势的强弱进行不同程度的短截，以促生花枝。通常侧枝上萌发的枝条，要疏除过密枝和背下枝，对中短枝甩放，长枝隔一枝短截一枝，以利于形成开花枝组（图 1.18）。

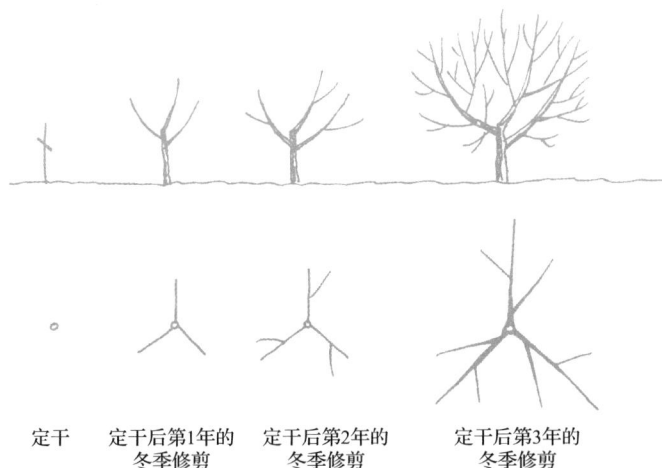

定干　　定干后第1年的　　定干后第2年的　　　定干后第3年的
　　　　　冬季修剪　　　　　冬季修剪　　　　　　 冬季修剪

图 1.18 　自然开心形造型过程立面图和平面图

（8）定干后第 4 年的修剪

继续培养骨干枝，扩大树冠。夏季继续抹去枝上过密的芽，以及主干上的萌蘖。

冬季修剪，以轻剪长放为主，以尽快扩大树冠。对主枝的延长枝头留侧芽进行轻剪，与前一年的方向相反，曲折发展。对于侧枝延长枝，适度短截；对于花枝，过密疏除，中短花枝留 2～3 个饱满芽后短截，长花枝留 6～8 芽短截，以培养开花枝组（图 1.19）。

2. 法桐自然杯状形造型

春季定植时，于树干 2.5～4m 处截干，萌发后选 3～5 个方向不同、分布均匀与主干呈 45°夹角的枝条作为主枝，其余分期剥芽或疏枝；冬季对主枝留 80～100cm 短截，剪口芽留在侧面，并处于同一平面上，使其匀称生长；第 2 年夏季再剥芽疏枝，幼年法桐顶端优势较强，在主枝呈斜上生长时，其侧芽和背下芽易抽生直立向上生长的枝条，为抑制剪口处侧芽或下芽转上直立生长，抹芽时可暂时保留直立主枝，促使剪口芽侧向斜上生长；第 3 年冬季于主枝两侧发生的侧枝中，选 1～2 个

图 1.19 　梅的自然开心形造型

作为延长枝，并在 80～100cm 处再短剪，剪口芽仍留在枝条侧面，疏除原暂时保留的直立枝、交叉枝等，如此反复修剪，经 3～5 年后即可形成杯状形树冠（图 1.20 和图 1.21）。

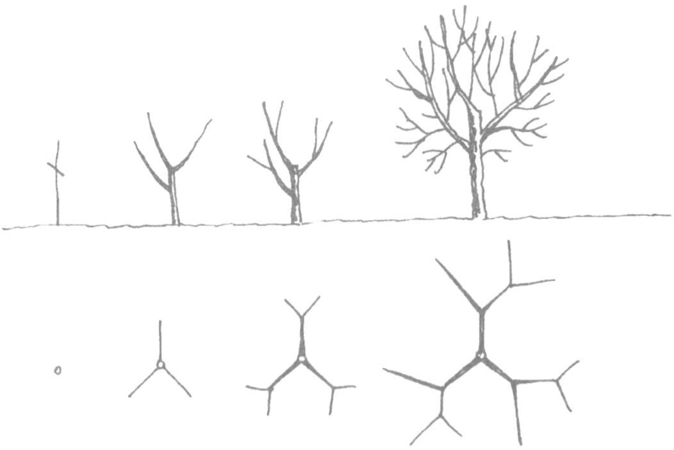

图 1.20　自然杯状形造型过程立面图和平面图

图 1.21　法桐自然杯状形造型

任务评价 ☞

能根据树木的具体情况选留不同位置和不同饱满程度的剪口芽；正确锯除大枝，不劈裂；修剪方法正确，操作熟练。具体评价标准如表 1.1 所示。

表 1.1　乔木自然开心形和自然杯状形造型评价标准

序号	制作步骤	评价标准	赋分	备注
1	定干	主干通直，有一定的枝下高	2 分	
2	定植第 1 年的夏季修剪	3～4 个主枝培养间距合理	2 分	
3	定植后第 1 年的冬季修剪	三大主枝的剪口芽方向一致	1 分	
4	定植后第 2 年的夏季修剪	选留侧枝长势适中、方向位置适当	1 分	
5	定植后第 2 年的冬季修剪	选留第一侧枝方向合理	1 分	
6	第 3 年的夏季修剪	疏除直立枝和过密枝，留平斜枝合理	1 分	
7	第 3 年的冬季修剪	侧枝培养短截合理	1 分	
8	第 4 年的修剪	培养骨干枝，扩大树冠合理	1 分	

巩固训练 ☞

每组选择桃树进行自然开心形造型，选择海棠进行自然杯状形造型。

任务 1.2　灌木类自然式造型

任务描述 ☞

灌木类园林树木造型是园林树木自然式造型的重要组成部分。本任务以校内或校外实训基地及各类绿地中的灌木类园林树木需要进行造型修剪任务为载体，以学习小组为单位，先编制灌木类园林树木造型方案，再完成一定数量的灌木类自然式造型任务。

任务目标 ☞

1. 熟悉灌木自然式修剪造型的依据。
2. 能根据灌木在园林中的应用类型进行自然式造型。
3. 掌握花灌木灌丛形造型方法。

植物材料 ☞

在花圃或公园选取山茶、牡丹、月季、桃树、紫荆等不同生长阶段的株型。

造型用具与备品 ☞

普通修枝剪、手锯等。

任务操作步骤与方法 ☞

选择栽植后的幼苗到成熟期不同阶段的月季个体。

采取骨架式灌丛形整形。在月季幼苗长出 4～6 片叶时，摘心或剪梢，当年可形成 2～3 个互相错落分布的新分枝。

第 1 年冬季，位于上部长势强的枝条保留 7～8 个芽剪截；下部枝条角度大、生长势差些的可留 3～5 个芽。

第 2 年夏季花后，在第 2 片叶上面剪花，保留其芽，扩展型品种留里芽，直立型品种留外芽，以再抽新枝。

第 2 年冬季，灌木形姿态初步形成，成熟期修剪以休眠期为主，以花后修剪为辅。冬季疏去需要更新的老枝，留新老结合的 3～5 干，并重剪，每个枝条可留 2～3 个芽，选剪口芽方向同前所述。生长期在第 1 次开花后，将开花后新枝留 3～4 节（叶）短截，第 2 次开花后，在残花下第 2 片的上方将枝条剪断。枝条更新期为 3～5 年。

任务评价 ☞

修剪完毕后，能根据树种和生长发育阶段的整形修剪要求进行评价，能因树做形、因形修剪。具体评价标准如表 1.2 所示。

表 1.2　灌木类自然式造型评价标准

序号	制作步骤	评价标准	赋分	备注
1	选苗栽植	合理选择苗木栽植	2分	
2	骨架式灌丛形方式整形	枝条分布均匀合理	2分	
3	第 1 年冬季修剪	留枝合理、方向均匀	2分	
4	第 2 年夏季修剪	留芽方向合理	2分	
5	第 2 年冬季修剪	留枝数及留芽方向合理	2分	

巩固训练 ☞

做榆叶梅（*Prunus triloba* Lindl.）的多枝闭心形（多主枝形，即有主干而又形成圆头形树冠）和多主干形的修剪造型（图 1.22）。

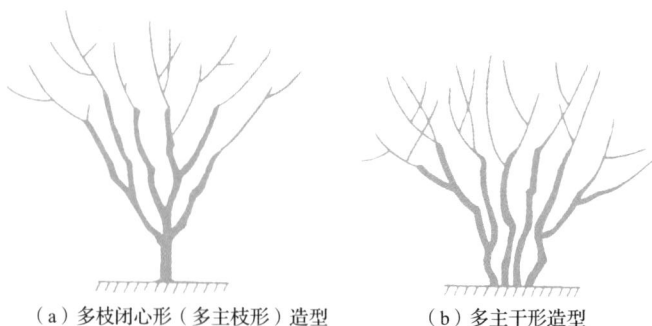

（a）多枝闭心形（多主枝形）造型　　（b）多主干形造型

图1.22　花灌木多枝闭心形和多主干形造型

■■ 小结

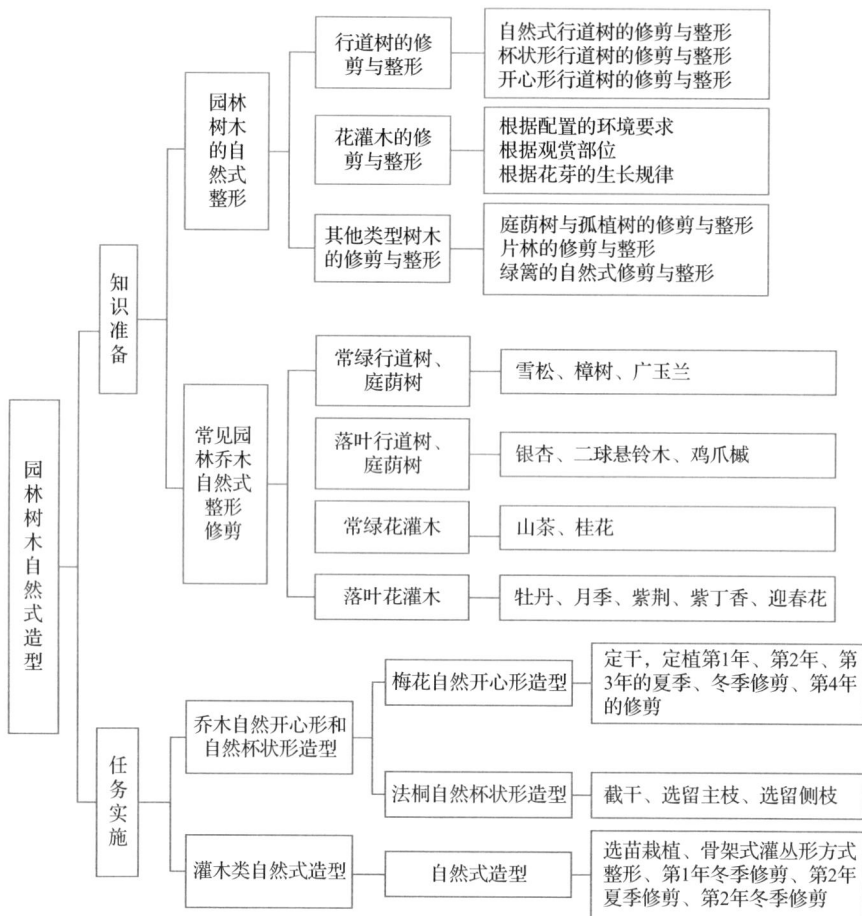

■■ 思考练习

一、选择题

1. 行道树多采用自然式冠形，以下树种冠形适合伞形的是（　　　）。

  A. 雪松　　　　　　　B. 玉兰　　　　　　　C. 龙爪槐　　　　　　D. 桃树

2. 适宜在早春树液流动前进行修剪的树种是（　　　）。

  A．紫丁香   B．茉莉   C．牡丹   D．紫薇

3. 绿篱是萌芽力、成枝力强，耐修剪的树种，下列不适合做绿篱的树种是（　　　）。

  A．大叶黄杨   B．水杉   C．桧柏   D．水蜡

4. 观枝类树种如红瑞木等，一般在（　　　）进行修剪。

  A．春季   B．夏季   C．秋季   D．冬季

二、填空题

1. 行道树通常用乔木树种，主干高要求在_____。

2. 在行道树自然式树形整形中，有中央主干的，栽培中要保护_____向上生长。

3. 杯状形修剪一般用于_____或_____的树种。

4. 花灌木通过整形修剪可以形成_____、_____、_____、_____、_____、_____等不同的造型。

5. 花灌木根据观赏部位可分为_____类、_____类、_____类、_____类和观叶类。

6. 阔叶类树种如毛白杨，不耐重抹头或重截，应以冬季_____为主。

7. 春季开花的花灌木，如连翘、榆叶梅、碧桃等，应在_____进行修剪。

8. 庭荫树和孤植树的树冠一般不小于树高的一半，常以占树高的_____以上为佳。

9. 观花和观果的花灌木修剪的关键是要使植株的花芽生长发育健壮，必须根据各种植物花芽生长的_____进行修剪。

10. 无中央主干的行道树，主干性不强的树种，如旱柳、榆树等，其分枝点高度一般为_____m，留_____个主枝。

三、简答题

1. 如何做好自然式树形行道树的修剪？

2. 如何做好一年多次抽梢、多次开花的花灌木修剪工作？

3. 夏秋季开花的花灌木怎么进行修剪？

4. 片林怎样进行修剪？

项目 2　园林树木几何体造型

知识目标 ☞

1. 了解园林树木几何体造型的概念。
2. 了解园林树木几何体造型的类型。
3. 理解园林树木几何体造型的基本原则。
4. 掌握园林树木几何体造型的常用手法。

能力目标 ☞

1. 能使用整形修剪、搭架造型、模具造型、编织造型、群植造型等方法对植物实施几何体造型。
2. 能从不同角度对植物几何图案造型进行分类，并能根据不同环境确定造型种类。
3. 能根据不同植物造型表现形式选择相应植物材料。
4. 能根据设计原则和美学原理，进行植物几何图案的纹样和色彩等方面的设计，并能编制设计书。
5. 能编制植物几何图案的施工程序并能现场组织施工。

思政目标 ☞

1. 培养独立查找资料、钻研设计、创新的能力。
2. 增强吃苦耐劳、团队协作的精神。

■■■ 知识准备 ■■■■■■■■■■■■■■■■■■■■

2.1　园林树木几何体造型的概念及类型

2.1.1　园林树木几何体造型的概念

园林树木几何体造型是以几何形体的结构规律为依据，采用修剪、搭架、模具、编织、群植等造型手法，将单株或群植树木整形成几何形体的一种造型技术。它同其他植物造型一样，是构成整体园林植物景观的重要组成部分。

2.1.2　园林树木几何体造型的类型

根据造型的难度和几何体组合的复杂程度，可分为简单几何体造型和复合几何体造型两类。

1. 简单几何体造型

简单几何体造型基本为球体（图 2.1）、锥体（图 2.2）、尖塔形、立方体、圆柱体（图 2.3）等，在园林树木造型中使用最广泛。将这些修剪成简单的几何形状的树木配置在庭院、道路和广场中，会显得特别雅致、舒适和自在。单株树可自成一体，几株树的组合修剪也能体现简单的几何形体。对于盆栽植物，花盆也成为几何形状的一部分，在夕阳余晖的映照下，造型植物和花盆融为一体，从而给人一种浑然天成的美妙感觉。

图 2.1　球体造型　　　　　　　图 2.2　锥体造型　　　　　　　图 2.3　圆柱体造型

2. 复合几何体造型

复合几何体造型是指将两个或两个以上的几何体组合在一起的造型。常将一个简单几何体造型作为另一个几何体造型的基座，采用层层上升或螺旋状构造，具有较好的透光性和动感，极大地拓展了植物的修剪空间。小型复合几何体造型通常为单株树木，大型复合几何体造型常需要两株或更多的植株栽植在一起来完成。

（1）复合几何体造型的实践步骤

复合几何体造型需要图案设计、定点放线、种植植物、修剪整形 4 个步骤完成。在设计造型图案时，要根据植物的生长习性及美学的基本原理，并考虑环境的空间容量与特点，图案线条要清晰，图案要简洁，要利于造型施工。定点放线要求严格，按照规定的比例，准确定点、定线，如果有偏差，就会影响到复合几何体造型图案的组合，影响造型的实际效果。要根据造型设计的要求选择树种，严格把握苗木的规格与质量。然后根据定点放线的位置准确进行植物种植；种植完成后要进行初次造型，修剪强度不宜太大，应以凸显复合几何体造型的轮廓为度，以减少对植物的伤害，促进植物生长。待植物生长稳定、枝叶茂盛的时候再进行强度比较大的修剪整形，使复合几何体造型图案更丰满、更逼真。

（2）复合几何体造型的常见种类

复合几何体造型常见有以下几种。

1）组合造型。组合造型通常是将两种或两种以上几何体组合在一起的造型方法，可以对一株树或多株树进行造型。例如，立方体或圆柱体配上锥体和金字塔形及比例适中的造型组合，能传达出一种比简单造型更强的坚固感。在多株植物进行组合造型时，一般采用群植，可以是相同的一个树种，也可以是不同的两个树种。两个不同的树种组合造型时，要保证它们在生长速度、叶片大小和色彩上相协调，否则就会影响整体效果。

2）层状造型。层状造型是通过对枝条和叶片的修剪使树冠形成层状结构的造型方法。用于层状造型的植株必须具有强壮、挺直的主干来支撑层状结构。层状结构通常由一系列圆盘或球体组成，从下往上，圆盘（或圆球）的厚度和直径逐渐变小，形成"蛋糕"或"糖葫芦串"式造型。适合层状造型的树种有黄杨、红豆杉、龙柏、圆柏、枸骨等。

层状造型时为了形成圆盘之间的立体空间，要按各个圆盘之间的距离将树冠上的枝叶全部剪掉，以便露出一截一截的树干。由于形成圆盘的枝叶是由树干下方的侧枝所支撑的，在最终确定某一枝条是否需要砍掉之前要顺着主干观察该枝条的顶端伸到什么地方。为完成水平圆盘的造型，有时需要用涂有柏油的绳子系在树干上或用竹竿、铁丝等做成骨架对一些枝条进行牵拉。通常绳子或骨架的使用期不能超过 1 年，而且要经常检查，如果发现其制约了枝条的生长，就要进行松绑或拆除。

设计层状造型时层数不宜过多，应简洁明朗，不宜烦琐，层与层之间的距离不宜过近，否则会互相遮阴，从而导致生长减弱，圆盘的下部也会因遮阴而导致叶片稀少。对造型植株的选择，树冠的生长不一定要求完全均衡，有缺陷、生长不规则的植株也可以选用，只要那些缺陷和不规则处是在两个圆盘之间的通透处即可。如图 2.4 所示为层状造型植物在园林景观中的应用，使环境有别具一格的美感。

还有一种常见的层状造型是在树干上的一串圆球，其造型的基座通常为一个大的圆球，其上是一连串越来越小的圆球，最顶端的最小。黄杨、红豆杉（图 2.5）和冬青就常常被修剪成这种造型。在进行圆球造型时，必须选择生长强壮、树干挺直且结实的植株。整形修剪包括将枝条砍去露出树干，然后进行修剪。球形修剪比圆盘修剪的力度更大，以便促进叶球生长得更加密实。对于所有的层状造型而言，除非顶枝的高度超过了预定的高度，否则不能将顶枝截掉。可以在离最上端球形中心点 5～10cm 处对顶枝进行截枝。

图 2.4　层状造型群植	图 2.5　红豆杉层状造型

3）螺旋体造型。螺旋体造型是在修剪成圆锥体的树木枝叶上进行螺旋式盘旋向上修剪，给人一种充满柔情的动感的造型方法。此造型方法要求造型的树体有结实、挺拔的主干，枝叶浓密，萌芽力强，耐修剪。

2.2　园林树木几何体造型的基本原则、树种选择、工具和设备及常用手法

2.2.1　园林树木几何体造型的基本原则

1. 以树木自然形态为基础

不同的树种有其基本的自然形态，在几何体造型时，要以树木基本的自然形态为基础，把几何体造型设计的艺术性与树木造型的可能性有机结合起来。例如，偃松、偃桧等匍匐

植物要造型成塔形就很不现实，而龙爪槐、垂柳、垂枝榆、垂枝桃等枝形植物要造型成圆柱体也不现实。

2. 充分考虑树木造型的美学原理

树木几何体造型是在树木自然形态基础上的艺术再创造，要根据美学的原理进行造型设计与操作。特别要注重统一与变化、调和与对比、韵律与节奏、比例与尺度、均衡与稳定等基本原则。

1）灵活把握统一与变化：一方面，树木几何体造型要根据树木的特性采取不同的修剪方式，以满足树木个体的生长习性的需要。例如，在自然的山水中要采取自然式修剪；而在规则的园地中采用规则式修剪，如球体、锥体、圆柱体等规则式修剪。另一方面，造型植物在应用中要根据地形、环境特点等，灵活掌握统一与变化，绿地构成的几何图案单元基本统一，但各个单元的布置可以有各种各样的变化。

2）把握色彩及几何形态的调和与对比：对于几何模纹造型，如几何图案、文字等造型，要体现造型的艺术性，合理选择和搭配各种植物材料。

3）充分运用韵律与节奏：依据地形的特点，可以选择不同色彩的植物，营造带状的植物绿化形态，地形与色彩植物及其曲线表现形态有机融合在一起，充分体现出绿化的韵律与节奏美。造型植物上，球状枝的修剪就是具有简单韵律的表现，而大小不一、前后错落有致的球体着生在植物枝条上，则呈现出交替韵律的变化。如图 2.6 所示，圆柱体与螺旋体交替造型，圆盘与圆柱体及半球体交替造型，在单株植物体上体现出交替韵律的变化。此外，常见的城垛式、波浪式等绿篱造型形式就具有韵律感的外表美。

4）合理控制比例与尺度：植物体本身的宽与高的比例不同，给人的感受也不同。如图 2.7 所示，不同比例给人不同的体验与感觉，或端正感，或稳健感，或豪华感，或轻快感，或俊俏感，或向上感等。在树木造型时，可根据不同造型目的，以及环境的具体情况，采用相应的宽高比例，以达到与环境协调一致的目标。

图 2.6　交替韵律变化

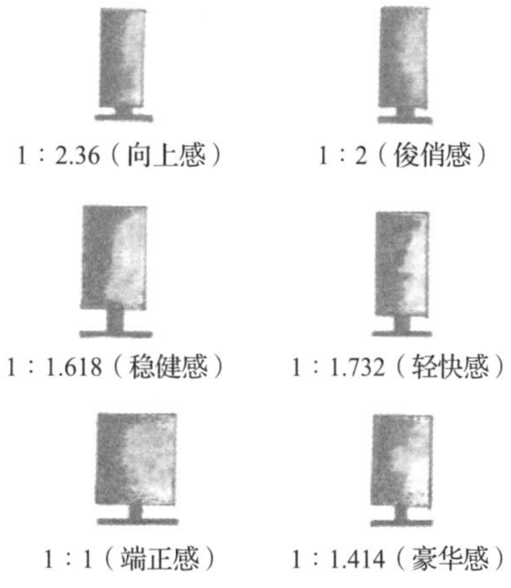

1 : 2.36（向上感）　　1 : 2（俊俏感）

1 : 1.618（稳健感）　　1 : 1.732（轻快感）

1 : 1（端正感）　　1 : 1.414（豪华感）

图 2.7　修剪的尺度

5）调节均衡与稳定：无论是规则的几何体，还是不规则的几何体，均衡与稳定都是几何体造型的重要把握原则。一般通过中心点、中心轴线等来调节和控制平衡，通过控制上下枝的体量来体现稳定感。

3. 要适时造型

园林树木几何体造型一般周期比较长，造型要从两个方面把握时机：一是从树木的生长周期方面把握，尽量在树木的幼年期就有目的地开展几何体造型；二是把握树木的年生长规律，尽可能选择在树木的休眠期进行修剪造型。

4. 重视造型后的维护与管理

树木枝叶具有不断萌发与生长的自然特性，已经造型完毕的几何造型体，如果对新萌发枝叶不进行有序控制，就很容易受到树木自身形体发展的破坏，因此，对于几何体造型植物要长期不断进行几何体原有形体的维护。此外，由于几何形体的特殊性，树木的光照等环境因子也产生一定变化，在植物造型后要做好造型几何体上下、内外的光照等的协调工作。

2.2.2　园林树木几何体造型的树种选择

1. 选择原则

园林树木几何体造型对树种有特殊的要求，在实际运用中，要考虑以下几个方面的因素。

（1）根据几何体造型的目标要求

由于不同的绿化目的、不同的环境和不同的植物配置，对园林植物的树形有着特殊的整形要求，所以首先应明确树木在园林绿化中的目的要求、景观配置要求，然后根据这种要求选择适宜的几何体造型植物，以达到目标景观效果。例如，进行模纹几何体造型，通常选择色彩丰富、枝叶生长旺盛、耐修剪的灌木；进行圆柱体几何体造型，通常选择树体枝叶丰满、尖削度小、耐修剪、常绿的植物。

（2）根据树种的生长发育习性

圆柱体、锥体、球体、正方体等几何体造型，只有对植物长期不断地进行修剪与维护，才能达到预期的造型效果。因此，几何体造型要紧密结合树种的生长发育习性。幼年期的植物处于营养生长的旺盛时期，植物的年生长量大，萌芽力和成枝力强，在几何体造型时应进行重剪，这样既可以刺激植物多发新枝，尽快形成丰满的树冠，有利于造型，又可以尽快形成几何形体骨架，为日后的进一步造型奠定良好的基础。成年期的树木正处于旺盛开花结实时期，此时修剪整形的目的在于保持植株的健壮完美。尽量控制开花结实数量（观花类、观果类植物造型除外），综合运用各种修剪方法，并配合其他管理措施，以达到调节均衡的目的。此时应按设计要求控制植物几何形体的体量，以达到最佳的观赏效果。

（3）根据树木生长地点的环境条件特点

一方面，树木的生长发育与环境条件具有密切关系；另一方面，不同树木的几何体造型方式对环境景观的影响作用也不一样。因此，即使具有相同的园林绿化目的要求，但由于条件的不同，或者环境空间不同，在选择几何体造型树木时也会有所不同。

2. 常用的几何体造型树种

根据造型树种的要求，结合几何体造型的特点，常用的几何体造型树种如下：蜀桧、刺柏、侧柏、龙柏、真柏、千头柏、圆柏、红叶石楠、红豆杉、杜鹃、大叶黄杨、云杉、小叶黄杨、九里香、火棘、海桐、石楠、麻叶绣线菊、紫薇、大叶女贞、小叶女贞、金叶女贞、红叶小檗、紫叶小檗、红叶李、金叶榆、珍珠绣线菊、红叶榆叶梅等。

2.2.3　园林树木几何体造型的工具和设备

整形修剪工具是园林树木几何体造型的必备要素，园林树木几何体造型的常用工具和设备包括修枝剪、绿篱剪、电动绿篱剪、遥控剪刀、手锯、人字梯、绳子、铁丝、木桩、直尺、大型木制三角板、模板、模具、金属柜架、拉直器、麻布，以及园艺技术人员戴的护目镜、护耳和耐磨手套等。这些保护设备可以减轻使用工具时所带来的不适并减少危险性。

2.2.4　园林树木几何体造型的常用手法

1.　整形修剪法

对于萌芽力强的园林树木，可以通过人工特殊的修剪手法，如摘心、牵引、缠绕、压附、编织等整枝技术，以达到几何体造型的立体艺术效果。同时，还可以根据园林树木的生长特点、自然树形等，将树木修剪成球体、锥体、圆柱体、方柱体、金字塔形、尖塔形等各种简单几何体造型和复合几何体造型。

2.　搭架造型法

枝条纤细柔软或攀缘植物，可采用搭架造型法进行几何体造型。首先，根据植物造型的创意，设计并制作一个金属（如铁丝等）几何体，然后将植物的枝条压附绑扎或缠绕在架子上生长，通过适当的整形修剪创造出有趣的几何体造型。如图 2.8 所示，运用铁丝制作两个直径大小不一的球体（注意球体比例的协调），使大球在下、小球在上，把两个球体有机地结合起来，然后选择适宜的藤本植物进行栽植，并使藤蔓压附绑扎在球体金属丝上，使藤蔓缠绕金属丝攀缘而上，形成双球造型。

3.　模具造型法

模具造型法是对经过 2～3 年轻度修剪，枝叶密集、匀称，根部枝叶覆盖且生长旺盛的针叶树，套上几何形金属网，将以后长出的枝条沿金属网外缘修剪成与金属网模具形状一致的几何体树形的造型方法。金属网模具大小依造型要求制作，并且底部和顶部为空。

4.　编织造型法

编织造型法是利用细长柔软的树木，采用编织的手法进行造型的方法。可以将植株沿花盆边等距离种植，然后将相邻的植株编织成各种几何体（图 2.9）；也可以根据植物特点和环境需要进行个性化种植，然后进行编织造型。

图 2.8　球体搭架造型图案

图 2.9　富贵竹编织造型

5. 群植造型法

群植造型法是利用同一种生长适中、枝叶密集、冠幅与高矮基本一致的多株低矮树木成行或几何形密集种植，修剪整形成绿篱或其他几何形状的造型方法。

群植造型法常见于绿篱。适于做绿篱的树种要求萌芽力强、成枝力弱、耐修剪，常见的有女贞、海桐、大叶黄杨、黄杨、圆柏、侧柏、冬青、水蜡等。绿篱根据高度可分为高篱（120～160cm）、中篱（50～120cm）和矮篱（50cm 以下）。中矮绿篱常用于几何图案式造型，中绿篱的宽度不超过 1m，矮绿篱不超过 0.4m 宽。几何形体绿篱在修剪中按形状有以下几种：一是单层式，即修剪成同一高度（图 2.10）；二是二层式，即由不同高度的两层组合而成（图 2.11）；三是多层式，即二层以上，其在空间效果上富于变化（图 2.12）。从防范和遮蔽效果上来讲，以二层式及多层式为好。

图 2.10　单层式绿篱　　　　图 2.11　二层式绿篱　　　　图 2.12　多层式绿篱

观赏绿篱的横断面可剪成长方形、正方形、梯形、三角形、球形、弧形，顶部纵断面可以是直线、波浪形或阶梯式等。通过刻意修剪，能使绿篱形体各异，图案美与线条形式美结合，高低起伏与艺术造型美结合。通过修剪，绿篱能不断更新，长久地保持生命活力及具有艺术价值。

绿篱种植后剪去其高度的 1/3～1/2，修去平侧枝，同一高度和侧面萌发枝条形成紧枝密叶的矮墙，显示立体美。绿篱每年最好修剪 2～4 次，使新枝不断发生，更新和替换老枝。绿篱整形修剪时，顶面与侧面兼顾，不应只修顶面不修侧面，这样会造成顶部枝条旺长，侧枝斜出生长。从篱体横断面看，以矩形和下大上小的梯形较好，下面和侧面的枝叶采光充足、通风良好，不能任枝条随意生长而破坏造型，应每年多次修剪。

■■■ **任务实施** ▐

任务 2.1　龟甲冬青球体造型

任务描述 ☞

根据球体造型的任务要求，首先要选择适宜的造型植物，要求植物枝叶茂盛、叶片细小、萌发能力强、耐修剪性好。其次，根据龟甲冬青的习性，可以选择单株植物，也可以选择几株植物组合，具体要根据植物形体是否能够达到造型任务的要求而定。此外，本任务主要通过整形修剪来达到球体造型的目标。

任务目标 ☞

1. 掌握球体的造型特点。
2. 了解适合做球体的植物材料特性。
3. 能根据植物材料的特性设计龟甲冬青球体造型形式。
4. 能依据设计方案进行龟甲冬青球体制作。

植物材料 ☞

生长健壮、枝叶繁茂、高约 0.6m、冠幅约 0.5m 的盆栽龟甲冬青 1 株。如果没有合适的单株植物材料，则可以提前用 2～3 株组合栽培。

造型用具与备品 ☞

修枝剪、老虎钳、小锄头、花盆及栽培基质、耐磨手套等。

任务操作步骤与方法 ☞

根据植株的大小，初步设计确定造型球体的大小。在此基础上，按照以下操作步骤依次进行。

1）初夏，将盆栽园林植物放在光照充足的地方。

2）仔细观察并估计需要修剪多少次才能达到设计要求（球径、高度）的球形植物。

3）徒手操作，均匀移动，先按周长的大小修剪出一条水平带。要注意在开始时不要剪得太深，如有必要，则可进行再次修剪，以达到设计要求的球径尺寸为止 ［图 2.13（a）］。

4）将修剪刀翻转过来，利用修剪刀的反面，在植株上修剪出曲线。修剪植物的顶部，确定球体的上部曲线 ［图 2.13（b）］。

5）让修剪刀朝下，剪刀的正面靠向植株，将植株顶部和中部多余的枝叶剪去。

6）顺着植株上半部的形状，将植株下半部的枝叶剪至土壤 ［图 2.13（c）］。

7）用手在球形植株上来回扫动，将修剪下来的枝叶清除，同时可使被压的枝叶恢复原来状态。

8）将经过修剪的球形植株来回转动，检查、审视修剪成的球体，并观察球体是否对称。如果需要修整，则稍加修剪。经过反复转动审视修剪，造出一株理想的球形龟甲冬青。球体表面的缺口，特别是上部，等待新的枝叶长出后进行填补。

9）在第 2 年的夏中或夏末再修剪 1～2 次，完善球体。

（a）　　　　　　　（b）　　　　　　　（c）

图 2.13　球体造型示意图

任务评价 ☞

球径和高度设计合理；修剪细致，球体外表平滑，无深"坑"；造型美观匀称。具体评价标准如表 2.1 所示。

表 2.1　龟甲冬青球体造型评价标准

序号	制作步骤	评价标准	赋分	备注
1	选择盆栽，设计修剪方案	修剪次数设计合理	2分	
2	球径修剪操作	球径尺寸符合要求	2分	
		修剪工具使用方向正确	1分	
		球体外表平滑，无深"坑"	1分	
		正确使用修剪工具	1分	
3	球径修剪后检查	球形对称，表面均匀光滑	1分	
4	第2年完善球体	再次修剪，球形造型美观匀称	2分	

巩固训练 ☞

将黄杨等树种修剪成球体造型。

任务 2.2　桧柏圆锥体造型

任务描述 ☞

根据圆锥体造型的任务要求，植物选择要考虑以下几个方面的条件：一是采用常绿木本植物，以自然树形是塔形（圆锥体）或圆柱体的为宜，如塔柏、杜松、龙柏、铅笔柏、蜀桧等；二是树体枝叶从基部到顶端都要繁茂、匀称，树干中部不能有枝条等明显的缺失。圆锥体从上到下的比例相对比较难控制，在操作过程中尽量借助框架来把握整体形态，通过方锥体过渡到圆锥体就比较容易。

任务目标 ☞

1. 掌握圆锥体的造型特点。
2. 了解适合做圆锥体的植物材料特性。
3. 能根据植物材料的特性设计桧柏圆锥体造型形式。
4. 能依据设计方案进行桧柏圆锥体制作。

植物材料 ☞

生长健壮、枝叶繁茂、高 1.5～2m 的桧柏 1 株。

造型用具与备品 ☞

修枝剪、铁丝、木桩、竹竿、老虎钳、预制方锥体框架、耐磨手套等。

任务操作步骤与方法 ☞

首先根据框架的大小，选择与此基本适宜规格的桧柏（规格可以比框架略大，但不能过大或过小）；然后利用框架先把植株修剪成方锥体，在方锥体的基础上进一步修剪成圆锥体。在技术熟练的情况下，也可以直接将植株修剪成圆锥体。具体操作如下。

1. 利用模具塑造方锥体造型

1）夏初，对造型树进行修剪整形，按模具的规格将造型树修剪成对称的圆锥体，并保留顶枝。

2）在当年夏末，再一次对造型树进行轻度修剪，将模具套在造型树上并确定恰当位置 [图2.14（a）]。

3）在翌年的初夏和夏末，将长出模具铁丝网的枝条剪掉，保留顶枝继续生长，直至植株的高度超过模具约30cm时才能将顶枝截掉 [图2.14（b）]。

4）一旦顶枝被截掉，在初夏和夏末对造型植物进行修剪时，就要保证植株顶部的中心点高出模具25cm左右，以满足修剪金字塔造型之所需。

5）主体造型完成后，当植株长满模具时，就要将模具移开 [图2.14（c）]。

6）以后每年夏天对造型树视其生长情况及时进行修剪，修剪时最好借助模具。

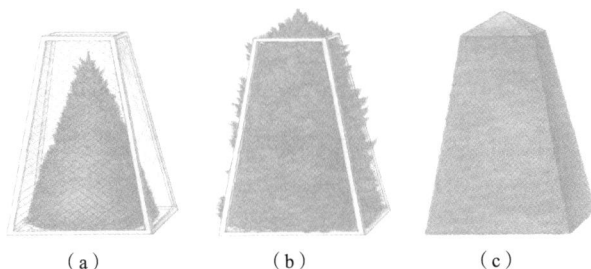

　　　　（a）　　　　　　　　　（b）　　　　　　　　　（c）

图 2.14　利用模具塑造方锥体造型示意图

2. 圆锥体造型

1）初夏，将盆栽植物放在水平地上。

2）站在盆栽植物的上方俯视，将视线固定在中央垂直线上，手握修剪刀，按圆锥体所要求的角度，从中心向下修剪出一道痕，确定圆锥体的边线 [图2.15（a）]。

3）重复步骤2）[图2.15（b）]。

4）清扫剪下来的枝叶。

5）检查并审视植物锥体，确定是否需要进一步修剪。如果需要，则可进行再次修剪。

6）在夏中或夏末各进行一次修剪。

7）以后每年的夏季修剪1～2次，不断完善和维护圆锥体体形，如图2.15（c）所示。

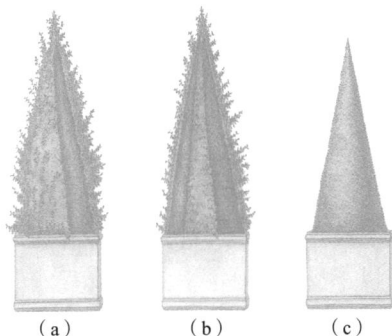

　　　　（a）　　　　　　　　　（b）　　　　　　　　　（c）

图 2.15　圆锥体造型示意图

任务评价 ☞

模具金属网制作边角规范，符合制作形体要求；圆锥体边线确定准确；圆锥体造型美观规范。具体评价标准如表 2.2 所示。

表 2.2　桧柏圆锥体造型评价标准

序号	制作步骤	评价标准	赋分	备注
1	确定圆锥体的边线	圆锥体所要求的修剪角度合理	2 分	
2	圆锥体修剪	圆锥体造型美观规范	2 分	
3	修剪后检查	圆锥体造型合理光滑	2 分	
4	夏季修剪	时间选择合理，完善造型合理	2 分	
5	每年夏季修剪	完善圆锥体造型光滑美观	2 分	

巩固训练 ☞

选择当地适宜的树体做单体棱锥体造型。

任务 2.3　红豆杉层状圆盘造型

任务描述 ☞

根据层状圆盘植物造型的任务要求，首先在造型植物选择上要考虑常绿、枝条在节部相对密集生长、具有一定节间距离、枝叶茂盛、耐修剪的植物。其次，对所选择的植物现状及今后的生长势有充分的认识，统筹设计层及层间距离、圆盘直径大小及递减比例。

任务目标 ☞

1. 掌握层状圆盘的造型特点。
2. 了解适合做层状圆盘的植物材料特性。
3. 能根据植物材料的特性设计层状圆盘造型形式。
4. 能依据设计方案进行红豆杉层状圆盘制作。

植物材料 ☞

生长健壮、顶枝挺直、高约 2m、枝叶繁茂、在庭园中生长至少 1 年的红豆杉 1 株。

造型用具与备品 ☞

整枝剪、电动绿篱剪、手锯、人字梯、绳子、铁丝、木桩、竹竿、拉直器、老虎钳、麻布、耐磨手套等。

任务操作步骤与方法 ☞

根据红豆杉植株的自然形态及造型目标，初步设计首层起点位置及各层之间的距离。在此基础上，依不同时间按照以下操作步骤依次进行。

1）在第 1 年春，准备第 1 层和第 2 层圆盘的整形。将主干上预期第 1 层圆盘之下侧枝全部剪除，在预期第 1 层圆盘高度的上方，将枝条截去，让主干露出 25cm。在预期的第 1

层和第 2 层圆盘之间，将枝条截去，露出主干 20cm。每层之间的距离要大于露出主干的长度，因为每层圆盘的一部分是由其下面的枝叶生长而成的［图 2.16（a）］。

2）将涂有柏油的绳子系在主干或下部的枝条上，把向上生长的枝条拉到水平位置［图 2.16（b）］。

3）将一段绳子系在主干上，然后绕植株水平拉直作为半径（第 1 层为 50cm，第 2 层为 40cm），并据此对圆盘的外围进行修剪。

4）在两根柱子之间拉直绳子作为水平引导，对第 1 层和第 2 层圆盘的上表面进行修剪以保证水平性。不要将顶枝砍去，留下顶枝可继续形成第 3 层圆盘和顶层［图 2.16（c）］。

5）按要求的半径每年对第 1 层、第 2 层圆盘的四周和表面进行修剪。

6）当植株长高 40cm 时，在第 3 层圆盘的上方露出主干 15cm。将第 3 层向上生长的枝条拉至水平位置。

7）按步骤 4）的方法修剪第 3 层圆盘。

8）随着植株的长大，当圆盘定型后，去掉绳子。

9）当顶枝超过预期高度 5cm 时，将其截短并修剪成半圆球形的顶层［图 2.16（d）］。

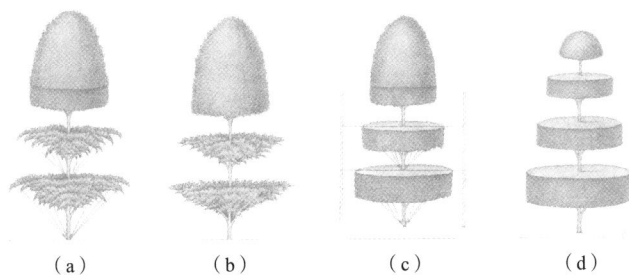

| （a） | （b） | （c） | （d） |

图 2.16　层状圆盘造型示意图

提示：做这种层状造型的红豆杉植株，在幼苗时就要做层状结构的初期整形，即每年的夏天对红豆杉进行轻度修剪以刺激圆锥体的形成，使枝叶生长密实。通常要在红豆杉高 2m 左右时才进行圆盘的造型。为了节省时间，可以在植株不到 2m 高时就开始整形。但在进行圆盘造型时植株必须在原地生长至少 1 年。即使是这样，也需要 6～10 年的时间才能完成整体造型。造型时要保证树干在圆盘的中心。一种简单的检验方法是将绳子松松地系在树干上，然后在水平面上绕一个圈。可以在适合的半径长度处打一个结作为记号，据此用整枝大剪刀剪出一道痕，再用修枝剪进行相应的修剪。将两根木桩之间的绳子拉直并用精准水准仪校准，然后据此修剪圆盘的水平面。整个植株的造型定型后，每年只需修剪老枝和纠正逸斜出的枝条即可。

任务评价 ☞

用这种造型方法形成的造型规格应符合下列要求：株高 2.7m，圆盘距地面高 1m；第 1 层圆盘的厚度为 30cm，直径为 1m；第 2 层圆盘距第 1 层圆盘 25cm，厚度为 25cm，直径为 80cm；第 3 层圆盘距第 2 层圆盘 25cm，厚度为 20cm，直径为 70cm；半圆球形的最高层距第 3 层 20cm，高度为 25cm 的红豆杉层状独干造型。不同树高的规格可以参照表 2.3 进行评价。

表2.3　红豆杉层状圆盘造型评价标准

序号	制作步骤	评价标准	赋分	备注
1	初步设计起点及层距	首层起点位置及各层之间的距离设计合理	2分	
2	第1层和第2层圆盘的整形	圆盘层距直径合理，操作方法准确，上表面保持水平	3分	
3	第3层圆盘的整形	圆盘层距直径合理，操作方法准确，上表面保持水平	3分	
4	顶层圆盘的整形	顶层层距直径合理，操作方法准确，半球形光滑美观	2分	

巩固训练 ☞

使用桧柏等植物制作串状球形造型。

任务 2.4　龙柏螺旋体造型

任务描述 ☞

根据螺旋体造型的任务要求，植物选择要考虑以下几个方面的条件：一是采用常绿木本植物，以自然树形是塔形（圆锥体）或圆柱体的为宜，如塔柏、杜松、龙柏、铅笔柏、蜀桧等，以利于螺旋体体形艺术感的显现；二是树干要通直；三是树体枝叶从基部到顶端都要繁茂、匀称，树干中部不能有枝条等明显的缺失，叶片以细小为宜；四是萌芽力强，耐修剪。根据树体大小，首先初步确定螺旋的圈数，并用皮尺或麻绳等在树体上进行模拟螺旋形态，在此基础上再实施操作。

任务目标 ☞

1. 掌握螺旋体的造型特点。
2. 了解适合做螺旋体的植物材料特性。
3. 能根据植物材料的特性设计龙柏螺旋体造型形式。
4. 能依据设计方案进行龙柏螺旋体制作。

植物材料 ☞

生长健壮、枝叶繁茂、生长均匀、高 1.5~2m 的龙柏 1 株。

造型用具与备品 ☞

修枝剪、铁丝、麻绳、皮尺、竹竿、老虎钳、小锄头、梯子（高2m）、耐磨手套等。

任务操作步骤与方法 ☞

根据龙柏树木的大小、枝条的分布状况，用皮尺在树体上初步调整并确定螺旋的适宜层数（人体不够高时，可借用梯子，但要注意安全）。在此基础上，按照以下操作步骤依次进行。

1）早春或夏初，在开始整形前，仔细观察龙柏树形，用皮尺在造型树上呈螺旋状地调试合适的螺旋圈数，如图 2.17（a）所示绕 4 圈。

2）利用修枝剪在造型树的锥体上沿着皮尺绕行轨迹，剪出一条标志线。

3）拿走皮尺，用修枝剪沿着已剪出的标志线将枝叶剪掉，露出树干。同时，为了防止树木的高生长,可将树干的顶枝剪去,以利于保持造型。

4)再次用皮尺在造型树的锥体上呈螺旋状地绕 4 圈,并剪出标志线。

5)拿走皮尺,沿着标志线将枝叶剪掉,露出树干 [图 2.17(b)]。

6)利用修枝剪将螺旋转弯处的上下表面修剪平整 [图 2.17(c)]。

7)要经常保持对造型植株进行修剪与维护,以保持造型。

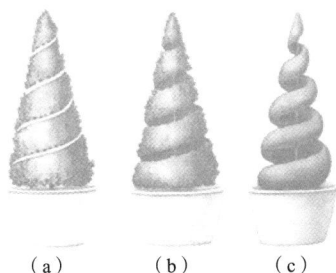

（a） （b） （c）

图 2.17 螺旋体造型示意图

提示:在造型时,螺旋转弯处不能挨得太近,否则会影响枝叶的生长。在幼树尚未达到预期高度时就可以对其进行造型,但必须留下顶枝让其继续生长。一旦植株达到预期高度,就应该剪去主顶。

任务评价 ☞

能根据植株大小设计螺旋圈数;植株造型轮廓修剪清晰;造型整体规范、美观;花盆与植株匹配。具体评价标准如表 2.4 所示。

表 2.4 龙柏螺旋体造型评价标准

序号	制作步骤	评价标准	赋分	备注
1	螺旋体初步设计	依据树体大小螺旋圈数设计合理	2 分	
2	修剪标志线	标志线位置准确	3 分	
3	修剪	植株造型轮廓修剪清晰,螺旋转弯处的上下表面修剪平整	4 分	
4	修剪维护	保持造型整体规范、美观	1 分	

巩固训练 ☞

对当地适宜的树种做螺旋体造型。

任务 2.5 绿篱几何体造型

任务描述 ☞

将绿篱修剪整形为几何形体,在树种选择上以萌芽力强、耐修剪、枝叶稠密、基部不空、生长迅速、适应性强、病虫害少的常绿灌木为宜。应根据立地条件和其他园林景观确定线条变化、断面形状及几何形状进行造型设计,栽植时把握好株行距,为修剪造型打好基础。在修剪时只有控制好线条,才能获得需要的几何形状。

任务目标 ☞

1. 掌握绿篱几何体的造型特点。
2. 了解适合做绿篱几何体的植物材料特性。
3. 能根据植物材料的特性设计绿篱几何体的造型形式。
4. 能依据设计方案进行绿篱几何体制作。

植物材料 ☞

南方地区可使用瓜子黄杨、雀舌黄杨、小叶女贞等，北方地区可使用侧柏、桧柏、刺柏、花柏、龙柏等。以达到出圃要求的二年生以上苗木为佳。

造型用具与备品 ☞

普通修枝剪、绿篱剪、铁锹、水管、绳子、腐熟的有机肥等。

任务操作步骤与方法 ☞

1. 设计造型

根据实训地点的绿化景观或绿化点、面的要求，考虑绿篱的屏障性与开放性、线形变化，设计出高度、宽度、断面形式、顶端造型、层数、走向，还要考虑所采用树种的生物学特性。

2. 选择苗木

种植苗木要求根系发达、枝条健壮、芽体饱满、无病虫害，规格及形态应符合设计要求。裸根苗，首先看苗木根系是否新鲜、发达；其次看植株的高度、粗度、节间长度，节间太长的是徒长苗，不宜选择；再者看芽体是否饱满、紧实。带土球苗，要选择土球稍大且不散的苗木，然后看土球周围根系是否发达，其他条件同裸根苗。

3. 栽前准备

修剪：将苗木的病残枝、细弱枝、过密枝及无效萌蘖剪除，减少苗木水分蒸腾，保持苗木体内水分平衡。将新植苗木的病残根、细弱根剪除，有利于苗木栽植后重发新根。对于一些不易成活的苗木，可浸入生根粉配成的溶液中，促进苗木生根，提高成活率。

4. 挖穴

确定好株行距放线挖穴。穴的大小视苗木根系体积大小而定。一般穴的大小以苗木根系体积的2～3倍为宜。挖穴时表层土与下层土（生土层）分开放置，清除杂草、石块、垃圾、藤蔓植物的根等。

5. 栽植

首先在穴底部放些腐熟的有机肥，如牛马粪、猪粪等，然后与土壤混合均匀，再撒一层5～8cm厚的表层土使粪肥与苗木根系隔离开。将苗木放置在穴的中央，使根系自然合理分布。如果是带土球苗木，则先将草绳解掉，放于穴中，打散土球，以免土球土与穴土之间形成隔离，但土球不宜打得太碎。接着培土，先放表层土，再放下层土（生土层）。培土时将苗扶正，培好土后将苗木轻轻提起 1～2cm，使根系自然舒展，与土壤紧密结合。

6. 栽后管理

回填土壤后应立即浇透水。在种植带外侧打围，围的高度以 20cm 左右为宜，拍实围的外围泥土，以防漏水，然后进行灌水。水要浇足、浇透。可用河水、地下水、自来水，不宜用被污染的水源。

7. 造型修剪

在绿篱种植后，直接拉一根绳子，沿绿篱与地面平行，高度在最高与最矮的植株中间。将较高植株上的直立枝条剪至靠近绳面的下端，切口要干净利落，正好剪在侧枝接合部上面，或明显的休眠芽之上。剪口切面稍斜，离保留着的枝节或芽约 0.5cm。对低于绳面的植株，让其先直立生长，与其他植株一样，未达到绳高度之前不要进行顶端修剪。修剪植株上高于绳的上部枝条，然后修剪植株的所有侧枝，剪去的枝条长度不得超过原长的一半，以初步形成梯形。

初期绿篱修剪旨在限制植株的顶端生长而激发基部侧枝的发育。叶片需要足够的光照才能健康发育，若修剪不适或未经修剪，上部枝条将下部枝条的光照遮住，就会导致"头重脚轻"的现象。为了避免这点，应做到修剪时下部比上部宽一些，使光能充分照到所有枝叶上，这样有利于全体枝叶发育，以致在地面部位都能见到叶片。

无论是常绿植物还是落叶植物，第 2 年及以后的修剪都以保持基本高度为准，修剪是定期的、循序渐进的。每次整形剪去的枝条不得超过新生长量的一半。大多数常绿绿篱及针叶或阔叶的树种，每年夏季修剪一次即可。落叶绿篱尤其是生长迅速的树种，每月可修剪一次，以保持浓厚的萌发密度。在寒冷地区，8 月中旬后不要进行修剪，修剪过迟会使萌发的新枝组织太软而不能抵抗冬季的严寒。

规则式绿篱一旦达到理想的形态和大小，养护期的修剪就依植物种类的特性和造型目标而定。

任务评价 ☞

修剪绿篱时要高度一致，两侧与上平面平直，棱角分明；修完后绿篱具有规整的轮廓线；栽植绿篱时要求深浅一致、高度一致、行距一致。具体评价标准如表 2.5 所示。

表 2.5 绿篱几何体造型评价标准

序号	制作步骤	评价标准	赋分	备注
1	设计造型	绿篱造型设计合理	2分	
2	选择苗木	苗木规格、形态符合要求	1分	
3	栽前准备	修剪合理，提高成活率方法准确	1分	
4	挖穴	穴的规格符合要求	1分	
5	栽植	栽植步骤规范	1分	
6	栽后管理	浇水浇透，促进成活方法合理	2分	
7	造型修剪	绿篱高度一致、边界整齐，绿篱具有规整的轮廓线	2分	

巩固训练 ☞

利用桧柏等树木栽植或现有绿篱制作多种几何体组合造型绿篱（图 2.18）。

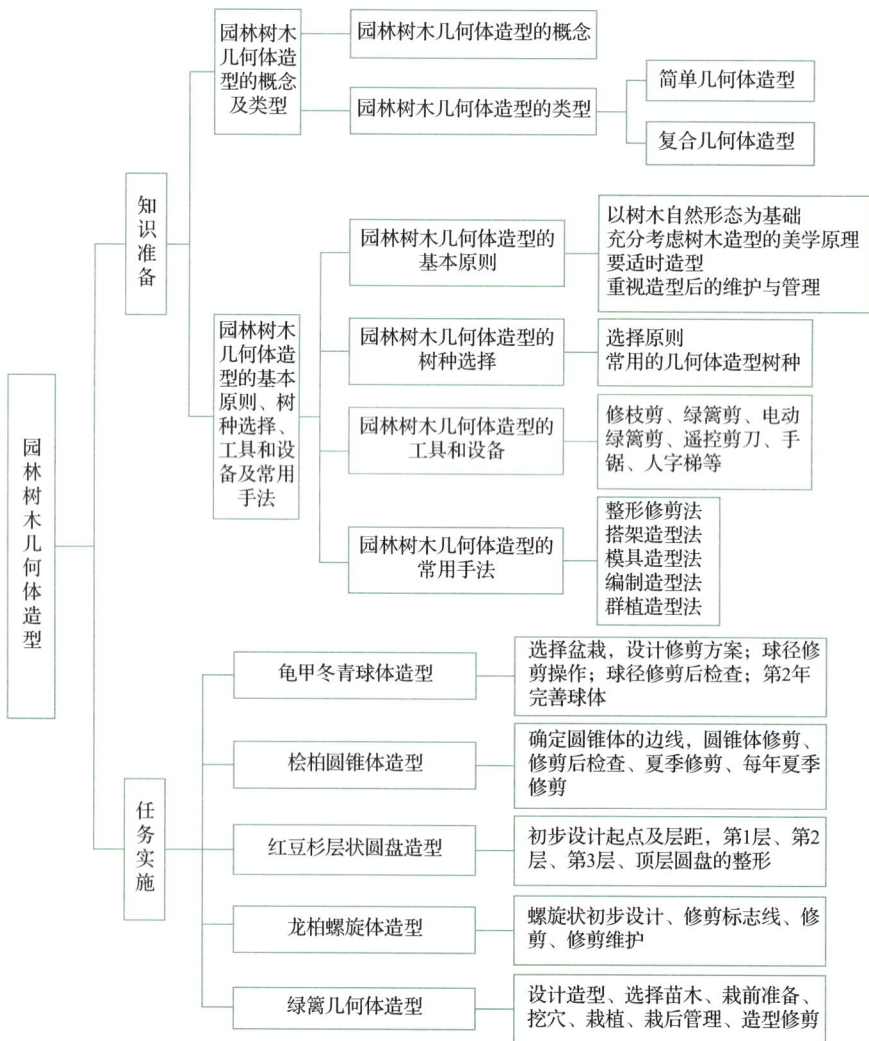

图 2.18　多种几何体组合造型绿篱（引自鲁平）

小结

- 园林树木几何体造型
  - 知识准备
    - 园林树木几何体造型的概念及类型
      - 园林树木几何体造型的概念
      - 园林树木几何体造型的类型
        - 简单几何体造型
        - 复合几何体造型
    - 园林树木几何体造型的基本原则、树种选择、工具和设备及常用手法
      - 园林树木几何体造型的基本原则
        - 以树木自然形态为基础
        - 充分考虑树木造型的美学原理
        - 要适时造型
        - 重视造型后的维护与管理
      - 园林树木几何体造型的树种选择
        - 选择原则
        - 常用的几何体造型树种
      - 园林树木几何体造型的工具和设备
        - 修枝剪、绿篱剪、电动绿篱剪、遥控剪刀、手锯、人字梯等
      - 园林树木几何体造型的常用手法
        - 整形修剪法
        - 搭架造型法
        - 模具造型法
        - 编制造型法
        - 群植造型法
  - 任务实施
    - 龟甲冬青球体造型
      - 选择盆栽，设计修剪方案；球径修剪操作；球径修剪后检查；第2年完善球体
    - 桧柏圆锥体造型
      - 确定圆锥体的边线，圆锥体修剪、修剪后检查、夏季修剪、每年夏季修剪
    - 红豆杉层状圆盘造型
      - 初步设计起点及层距，第1层、第2层、第3层、顶层圆盘的整形
    - 龙柏螺旋体造型
      - 螺旋状初步设计、修剪标志线、修剪、修剪维护
    - 绿篱几何体造型
      - 设计造型、选择苗木、栽前准备、挖穴、栽植、栽后管理、造型修剪

思考练习

一、选择题

1. 园林树木几何体造型一般周期比较长，造型要从两个方面把握时机：一是从树木的生活周期方面把握，尽量在树木的（　　）就有目的地开展几何体造型；二是把握树木的年生长规律，尽可能选择在树木的（　　）进行修剪造型。

　　A．幼年期　生长期　　　　　　　　　B．幼年期　休眠期

　　C．壮年期　生长期　　　　　　　　　D．壮年期　休眠期

2. 进行模纹几何体造型时，通常选择（　　）。

　　A．色彩丰富、枝叶生长旺盛、耐修剪的灌木

　　B．枝叶丰满、尖削度小、耐修剪、常绿的植物

　　C．没有特殊要求，任何植物都可以

　　D．以上都正确

3. 对几何体造型进行修剪与维护时，要紧密结合树种的生长发育习性，幼年期的植物在几何体造型时应选择（　　）。

　　A．重剪　　　　　B．轻剪　　　　　C．轻重结合　　　　D．以上均可以

4. 枝条纤细柔软或攀缘植物，可采用（　　）进行几何体造型。

　　A．整形修剪法　　B．搭架造型法　　C．模具造型法　　D．群植造型法

5. 绿篱在初期修剪时，应做到修剪时下部比上部（　　），使光能充分照到所有枝叶上。

　　A．宽一些　　　　B．窄一些　　　　C．一样　　　　D．没有严格要求

二、填空题

1. 简单几何体造型基本为_____、_____、_____、_____、_____等，在园林树木造型中使用最广泛。

2. 复合几何体造型有_____、_____、_____、_____4个步骤。

3. 适合层状造型的树种有_____、_____、_____、_____、_____等。

4. 圆锥体从上到下的比例相对比较难控制，在操作过程中尽量借助框架来把握整体形态，通过_____过渡到圆锥体比较容易。

三、简答题

1. 几何体造型设计的基本原则有哪些？

2. 几何体造型树种的选择原则有哪些？

3. 列举 5 种常用的几何体造型树种及所属科属。

项目 3　园林树木象形造型

■ 学习目标 ■

知识目标 ☞

1. 了解园林树木象形造型的概念及类型。
2. 掌握象形造型的常用方法。
3. 掌握牵引绑扎法造型的程序和方法。

能力目标 ☞

1. 会用修剪法和绑扎法制作黄杨巢中鸟象形造型。
2. 会用绑扎法制作桧柏海豚戏球象形造型。
3. 会用桂花等植物制作花瓶象形造型。
4. 会用多株桧柏制作六角亭象形造型。
5. 会用苹果树等制作树篱象形造型。

思政目标 ☞

1. 培养独立查找资料、钻研设计、创新的能力。
2. 培养艺术审美能力。
3. 提高独立设计的能力。
4. 增强良好的敬业精神和提高团队协作能力。

■ 知识准备 ■

3.1　园林树木象形造型的概念及类型

3.1.1　园林树木象形造型的概念

园林树木象形造型是植物立体造型中的一类，它是应用单株或多株的乔木、灌木或藤本采用搭架、牵引、绑扎、编结、修剪等手法，模仿制作成各种动物、人物、卡通、建筑小品、奇特物品、运输工具等艺术造型，以供游人欣赏。

树木象形造型在法国、荷兰等国的古典园林中比较常见，在中国香港、新加坡、泰国等地区也常有应用。我国的象形造型目前主要集中在河南鄢陵、浙江萧山、四川温江和山东等地。河南树木造型起源于淮阳县，古称陈州。在被称为陈州园林的太昊陵园中，满园皆造型，处处有芳菲，四季常青的桧柏被修剪成屋宇、松亭、松塔、飞机、火车、坦克、孔雀、青龙、大象、骏马，还有熊猫滚球、卧龙、青蛇、仙鹤、和平鸽、金鸡报晓、长颈鹿、虎、羊、狗、猫等。开封龙亭公园，也有很大面积的桧柏造型，与太昊陵园有异曲同工之妙，并且造型品种更多。

3.1.2　园林树木象形造型的类型

树木象形造型按题材可分为以下几类。

1. 动物造型

动物造型是将树体绑扎修剪成各种常见动物的雏形，以鸟兽最为普通。常见的鸟类造型有孔雀（彩图 3.1）、公鸡、凤凰、天鹅、鹤、鹰等；常见的兽类造型有狮子、鼠、牛、虎、兔、马、羊、猴、狗、骆驼、长颈鹿、狮子、袋鼠（彩图 3.2）、大象、恐龙（彩图 3.3）、海豚等；其他动物造型有游龙（彩图 3.4）、蛇等。

2. 建筑小品造型

建筑小品造型具有精美、灵巧和多样化的特点，可供观赏、休憩、装饰、展示。常见的建筑小品造型有月牙门、围墙、花廊（彩图 3.5）、塔和灯台（彩图 3.6）、亭子（彩图 3.7）、大殿、伞、罩、椅、凳等。

3. 人物及卡通人物造型

人物及卡通人物造型一般常见于神话传说中的人物形象和体育健儿及儿童喜闻乐见的各种卡通形象，常见的如孙悟空、猪八戒、舞女（彩图 3.8）、沙僧、唐僧的组合造型，脚踩风火轮的哪吒等。此类造型一般常用多株树木组合而成。

4. 其他造型

园林树木造型除上述几类题材外，还有火车（彩图 3.9）、轮船、飞机、花篮、花瓶、字体（彩图 3.10）等，它们多数是用多株树木组合造型的。

3.2　园林树木象形造型常用的树木种类

要塑造出栩栩如生的象形造型作品，选择树种和符合造型要求的植株是基础，一般以生长缓慢、树冠密实、侧枝茂盛、枝条柔软耐修剪的小叶常绿或落叶阔叶树或针叶树为佳。象形造型常用的树木主要为柏科、松科、黄杨科、海桐科、紫草科、木樨科、桑科榕属植物等，如桧柏、龙柏、紫杉、小叶黄杨、小叶女贞，以及侧柏、铺地柏、罗汉松、日本五针松、雪松、大叶黄杨、云杉、海桐、海棠、小叶榕、金叶垂榕、花叶垂榕、福建茶、石楠、麻叶绣线菊、紫薇、大叶女贞、金叶女贞、金边女贞、红叶小檗、紫叶小檗、桂花、杜鹃等。对于生长快速的树种，为了保持其造型，必须在生长季节对其进行多次修剪。

3.3　园林树木象形造型的工艺流程、造型顺序及手法与造型后的维护

象形造型时选择单株或多株树木，常采用牵引绑扎法，通过扭曲、盘扎、编结、修剪

等手段，将树体修整成动物、亭台、楼阁、鸟兽、人物、器皿等各种造型。

由于植物具有向上生长的自然趋势，要使植物向不同方向自由生长，需要在生长初期按照造型设计有目的地进行培育。首先，培养主枝及大侧枝构成骨架，然后将细小的侧枝进行牵引、编结、绑扎，使它们紧密抱合生长，按照仿造的物体形状进行细致修剪，直至形成各种绿色雕塑的雏形。在以后的培育过程中，不能让枝条随意生长而扰乱造型，每年都要进行多次修剪，对造型物体表面进行反复短截，以促进大量密生的侧枝，最终使各种造型丰满逼真、栩栩如生。

3.3.1　园林树木象形造型的工艺流程

园林树木象形造型的工艺流程如下。

1. 造型树的选择与树体整理

在确定好造型树种后，选择生长健壮、枝叶繁茂、树高和冠径与所选造型要求相适应的骨架树栽植于规划好的地点。如果为多株树组成的造型，则对预植点要进行微地形处理，使其比四周地面高 20～50cm，以免造型完成后积水，难管理。再根据不同造型的设计按各植株间距离放线定点后栽植。栽植前或栽植后要去掉病虫枝、干枯枝和树杈上的干桩等。待成活后，第 2 年秋天或春天开始造型。

2. 观察树体设计造型

先仔细观察树体情况，结合造型的形体特征，考虑在树体上如何布置造型的各部位。根据树冠，先算出造型的各部位数据，如造型动物的头部体积、身长、腿高、腰围等。结构设计要准确，造型要简单。

对于动物造型，鸟类可简化为两个球体的结合，大球代表身体，小球代表头，一个短的延伸代表喙，另一个较长的延伸代表尾巴。例如，体型较小的鸟类，可以把树体上半部较好的枝条作为头部、腿、身子等，下半部可作为底盘；而体型较大的鸟类，如孔雀，可将树体上半部作为头部、身子、翅膀，下半部作为尾部和腿，然后用铁丝将树体拉成造型所需要的角度。兽类的腿部造型难处理，可设计为处于休息状态的造型，将四肢屈于体下，使其具有较宽的基座形态，或动物坐在后腿之上，前腿收起，以回避腿部造型主题。

对于人物及卡通人物造型，用常绿树塑造一个生动或复杂的人物形象难度很大，特别是四肢的造型不好掌握，在造型中常用有特色的服饰如裙子、披风等来加以掩饰。面部的造型可以通过镶嵌装饰材料来加以弥补。蹲坐和俯身的造型可以利用基座，同样可以避开腿部造型，基座上的上半身仅具有头和肩，相对来说则更加简单。也可以采用抽象、滑稽的造型手法，取神似而非形似。例如，将人物的下身塑造为身穿短裙，圆柱形的身体上为圆形的头，手臂上举。另外，还要考虑植物造型是否与周围的园林景致相融洽，不要破坏园林景观的和谐，造型体量的大小要与景观场地的大小相适应，还要便于造型施工。

对于建筑小品造型，要考虑造型体的长度、宽度和高度，顶部的形式不宜太复杂，顶部可设计成拱形或半圆形，廊檐平伸或上翘。造型不仅要满足观赏要求，还要能使游人既安全又方便地进去参观和休憩。

3. 骨架制作与固定

每尊植物造型的重要部位都离不开骨架，骨架制作应以设计图为依据，如兔的骨架（图 3.1）。结构简单的造型，可以不要骨架，或只做关键部位的骨架。结构复杂的造型，通身都需要骨架，如塔、楼阁等，可预先编制制作程序，按程序逐步进行。骨架材料可用钢材、竹材、木材等，一般以竹材、木材为多。结构衔接固定有焊接、螺栓固定、铅丝绑扎等方式。也可采用细长且柔韧性好的植物枝条，除去叶片后，弯扎成大小适当的环，再配以细竹条，用细铁丝把它们捆扎连接，做成造型的结构支架。

建筑小品的骨架，可用不同规格的竹竿、竹劈、木材等，用铁结构绑扎固定。有些造型要用通体骨架，如坛塔造型等；有些造型需要局部骨架，如亭、长廊的造型，可由造型树木的树干构成廊柱和亭柱，只需制作顶部的骨架。骨架制作好后，根据需要进行固定。如果有造型基座，则按要求将骨架固定在基座上。如果无造型的基座，则可按造型要求将骨架固定在相应位置的中心干上。对于较粗的枝干，为了增加植株柔软性，可先行用铁丝固定，将铁丝缠绕在枝条上，任意扭曲，利用园艺铁丝的力量改变枝条的生长方向和曲线，然后把它固定住。不同粗度的枝条使用相匹配粗细的园艺铁丝，以防止枝条弹回复原。如果枝较粗，则需包裹竹片或麻布片，弯曲后用园艺铁丝或铁钩固定。如果让枝条向右下方扭曲，则铁丝沿顺时针方向缠绕；如果让枝条向左下方扭曲，则铁丝沿逆时针方向缠绕。用园艺铁丝整形容易损伤树皮，时间长了园艺铁丝可能长到树枝里面，影响树木的生长和发育，甚至发生死枝现象。造型固定后要及时松绑或去掉铁丝（图 3.2）。

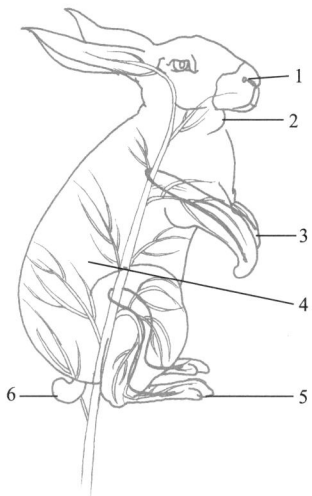

1—鼻；2—脖子；3—前腿；4—腰；5—后腿；6—尾巴。

图 3.1　兔的骨架图（引自穆守义）　　　图 3.2　4 株桧柏拉弯图（引自穆守义）

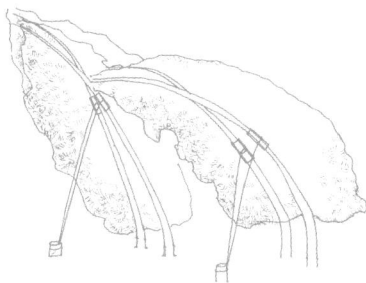

3.3.2　园林树木象形造型的顺序及手法

树木造型的制作，根据造型内容，有先首后尾、先尾后首、先上后下、先下后上 4 种顺序。

1）先首后尾。先从头部开始制作，而后制作身部，最后完成尾部。这个步骤的造型主要有动物造型等。

2）先尾后首。先制作尾部，而后逐渐推进，直至首部。这个步骤的造型有狮、虎、象、熊等。

3）先上后下。先从顶部开始制作，而后到下部完成造型。这个步骤的造型主要有人物造型等。

4）先下后上。先从底部开始，逐渐向上制作。这个步骤的造型有塔、亭、蟠龙柱等。

在绑扎成型中，可使用绑、扎、扭、捏、拉、疏、剪等手法。

绑，用麻绳、尼龙绳或铁丝将分散的枝集中绑在一处，突出造型部位。

扎，用细扎丝（22#～24#）将绒枝依序排列扎住，显示造型丰满圆润，也称作连枝。

扭，枝身偏向，扭转使用。

捏，按需要将弯枝捏直，将直枝捏弯。

拉，把一处的枝拉到另一处使用。

疏，把多余和无用的枝疏掉。

剪，造型初步绑扎好后，可初步进行修剪，剪出造型的轮廓。精细修剪要等到植物基本恢复生长后进行。

绑扎时要准备好各种型号的铁丝，绑扎粗枝时用粗园艺铁丝，绑扎细枝时用细园艺铁丝，铁丝的粗度以能把扭曲的枝条固定住为准。大枝固定后理顺小枝，然后用细铁丝固定在骨架上，绑扎要美观而不露架。过细的枝条使用细铁丝进行编结绑扎，然后固定在树干的适当位置。所有的枝条先分配均匀，再做进一步细致的绑扎。绑扎时枝条分布要均匀合理，注意整体协调，在绑扎每一部位时要与四周的比例相协调、呼应。另外，在绑扎造型过程中，边缘线要圆滑平整，使造型轮廓分明、线条清晰。

3.3.3　造型后的维护

树木造型养护管理的水平直接影响到造型的观赏效果，要精心管理。根据造型种类采取相应的维护方法，使造型逐渐丰满成形、圆润敦实。夏季需及时浇水和排水，清洗叶片，采取措施防止病虫害的发生。经常修剪可防止枝条密生、交叉、徒长、下垂、比例失调，保持造型完好。造型绑扎好后的第 1 次修剪可刺激枝条萌发，让其自然生长。第 2 年可以松绑修剪。

■■ **任务实施** ■■

任务 3.1　黄杨巢中鸟象形造型

任务描述 ☞

鸟类造型是应用最广泛的象形造型，因其腿可以缩拢于身体之下，故造型相对比较简单。巢中鸟象形造型（图 3.3）可以通过修剪及绑扎进行制作，是象形造型中最基本、最简单的造型。

任务目标 ☞

1. 掌握采用修剪法和绑扎法制作鸟类象形造型的基本方法。

2. 为学习鸟类复杂造型奠定基础。

植物材料 ☞

枝叶繁茂、高 50cm、冠幅为 40cm 的小叶黄杨 1 株。

图3.3 　巢中鸟象形造型

造型用具与备品 ☞

长 20cm 的细木棒 4 根，长 75cm 的细木棒 2 根；21 号铁丝若干；手工剪子、剪枝剪、修枝剪各 1 把。

任务操作步骤与方法

1. 树体整理

去除植株基部的枯枝，理顺内膛枝。

2. 观察树体设计造型

观察树体，根据植株树冠的饱满情况和枝条的长势，设计确定鸟巢的高度和直径、鸟头的朝向、鸟尾的位置。

3. 骨架制作与固定

夏初季节，用 10 号铁丝弯成 2 个直径 30cm 的圆环，将 2 个圆环用 4 根细木棒固定，呈 20cm 高的圆柱体框架，将其罩住小叶黄杨的基部，以此为骨架将黄杨基部修剪成圆柱形鸟巢 [图 3.4（a）]。

在圆柱形鸟巢上修剪鸟体部分。首先确定可以形成头和尾的枝条，然后剪除多余生长部分。为了使选定的枝条能按照预定的头和尾的方向及角度伸展，插入 2 根细木棒，将木棒固定在树体上，然后将枝条用 21 号铁丝绑扎固定在细木棒上，形成鸟体的雏形 [图 3.4（b）]。

4. 修剪定型及养护管理

在同年的夏末，对鸟巢和鸟体雏形进行修剪，将鸟头部分修剪成圆顶形的鸟头雏形，注意要留有一些向上的斜枝，作为鸟喙的预留枝条，同时沿细木棒修剪成鸟尾 [图 3.4（c）]。以后随着枝条的生长会使鸟巢和鸟体部分逐渐丰满，待枝条达到预定的鸟喙和鸟尾的造型要求即可将小棒取出，形成漂亮可爱的巢中鸟造型 [图 3.4（d）]。以后按照造型每年修剪 2～3 次以保持造型的完好。

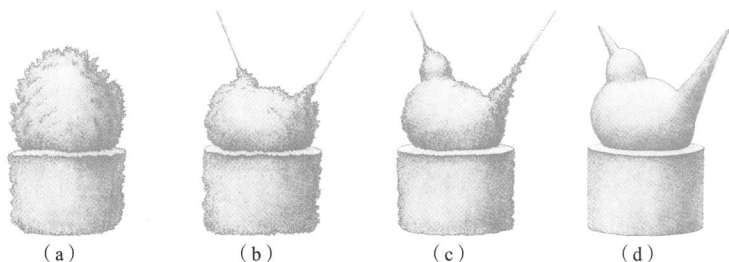

（a）　　　　　（b）　　　　　（c）　　　　　（d）

图 3.4 　黄杨巢中鸟象形造型示意图

任务评价 ☞

本任务采用以修剪为主并结合绑扎牵引的象形造型方法，简便易行，成本低，对枝条的绑扎牵引程度低，基本保持枝条的生长方向。但是不能马上成型，成果的评价主要看最后的造型效果，如鸟巢的高度和直径、鸟头的朝向、鸟尾的位置，以及各部分比例是否符合实际。具体评价标准如表 3.1 所示。

表 3.1　黄杨巢中鸟象形造型评价标准

序号	制作步骤	评价标准	赋分	备注
1	树体整理	去除植株基部的枯枝	1 分	
		理顺内膛枝	1 分	
2	观察树体设计造型	设计的鸟巢高度和直径合理	2 分	
		设计的鸟头朝向、鸟尾的位置适宜	2 分	
3	骨架制作与固定	用铁丝罩住植物体的基部	2 分	
		把基部修剪成圆柱形鸟巢	2 分	
		制作的头部造型比例符合实际	2 分	
		制作的尾部造型比例符合实际	2 分	
4	修剪定型及养护管理	对鸟巢进行正确修剪	2 分	
		对鸟体雏形进行正确修剪	2 分	
		养护管理科学	2 分	

巩固训练 ☞

用桧柏制作兽类象形造型（图 3.5）。

图 3.5　兽类象形造型

任务 3.2　桧柏海豚戏球象形造型

任务描述 ☞

象形造型的基本手法是通过修剪和绑扎塑造出姿态各异、栩栩如生的各种可爱造型。桧柏海豚戏球象形造型（图 3.6）是动物象形造型中比较简单的造型，通过以绑扎为主并结合修剪便能在几个小时内完成造型，是一种能够快速生产的造型。

任务目标 ☞

1. 掌握采用绑扎法制作兽类动物象形造型的基本方法。
2. 为学习动物复杂造型奠定基础。

植物材料 ☞

枝叶繁茂、高 2.5m、冠幅为 1.5m 的河南桧柏 1 株。

造型用具与备品 ☞

10 号铁丝若干米, 21 号铁丝若干米; 40cm 竹竿 2 根; 手工
剪、剪枝剪各 1 把。

图 3.6　桧柏海豚戏球象形造型（引自曹敬先）

任务操作步骤与方法 ☞

1. 树体整理

剪除树干下部 50cm 以下的枝条, 清理树体, 去除树冠内的枯枝, 理顺内膛枝。用 16 号铁丝将树干下部 50cm 处的侧枝与主干捆拢扎紧。

2. 观察树体设计造型

观察树体, 根据植株的生长势和树冠的饱满情况, 设计确定球体的造型高度、球体的直径, 以及海豚的身体长度、粗度及腹鳍、尾鳍的高度和位置等。

3. 骨架制作与固定

（1）海豚的骨架制作与固定

1）尾部: 用 200cm 的 10 号铁丝弯曲制作分开上翘的海豚尾部骨架, 拉出较大枝条绑扎固定在尾部骨架上 [图 3.7（a）]。

2）身子: 牵引较大枝条绑扎制作流线型的海豚腹部和背部造型, 海豚身体最粗处的周长为 150cm, 身长 80cm [图 3.7（b）]。

3）海豚鳍: 用 10 号铁丝弯曲出鱼鳍的形状, 固定在从海豚脖子向下略粗处, 约距离脖子 25cm 处的主干上。鳍凸出海豚身体约 12cm, 牵引鳍骨架周围的枝条, 用 21 号铁丝绑扎固定在鳍骨架上 [图 3.7（c）]。

4）额头和脖子: 拉出较大的枝条, 用 21 号铁丝绑扎固定出额头和脖子的形状, 额头周长为 100cm [图 3.7（d）]。

5）嘴: 用 100cm 的 10 号铁丝弯曲制作海豚嘴的骨架, 固定在距离球体底部 30cm 处的树干上, 因为树干正好从海豚嘴中通过, 用 21 号铁丝将嘴侧面的枝条绑扎固定在嘴部的骨架上 [图 3.7（d）]。

6）眼睛: 用 10 号铁丝弯曲出眼睛的骨架, 眼睛长 8cm, 眼间距弧长 40cm, 固定在距离嘴唇先端 14cm 的嘴丫上侧呈对称状。将眼中的枝条拉向眼周, 用 21 号铁丝绑扎固定。

（2）球体的骨架制作与固定

将 2 根 40cm 长的竹竿水平十字交叉固定在距离海豚嘴 25cm 处的树干上, 以树干和竹竿为球体轴线用 16 号铁丝做出球体骨架, 将树头拉下, 用 21 号铁丝均匀固定于球体上半部, 将球体底部以下的粗枝剪去一些, 然后用 16 号铁丝将球体底部的枝条均匀分布于树干

周围后与树干绑扎在一起，这些枝条用于牵引、绑扎装饰球体下半部的表面（图3.7）。

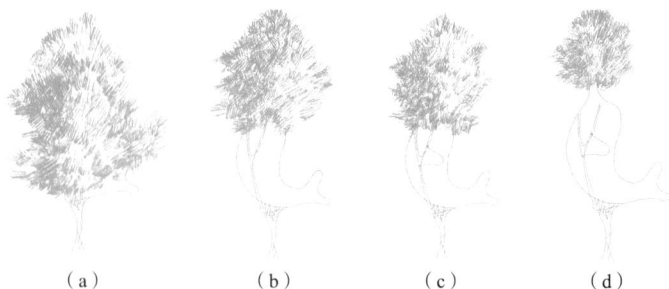

（a）　　　　（b）　　　　（c）　　　　（d）

图3.7　桧柏海豚戏球象形造型示意图

4. 细部造型

用绑、扎、扭、捏、拉、疏等基本造型手法对球体和海豚的头部、身体等部位进行细致造型，要求枝条在整个造型上分布均匀，各种造型手法运用得体，造型匀称美观。

5. 修剪定型及养护管理

用手工剪对绑扎好的球体和海豚各部位进行细部修剪，修剪时剪口略高于绑扎的铁丝，以避免因铁丝外漏而影响观赏效果。

以后定期修剪，如果发现铁丝松或断了，就要及时补绑以保持造型的完好。如果造型时有些部位因树冠不饱满或枝条稀疏而不够完美，则在以后的生长发育过程中，抽发出新枝条时要适时进行补偿绑扎和修剪，这样不但能补偿造型时的不足，而且会使造型更加丰满漂亮。

任务评价 ☞

本任务采用以绑扎结合修剪的方法进行象形造型，主要评价树体的选择是否符合该造型；骨架制作是否规范，是否与造型图相符；海豚身体各部位比例是否适宜美观。具体评价标准如表3.2所示。

表3.2　桧柏海豚戏球象形造型评价标准

序号	制作步骤	评价标准	赋分	备注
1	树体整理	去除植株基部的枯枝	1分	
		理顺内膛枝	1分	
2	观察树体设计造型	设计的球体造型高度、球的直径合理	2分	
		设计的海豚身体各部位的高度和位置等适宜	2分	
3	骨架制作与固定	海豚的骨架制作与固定（制作的尾部、身子、海豚鳍、额头和脖子、嘴、眼睛造型，操作规范，尺寸比例适宜）	6分	
		球体的骨架制作与固定（尺寸比例适宜）	2分	
4	细部造型	各部位造型上分布均匀，大小比例合理	4分	
5	修剪定型及养护管理	各部位细修剪，修剪口略高于绑扎铁丝	1分	
		养护管理科学	1分	

巩固训练 ☞

用河南桧柏制作孔雀象形造型（图 3.8）。

图 3.8　桧柏孔雀象形造型

任务 3.3　桂花花瓶象形造型

任务描述 ☞

花瓶象形造型传统的方法是用桧柏、黄杨、小叶女贞等通过修剪结合绑扎进行造型，造型方法与其他的修剪绑扎造型方法基本相同。本任务介绍利用 30 株桂花小苗编结绑扎制作高 2m、瓶身最大处直径为 60cm 的花瓶（图 3.9）。花瓶的设计高度及瓶身粗度根据实际造型可有所变化。

任务目标 ☞

1. 掌握用多株植物编结绑扎进行象形造型的基本方法。
2. 利用用多株植物编结绑扎的基本造型方法制作其他形状如花篮、花球、花门等优美秀气的艺术造型。

植物材料 ☞

地径 2cm、苗高 2.5m 的三年生桂花扦插苗 30 株。

图 3.9　桂花花瓶象形造型

造型用具与备品 ☞

竹竿、棕丝、8 号或 10 号铁丝、塑料薄膜带、铁锹、手钳、枝剪等。

任务操作步骤与方法 ☞

1. 设立花瓶支架

1）在每年的春秋季适宜苗木栽植季节，在花瓶的种植点上，埋设 4 根高 2m 的细竹竿，按照间距 20cm 呈正方形排列，作为花瓶支架（图 3.10）。

2）用 8 号或 10 号钢筋弯制成编号为 1～7 号的 7 个金属圆环作为托圈，它们的直径依次为 30cm、40cm、60cm、25cm、20cm、20cm、40cm。外面再用塑料薄膜带逐一包装成一个个精致的花

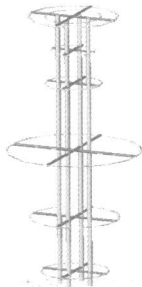

图 3.10　花瓶支架图

瓶内部托圈备用。包扎塑料薄膜带能够起到花瓶托圈耐碰撞、不变形、不生锈、不磨损苗干树皮等综合作用。

3）将直径分别为 30cm、40cm、60cm、25cm、20cm、20cm 的 6 个托圈，按照距离地面 10cm、50cm、100cm、150cm、175cm、200cm 的距离，每个圆环截取 4 根短些的竹棒，分别用 16 号细铁丝将 6 个托圈水平固定在已经立好的竹竿支架的不同高度处，再将剩余的直径为 40cm 的托圈固定在最上面的直径为 20cm 的托圈的外侧水平面上，作为瓶口的编结支架（图 3.10）。这 7 个固定在支架上的金属托圈将成为今后造型花瓶各高度层次苗干的依附绑扎点。

4）剪取 30 根长为 3.5～4m 的 8 号铁丝按照 60°角两两交叉的方式，编结成均匀的网格固定在已经埋设好的支架上，这些编结均匀的网格将作为造型苗木的枝条固定绑缚骨架（图 3.11）。

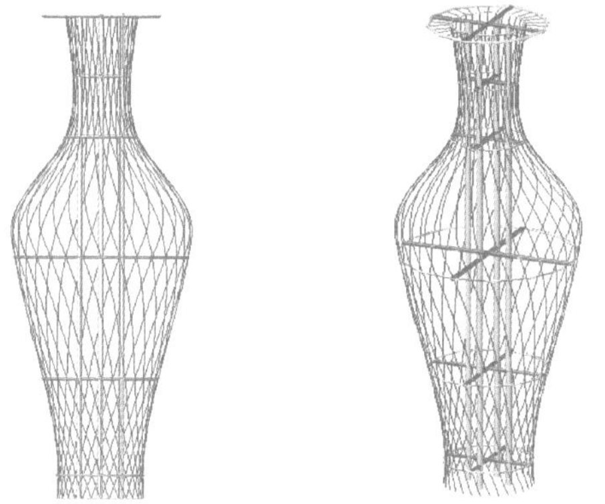

（a）正立投影图　　　　　　（b）轴测图

图 3.11　花瓶骨架图

2. 选苗

花瓶造型苗的用苗标准要求很高，苗木高度和粗度要相对一致，苗干要求十分通直。选购地径 2cm、苗高 2.5m 的三年生桂花扦插苗 30 株，要选择堰虹桂、快熟金桂等主干通直、枝叶完好且根系生长发育良好的桂花品种苗。

3. 植苗及编结绑扎造型

1）围绕支架最下面的托圈挖一个 20cm×20cm 的环形栽植沟，然后将 15 株品种苗木按顺时针方向，等距摆放在栽植沟里面，用棕丝绑扎在花瓶底部第 1 号金属托圈外的 8 号铁丝骨架上；再把另外 15 株品种苗木按逆时针方向，等距摆放在栽植沟里面，用棕丝连绑在第一批苗干上面。两批苗干的交叉点要与已经固定好的网格骨架的 8 号铁丝的交叉点对齐，随即培土种好这些苗木，构成造型花瓶的起步基础。

2）花瓶底部基础做好以后，两人相互配合开始编结花瓶的瓶身。按照固定好的瓶身网格骨架将苗干用棕丝绑扎固定苗干交叉的交会点。由下而上连续工作，把一定高度范围内的交叉苗干全部编结成一个个大小相当的菱形网眼，直到瓶口封结时为止。在工作进行中，各网眼的条线都要相互对齐，不可忽高忽低，以保证造型花瓶网眼群的整齐和美观。对于妨碍造型花瓶网眼编结工作的苗干上的多余枝叶，可以淘汰剪除；但对工作进行影响不大的苗干枝叶（特别是瓶身中部的枝叶），则尽可能予以保留。这对今后促进苗干愈合、加快造型花瓶的投产十分有利。

3）在花瓶的整个编结过程中，两人要相互配合编结整个花瓶的枝条，运用"放"与"缩"的编结技术，进行精心的编结和绑扎，使花瓶造型具有流畅的曲线美。

4）瓶口及苗梢的处理。

方法 1：根据花瓶设计要求，苗木编结绑扎固定在瓶口处的托圈上面后，苗梢可以不剪除，并对其进行修剪养护，待保留在花瓶造型上面的桂花枝条盛开时，就宛如插在花瓶中的鲜花一般争妍斗艳、花香四溢，美不胜收（图 3.12）。

方法 2：根据设计要求，将桂花苗木绑扎固定在瓶口处的直径为 20cm 的托圈上面后，再将高出瓶口托圈的苗梢向外弯曲编结、绑扎在瓶口外缘直径为 40cm 的托圈上，然后将多余的苗梢剪除，形成宽于瓶口的外展瓶沿。这样处理瓶口要比与瓶颈粗细一致的瓶口更美观漂亮。

图 3.12　瓶口及苗梢处理图

4. 养护管理

造型花瓶工艺要求十分精湛，供造型苗木必须土球小、枝叶少、枝条能随意扭曲造型，对苗木伤害较大，因而在养护管理上要把握以下几点。

1）安排在每年 9～10 月或春季枝叶萌发前制作造型花瓶。此时气候适宜，地下根系还在生长活动，恢复生长容易。

2）种植点覆盖地膜，种植区加盖大棚。努力控温保湿，创造有利于造型花瓶愈合生长的小气候环境条件。

3）假植养根、用生根粉护根，并在定植后做好水肥的科学管理工作，早期满足水分需求，后期薄肥勤施。

4）力求造型好，不变形。金属托圈用比较美观的塑料带包扎，能够使托圈在日晒雨淋的环境下不生锈，也不损伤苗干。在花瓶造型的苗木生长固定成型后可以剪除 8 号铁丝网格骨架，使造型更加自然美观。在运销造型花瓶时要整齐竖放；瓶与瓶之间要有衬托物，避免瓶身挤压变形或干皮磨损等。

任务评价 ☞

本任务采用多株桂花苗木按照设计的花瓶规格定点栽植后，通过编结、绑扎进行象形造型，该造型应达到冬观枝干编结的艺术美、春夏赏绿叶的葱茏美、秋赏桂花嗅花香的效果。要求花瓶比例恰当、绑扎结实，与设计造型一致。具体评价标准如表 3.3 所示。

表 3.3　桂花花瓶象形造型评价标准

序号	制作步骤	评价标准	赋分	备注
1	设立花瓶支架	花瓶支架及金属托圈制作合理	2 分	
		金属托圈在支架上固定位置适宜，网格编结均匀	2 分	
2	选苗	主干通直，枝叶完好，根系生长发育良好	4 分	
3	植苗及编结绑扎造型	植苗（按照操作步骤栽植苗木）	4 分	
		编结绑扎造型（绑扎结实，与设计造型一致）	4 分	

序号	制作步骤	评价标准	赋分	备注
4	养护管理	控温保湿操作，创造利于苗木生长的小环境	2分	
		假植养根及水肥的管理科学	1分	
		花瓶造型美观（金属托圈采用塑料袋包扎）	1分	

巩固训练 ☞

用桂花采用编结绑扎法制作花篮象形造型（图 3.13）。

图 3.13　花篮象形造型

任务 3.4　桧柏六角亭象形造型

任务描述 ☞

简单的及小型的象形造型可以用单株树木通过修剪和绑扎塑造而成，大型的复杂的象形造型需要用一株大树通过搭架后绑扎造型，或将几株大树按照设计方案定点放线栽植成活后再通过搭架绑扎造型。本任务用 6 株河南桧柏经过定点栽植成活后采用搭架、牵引、绑扎、修剪等手法制作成六角形亭子。

任务目标 ☞

1. 掌握大型的复杂的象形造型的基本造型方法。
2. 能够为园林绿地设计制作大型植物象形造型。

植物材料 ☞

枝条柔韧、多分枝的树高 4m、树冠丰满、冠幅在 1.6～1.8m 的河南桧柏或蜀桧 6 株。

造型用具与备品 ☞

3～5cm 粗、长 1.8m 的竹竿 12 根，长 2m、2.5m 的竹竿各 6 根，长 4m 的竹竿 1 根，长 3.5m 的竹竿 3 根，长 2～2.5m 的竹劈若干根；10 号、16 号、21 号铁丝若干米；手工剪、剪枝剪、钳子各 1～2 把；2.5m 高的活动梯子 2 个。

任务操作步骤与方法 ☞

1. 地形处理

在栽植造型骨架树之前，应对预植点的地形做微地形处理，使其比四周地面高 20～

50cm（图 3.14），以免造型完成后亭内积水。

图 3.14　地形处理平面示意图

2. 定点、选苗、栽树

在处理好的微地形上面按照株间距 1.6m 的正六边形进行放线，确定桧柏栽植点，挖好栽植穴。选株高 4m、生长健壮、多分枝、树冠丰满、冠幅在 1.6～1.8m、无病虫害、茎无伤、枝条柔韧的桧柏 6 株，栽种在栽植穴内（图 3.15）。栽植好后，根据造型的需要，将距离地面 160cm 以下的桧柏枝条全部剪除。这样处理能减少桧柏地上部分蒸发，提高栽植成活率（图 3.16）。

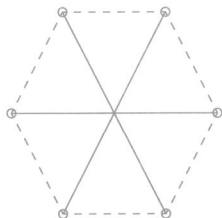

图 3.15　桧柏栽植平面图

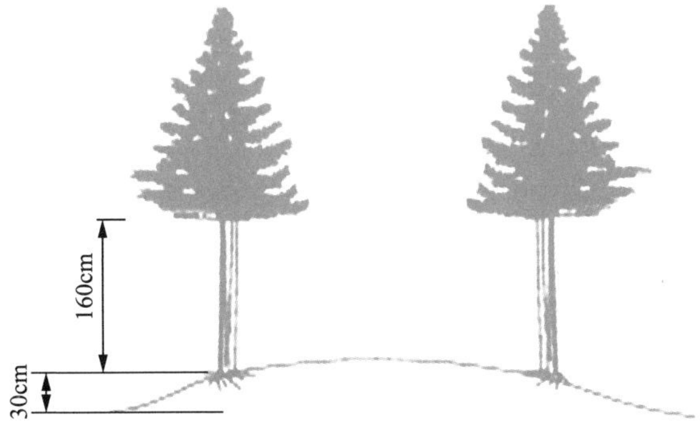

图 3.16　树干清理示意图

3. 搭架造型

在桧柏栽植成活后的第 2 年春天至秋天进行搭架造型。

（1）搭架

1）搭立亭中心骨架。在桧柏距地面 180cm 的树干上，用 16 号铁丝对角绑 3 根 5cm 粗、3.5m 长的竹竿。凡绑铁丝的地方均用木片或破布包好，不伤树皮。在 3 根竹竿的相交点即 6 棵树的正中间 P 点，用 16 号铁丝绑 6～8cm 粗、400cm 长的竹竿，作为亭盖的中间柱，便于亭的顶部施工。

2）搭制亭檐板骨架。在桧柏距地面 160cm 和 180cm 的树干上，分别用 16 号铁丝及约 5cm 粗、180cm 长的竹竿，将相邻的两棵树连起来，用 12 根竹竿将 6 棵树在 1.6m 和 1.8m 高处围成一个间距为 20cm 宽的六边体，在围成的 20cm 宽的 2 层竹竿间，用 16 号铁丝，每隔 20cm 绑宽 3cm、长 25cm 的竹劈，在 1.6～1.8m 树高处形成一个围绕 6 棵树一周的一个 25cm 宽的正六角形平面图（图 3.17），此为制作亭的檐板骨架。

（a）正立投影图　　　　　　　（b）透视图

图 3.17　亭骨架正立投影图和透视图

3）搭建亭盖骨架。用 6 根长 2m 的竹竿在 6 棵树的树干上和亭中心的竹竿间搭建亭盖骨架。先用 16 号铁丝将竹竿的一端绑扎在每棵桧柏树干高 1.8m 处，再将竹竿另一端绑在亭中心的竹竿距离地面 3.2m 高处，形成一个六角形伞状骨架（图 3.18）。然后将每棵树干顺着与它绑好的竹竿斜面拉弯，用 10 号铁丝把树干固定在竹竿上。再用竹劈在相邻 2 棵树中间的坡面上，横竖绑成网架，网格为 30cm×20cm，绑网架时要注意坡度。

4）做亭外缘及翘角骨架。用 50cm 长的 10 号铁丝固定在每棵树 180cm 高的树干上，让远离树干一端的铁丝斜上弯曲成 30° 的翘角，再将 1.8m 长的 16 号铁丝与 10 号铁丝在距离树干 30cm 处绑扎，在 6 棵树间拉设出一个延伸出树干 30cm，在亭沿板上方的亭外缘骨架，将延伸出翘缘外 20cm 长的上翘的 10 号铁丝作为翘角骨架（图 3.19）。

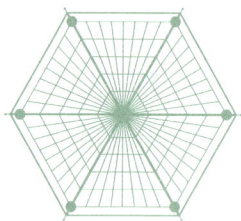

图 3.18　亭顶骨架水平投影图

图 3.19　亭盖做法透视图

（2）绑扎捏形

六角亭的骨架绑成后，用 16 号铁丝绑大枝条于骨架上，注意骨架边沿和枝条的分布，做到均匀、没有空缺或凹陷。大枝固定后理顺小枝，使其分布均匀，然后用 21 号细铁丝进行仔细绑扎固定在骨架上，绑扎时要注意枝条的拉和扭，使其造型美观而不露骨架。

（3）亭顶尖的制作

搭梯子在亭正中间，距地面 3.4m 处，用 16 号铁丝将 6 棵树的先端部分绑扎在一起。如果枝条多，则可以剪去一些，使绑扎部位上部的枝条平面直径为 30cm，在往上 20cm 处用 16 号铁丝绑扎后用手工剪进行修剪，使其形成 20cm 的圆柱体和 30cm 的圆柱体相叠加的双层宝鼎。

4.养护管理

绑扎完成的桧柏六角亭植物造型，每年都要对其进行精细的养护与管理，适时进行修剪，经过一个生长期后会形成十分逼真的六角亭植物造型（图 3.20）。

任务评价 ☞

本任务利用多株植物按照造型设计，通过放线定点栽植造型植物，对造型植物养护管理待其成活后对其进行搭架绑扎，最后制作成建筑物象形造型，工序烦琐，费工费时，需要梯子，在高空作业时有一定的危险。重点考查造型苗木选择、树木定点、搭架造型等环节。另外，要注意评价学生的安全生产意识。具体评价标准如表 3.4 所示。

图 3.20　六角亭植物造型

表 3.4　桧柏六角亭象形造型评价标准

序号	制作步骤	评价标准	赋分	备注
1	地形处理	预栽植地高于四周 20~50cm	2 分	
2	定点、选苗、栽树	种植距离、树种高度等符合要求	4 分	
3	搭架造型	搭架铁丝型号选择适宜，操作步骤合理	4 分	
		绑扎固定结实、不露骨架	4 分	
		将亭顶尖制作成圆柱体相叠加的双层宝鼎	4 分	
4	养护管理	适时修剪	2 分	

巩固训练 ☞

用 2 株桧柏制作牌坊象形造型（图 3.21）。

图 3.21　牌坊象形造型

任务 3.5　苹果树篱象形造型

任务描述 ☞

树篱状的独干果树造型最适合苹果和梨树，通过整形抑制其生长，并且适宜修剪的时间长。由主茎组成的支撑树篱，层数不宜太多，一般不超过 5 层。本造型首先要设计好永久的支柱和等距离的金属线以支撑层面上的枝条，其次是枝条绑扎和修剪。

任务目标 ☞

1. 掌握苹果树篱象形造型的基本造型方法。
2. 能够用其他植物材料制作树篱象形造型。

植物材料 ☞

矮化或半矮化砧木嫁接的尚未成形的苹果幼树。

造型用具与备品 ☞

锹、钳子、锯、普通修枝剪、8 号金属线、细铁线、支柱等。

任务操作步骤与方法 ☞

1）在早春按一定的间距将苹果幼树栽植成一行。在苹果幼树行里隔一定距离埋植立支柱，在支柱上距地面约 45cm 等距离固定 3～5 根平行的金属线。在每株幼树主干处插一根竹竿，将竹竿固定在金属线上，再将苹果幼树绑缚在竹竿上 [图 3.22（a）]。

2）对长出侧枝的苹果幼树在主干的两侧进行对称修剪，在最低的那根金属线的下方，与金属线平行方向选留 2 个侧枝以形成底部的横臂。

3）先将 2 根竹竿以 45°方向固定在金属线上，再将两条嫩枝固定在竹竿上长放不剪 [图 3.22（b）]。

4）秋季，尽量压低新生的枝条，以使它们能在水平方向上延伸，并将它们固定到最低的那根金属线上，移走竹竿。

5）翌年早春芽萌发前，剪短主枝，剪到第 2 根金属线的高度时，确保那里有 3 个饱满的侧芽，其中 2 个芽形成侧枝，另一个芽则延伸成主干。

6）新枝萌发后，同步骤 3）绑缚第 2 层的 2 个侧枝。同时修剪底层拱臂上的侧枝，剪掉任何生长旺盛的直立嫩枝和主干上两层侧枝之间的枝条 [图 3.22（c）]。

7）秋季，降低第 2 层拱臂并固定到金属线上，移走竹竿 [图 3.22（d）]。

（a）   （b）   （c）   （d）

图 3.22　苹果树篱造型示意图

8）如果树篱是 4 层或 5 层，则第 3、4 层的整枝方法同第 1、2 层。

9）顶层的整枝同下面的各层一样，所不同的是只留 2 个侧芽，不让其再进行高生长。顶层侧枝开始的固定，使用在主框架上延伸的竹竿，以后再使其降到水平位置，并固定到金属线上。移去支撑主干的竹竿。

10）树篱在春季需要修剪以抑制它的生长，并促进将会产生花芽的小枝发育。初夏在水平线上的侧枝花芽开始分化，3 年后才会发育成为果实。仲夏之后才进行叶片的修剪，剪断长的侧枝，在基部从生枝上留 3 个叶片，也可留很短的侧枝。不修剪短于 20cm 的枝条，这些侧枝可能会形成花芽，剪掉从小枝中长出的侧枝，只留 1 片叶。冬季除了剪去夏季修剪后形成的徒长枝，不必再进行其他形式的修剪。

任务评价 ☞

要求各支柱的间距、几条金属线的间距及果树的间距相等，金属线绷紧；金属线和支柱之间固定结实；枝条分布对称；修剪留芽合理。具体评价标准如表 3.5 所示。

表 3.5　苹果树篱象形造型评价标准

序号	制作步骤	评价标准	赋分	备注
1	栽植	苹果树栽植成行，竹竿与金属丝的距离满足造型需求	2 分	
2	搭架造型	第 1 层制作枝条分布合理，绑扎坚固，修剪留芽合理	4 分	
		第 2 层制作枝条分布合理，绑扎坚固，修剪留芽合理	4 分	
		第 3 层制作枝条分布合理，绑扎坚固，修剪留芽合理	4 分	
		顶层的 2 个侧芽选留满足造型要求	4 分	
3	养护管理	修剪养护操作准确，促进花芽形成	2 分	

巩固训练 ☞

制作月季篱笆造型（图 3.23）。

图 3.23　月季篱笆造型

小结

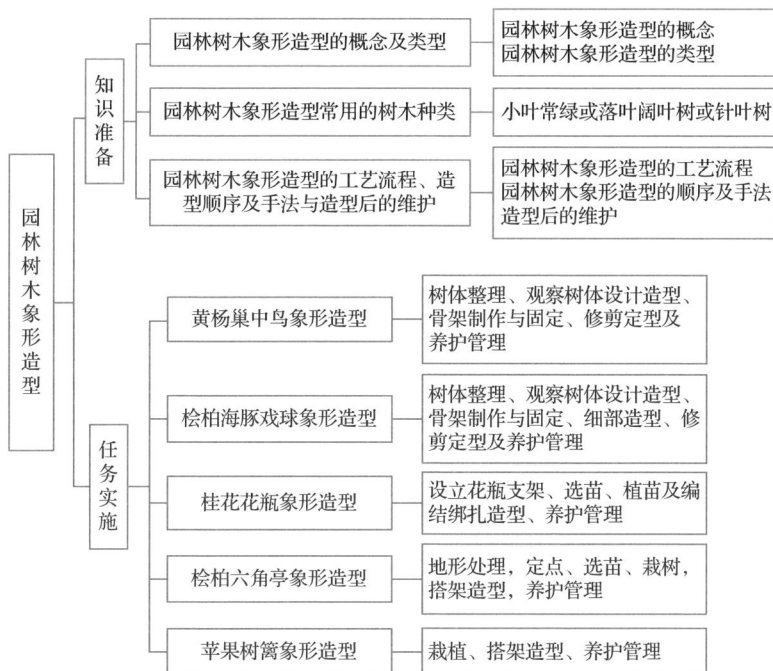

思考练习

一、选择题

1. 象形造型时选择（　　）树木。
   A．单株或多株　　　B．单株　　　　　C．多株　　　　　D．群植
2. 绑扎时要准备好各种型号的（　　）。
   A．线绳　　　　　　B．铁丝　　　　　C．布条　　　　　D．胶布
3. 每尊植物造型的重要部位都离不开（　　），（　　）制作应以设计图为依据。
   A．基础　　　　　　B．设计　　　　　C．植物　　　　　D．骨架
4. 在造型手法中，用细扎丝（　　）。
   A．10#　　　　　　B．18#～20#　　　C．16#　　　　　D．22#～24#
5. 多株树组成的造型，对预植点要进行微地形处理，使其比四周地面高（　　）cm，以免造型完成后积水，难管理。
   A．20～50　　　　　B．50～80　　　　C．10～30　　　　D．60～100
6. 在花瓶象形造型中，围绕支架最下面的托圈挖一个（　　）的环形栽植沟，然后将15株品种苗木按顺时针方向，等距摆放在栽植沟里面。
   A．20cm×20cm　B．30cm×30cm　C．40cm×40cm　D．50cm×50cm
7. 苹果树篱象形造型顶层的整枝同下面的各层一样，所不同的是只留（　　）个侧芽，不让其再进行高生长。
   A．1　　　　　　　B．4　　　　　　　C．2　　　　　　　D．6
8. 用（　　）株桧柏经过定点栽植成活后采用搭架、牵引、绑扎、修剪等手法制作成六角形亭子。
   A．4　　　　　　　B．6　　　　　　　C．8　　　　　　　D．12
9. 由主茎组成的支撑树篱，层数不宜太多，一般不超过（　　）层。
   A．1　　　　　　　B．2　　　　　　　C．3　　　　　　　D．5

二、填空题

1. 树木象形造型按题材可分为_____、_____、_____、_____。
2. 树木造型的制作，根据造型，有_____、_____、_____、_____4种顺序。
3. _____是植物立体造型中的一类，它是应用_____采用搭架、牵引、绑扎、编结、修剪等手法，模仿制作成各种_____、_____、_____、_____、奇特物品、运输工具等艺术造型，以供游人欣赏。
4. 黄杨巢中鸟象形造型制作中分为_____、_____的制作。
5. 花瓶象形造型传统的方法是用_____、_____、_____等通过_____结合_____进行造型。

三、简答题

1. 象形造型的工艺流程有哪些？
2. 在绑扎成型中，可使用哪些手法？
3. 造型后的维护内容有哪些？

项目4　园林树木独干造型

知识目标 ☞

1. 了解园林树木独干造型的概念。
2. 掌握园林植物独干造型的基本方法。
3. 能根据不同的独干造型选择适宜的造型植物种类。

能力目标 ☞

1. 会用修剪法制作月桂球形独干造型。
2. 会用嫁接法制作麦李独干造型。
3. 会用嫁接法制作龙爪槐独干造型。
4. 会用搭架法制作圆柏伞形独干造型。

思政目标 ☞

1. 培养独立查找资料、钻研设计、创新的能力。
2. 增强吃苦耐劳、团队协作的精神。

━━ **知识准备** ━━━━━━━━━━━━━━━━━━━━━━━━━━━

4.1　园林树木独干造型的概念及类型

每种树木都有其自然的形态和观赏特征，园林树木独干造型就是利用树木的自然特征，通过人工的干预，使其更加完美，更具有观赏价值。或者在此基础上根据树木的习性及环境的需要进行艺术性的再创造，赋予树木更强的美感，给人以视觉的冲击与享受。

园林树木独干造型时通过剪除植物干茎一定高度下的枝条，对保留的树冠进行适宜的修剪整形，或者运用嫁接等方法，形成具有一定主干高度的各种造型植物。这种造型方法实质上是将简单的几何造型或各种复杂的艺术造型抬离地面，扩展到树干上所创造出的优美的独干造型，突出了单株树木或几株树木的观赏效果，提升了人们的视线，使地毯式的平面庭园变成了立体庭园。

园林树木独干造型，按其观赏效果分为观叶独干造型、观花独干造型、观果独干造型；按其创造途径分为修剪形成的独干造型和嫁接形成的独干造型。具体选用哪种方法要根据树木的形态特征和观赏效果而定。

4.2 园林树木独干造型的基本方法

4.2.1 修剪法

园林树木独干造型是通过对树木进行整形修剪而获得具有一定高度的树干和某种造型树冠的一种造型方法。这种造型方法的主要技术环节在于树干培育和树冠造型两个方面。

1. 树干培育

培育独干造型树，要从小苗时进行有目的的定向培育。为了获得一定的主干高度，要进行适当的修剪，将预期造型树冠以下的侧枝全部剪除，形成具有一定高度的直而粗的干茎，以能够承受来自枝叶繁茂的造型树冠的负荷。

（1）乔木树种的干茎培育

选用乔木或小乔木做独干造型时，干茎的培育比较简单。选用速生树种时，有些种类当年苗木即可达到需要的高度。如果达不到需要的高度，则可以采用平茬养干法，即在秋季或翌年早春移植时，修剪根系，并将树干距地面 3～5cm 处剪断，使其重新萌发。由于是二年根系，根幅大，根系强壮，当年萌发的新干就能达到要求的高度。选用慢生树种时，可以采用渐次修剪的方法，即每年剪除不超过树高 1/3 的干茎下部的侧枝，使其逐渐达到造型所需要的高度。

（2）灌木树种的干茎培育

选用灌木做独干造型时，因其萌蘖力强，通常在根茎处萌生许多干茎。如果不进行修剪，则会呈多主干型，因此要在小苗期只选留一个较粗壮且长势好的干茎，其余全部从根部剪除。对选留的干茎采用渐次修剪法进行培育，使其达到要求的高度和粗度，并且要注意随时剪除根茎处的萌蘖枝条，以使养分集中供给保留的干茎。如果选用的植物干茎细弱无法支撑庞大的造型树冠，则可采用立支柱的方法，将造型树的干茎绑缚到支柱上（图4.1），这样能起到辅助支撑的作用。但是对使用的支柱要进行适当的修饰，否则会影响观赏效果。

（3）藤本的干茎培育

选用藤本做独干造型时，因其干茎不能直立生长，需要立支柱，将藤本植物的干茎绑缚到支柱上或是缠绕到立柱上，培育一定时期后，绑缚到支柱上的藤本植物的干茎逐渐长粗，到一定程度便形成了直立的干茎，而后撤出支柱（图4.2）；缠绕到支柱上的藤本干茎随着干茎的长粗，与支柱紧密抱合，无法分离，支柱与缠绕其上的干茎一起作为独干树的主干（图4.3），共同支撑庞大的造型树冠而自成景观。

图4.1 玫瑰独干造型（干茎绑缚支撑造型法）　　图4.2 紫藤乔木状独干造型（干茎绑缚支撑造型法）　　图4.3 紫藤乔木状独干造型（干茎缠绕到支柱上造型法）

培育独干树的干茎时，为了避免干茎瘦弱，无力支撑树冠的现象发生，在培育幼树主干时，要注意保留主干下部的一些侧枝，以使主干能够得到侧枝输送的养分而更快长粗长壮。

独干造型植物修剪定干的高度，要根据植物的种类和造型树冠的形状而定。树种不同，其定干高度有所不同。例如，乔木树种定干的高度较高，一般为 1.8～3.5m；灌木树种定干的高度较低，一般为 0.5～1.5m。树冠造型各异，定干高度也要随不同的造型有所改变。例如，球形树冠根据其直径大小，定干高度一般为冠径的 2/3 或 1/2。定干的高度要与树冠的造型成一定的比例，这样才能够达到均衡协调的效果（图 4.4～图 4.6）。

图 4.4　冬青蘑菇状独干造型（冠径比为 2∶3）

图 4.5　榕树伞形独干造型（冠径比为 1∶3）

图 4.6　金叶榆半球形独干造型（冠径比为 1∶2）

2. 树冠造型

通过培育、修剪定干达到造型预期高度的植株，要对树冠进行修剪造型。对于独干造型植物，树冠的修剪是造型的关键。一种独干造型植物，其树冠修剪成何种形状，要根据所选用树种的生物学特性、形态特征及在造景配置上的要求而定。独干造型植物在树冠造型上可以分为以下 3 种类型。

（1）自然式造型树冠

自然式树冠造型是因造景的需要而采取的一种与自然环境相协调的造型方法。自然式树冠造型在保持原有的自然冠形的基础上，对树冠进行适当的修剪整形，即自然式和自然与人工混合式基本形态如自然开心形、伞形、球形、卵形等人工的痕迹较少，在以后的冠形保持和养护方面比较容易。此类造型对树种的要求不严格，是一种非常普遍而简单的造型方法（图 4.7～图 4.10）。

图 4.7　自然开心形造型

图 4.8　伞形造型

图 4.9　球形造型

图 4.10　卵形造型

（2）简单的几何体造型树冠

独干造型植物的树冠通常修剪成简单的几何形状，如球体、锥体、塔形、柱形、立方体等。几何体造型通常是对称的，要求树冠必须相当饱满密实，这样才能修整出规则的几何体造型，因此大多数植物不可能通过一次修剪就能形成规整的几何形状，一般要进行多次修剪后才能形成最终所要求的造型。在造型前，要对树冠进行培育，当达到预期造型高度时，将树冠的顶枝截断促发侧枝，将预期树冠下部的枝条剪除。初期将树冠的枝条短截，促使其萌发新枝，达到一定的密实程度后，再按照所设计的几何形状对树冠进行修剪整形，经过数次修剪整形后就得到了所要求的冠形。常见的简单几何造型树冠有球体造型、锥体造型、圆柱体造型、伞状造型等（图 4.11～图 4.14）。

图 4.11　球体造型　　　图 4.12　锥体造型　　　图 4.13　圆柱体造型　　　图 4.14　伞状造型

（3）复杂的艺术造型树冠

根据植物造景的要求，独干造型植物的树冠也可以修剪成复杂的艺术造型，如云片造型、层状造型、象形造型、建筑造型等。

复杂的艺术造型树冠，其造型技术要求高，要对树冠进行绑扎造型后，再进行适度的修剪。由于造型复杂，树冠只有经过多年培养、绑扎、修剪，才能获得最终造型效果。造型初期，有些枝条长度不够，无法进行绑扎，要加强植物的养护管理，待枝条长到足够造型要求的长度时再绑扎。每年要进行多次修剪整形，促进枝叶萌生，使树冠丰满，完善和保持树冠的复杂造型。常见的复杂艺术造型树冠有层状造型（图 4.15）、叠云造型（图 4.16）。

图 4.15　　层状造型　　　　　　图 4.16　叠云造型

4.2.2　嫁接法

对于有些低矮或匍匐的灌木，通过修剪方法获得主干的时间长，且每年要剪除根部的萌蘖很麻烦，采用嫁接法将其嫁接在乔木或小乔木树种上，使其直接获得一定高度的主干，这样能够减少培育年限，提高观赏及经济价值。通过嫁接获得独干树造型，首先要培育砧木，以获得具有一定粗度和高度的干茎做独干造型树冠的载体，再将所要观赏的对象植物作为接穗，运用适宜的嫁接方法使二者紧密结合生长为一体，并对其进行适宜的养护管理，待树冠生长发育到一定程度时对树冠进行整枝修剪，便能达到预期的造型要求和效果。

1. 砧木选择和培育

砧木的选择要考虑以下几个方面的因素。

1）砧木与接穗之间要有较强的亲和力，最好选择同科同属或同种间的不同品种。

2）要选择干性强的乔木或小乔木树种，以利于培育出粗壮、挺直的干茎。

3）为了能够快速多量地获取嫁接所用的砧木，要选择生长快速、繁殖方法简单、种苗来源广的树种进行培育，以期在短时间内获得大量的独干造型植物。

4）选择抗性强的乡土树种，以提高独干造型植物的抗性和适应性。

砧木的培育最好选用实生苗木，其根系发达抗性强，主干发育强壮，干茎美观。在小苗时期，加强干茎的培育和修剪，使其尽早达到独干造型所需要的粗度和高度。

2. 接穗选取

嫁接形成的独干造型植物，其主要观赏点是树冠。对于嫁接形成的独干造型植物，接穗的品质和性状直接关系到嫁接所形成的独干造型植物的观赏价值，因此接穗的选取很关键。接穗要选择性状优良、观赏价值高、没有主干或干性不强、不能直立生长的灌木或蔓生植物。

3. 嫁接

树种不同，选用的嫁接方法会有所不同。嫁接时，根据接穗和砧木的品种特性及嫁接时间选用合适的嫁接方法。应用于独干造型植物的嫁接方法有两类：一类是枝接，常用的有劈接、插皮接、切接；另一类是芽接，常用的有 T 字形芽接、嵌芽接。

早春或晚秋时期的嫁接，砧木为乔木或小乔木时，常采用枝接方法。砧木为小灌木，尤其是干性不强需要支撑的观花或观果的独干造型植物，或者接穗不足时常采用嵌芽接。初秋季节，嫁接常采用 T 字形芽接方法。具体选用哪种嫁接方法要根据实际情况而定。

4. 树冠造型

嫁接形成的独干造型植物，其树冠的造型要根据接穗的特性确定。接穗为蔓生植物，其树冠的造型通常为伞形或垂树形。接穗为直立植物，其造型可以是自然型，也可以是简单的几何体造型，但以自然型为多。嫁接形成的常见冠形主要有伞形、垂树形、球形、自然型等（图 4.17～图 4.20）。

图 4.17　伞形　　　　图 4.18　垂树形　　　　图 4.19　球形　　　　图 4.20　自然型

4.3　独干造型树种选择

独干造型的树木必须具有一定高度的主干以支撑各种造型的树冠，因此在造型树种的选择上，要求所选用的树种要有较明显的主干，或者通过修剪可以获得明显的主干。根据定干的高度可以选用乔木、小乔木或灌木，有些藤本植物虽然干性不强，但通过运用干茎支撑等手段能够形成直立造型的树木种类也可以选用。

园林树木独干造型，除了必须有一定高度的干茎外，最主要的是对干茎之上的树冠的造型。独干造型植物的树冠造型有自然式造型和整形式造型，树冠造型不同，选择的树木种类也会有所不同。

自然式造型是在保持原有的自然冠形的基础上，对树冠进行适当的修剪整形，人为的干预不多，基本符合树木的自然生长发育规律，在树种选择上要求不严，可根据不同的造型选择相应的树木种类。造型树冠若为开心形或杯状形，则应选择合轴分枝的树木种类，如桃、李、杏、海棠、桂花、栀子、玉兰等。造型树冠若要垂树形，则选择枝条下垂的树种，如垂榕等。

整形式造型是将树冠修剪成几何、鸟、兽等各种形状，人为的干预多，要求树冠丰满密实，以进行各种造型。因此在树木选择上，要求植物萌蘖力要强，在定干的部位要能形成较多的分枝点，生长出的树冠，其枝叶要繁茂而饱满，耐修剪利于造型。由于整形式造型树冠应用了许多人工牵引、绑扎等技巧，塑造成各种形状，改变了树木自身的生长习性，而遵循自然生长规律是植物的本性，所以整形式树冠造型后只有进行经常的修剪，才能保持造型不变。因此，造型树木养护困难是一个不可忽视的问题，在树种选择上要考虑选用慢生树种或生长速度中等的树种，以减少树木造型后的养护工作量。

树冠修剪成简单几何形状的独干造型植物，最好选用生长缓慢或中等的，树冠密实、叶片较小、耐修剪的常绿或落叶树种。常用的树种有桧柏、黄杨、红豆杉、云杉、龙柏、水蜡、福建茶、月橘等。有些叶片较大、生长快速、萌芽力强、耐修剪的树种也可以选用，但是为了保持其造型，必须在生长季进行多次修剪，如女贞、月桂、五角枫、榆叶梅等。

树冠修剪成复杂的艺术造型的独干造型植物，因其造型复杂、造型技术高，在树种选择上，最好选用生长缓慢的常绿或落叶植物，如桧柏、黄杨、红豆杉、福建茶、九里香、冬青类、罗汉松、紫杉等。

采用嫁接法时在树种的选择上，主要考虑砧木与接穗的关系，在保证嫁接成活的前提下要选择对接穗的生长有促进并能增强接穗的抗性的植物做砧木；接穗主要选择在观花、观叶、观果、观枝等方面有较高观赏价值的植物种类，如垂枝榆、龙爪槐、龙爪桑、沙地柏、紫叶矮樱、金叶复叶槭、垂枝月季等。

■ 任务实施

任务 4.1　月桂球形独干造型

任务描述 ☞

修剪形成的园林树木独干造型，最基本的造型手法是将树干的下部枝条剪除，将树冠修剪成简单几何体、象形或其他形状的造型。月桂球形独干造型是将树冠修剪成球形如棒棒糖状的造型（图 4.21），这种造型是独干造型中最简单、最基本的造型方法。

任务目标 ☞

1. 掌握月桂球形独干造型的特点。

2. 掌握采用修剪法进行独干造型的基本方法。

3. 能根据不同植物材料制作出球形独干造型。

植物材料 ☞

高 2～4.5m、顶枝强壮而挺拔的月桂 1 株。

造型用具与备品 ☞

剪枝剪、修枝剪各 1 把。

任务操作步骤与方法 ☞

1. 主干培育

夏初，在预期独干造型的高度处（本任务造型高度为 2m）将顶枝截断。保留树干上部 1/3 和下部 1/3 的侧枝不剪，将主干中间 1/3 部分的侧枝剪掉。如果这些侧枝过于瘦弱，则将它们摘心，增加下部叶片的数量，有利于光合作用，能使主干生长快而强壮［图 4.21（a）］。第 2 年如果树干已经足够粗壮，则将下部的侧枝完全去掉 ［图 4.21（b）］。

2. 树冠造型

对主干上部保留的 1/3 侧枝进行整枝修剪，枝条修剪后的长度约 15cm ［图 4.21（b）］。

在当年的夏末，对树冠修剪后又萌生的枝条保留 10～15cm 再进行短剪一次。

在第 2 年的夏初，将树冠大致修剪成球形，以后每年的夏初和夏末都要对树冠重复修剪一次 ［图 4.21（c）］。

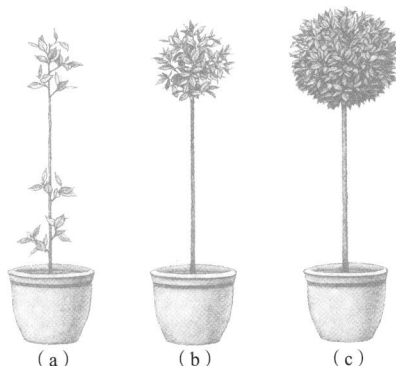

(a)　　　　(b)　　　　(c)

图 4.21　月桂球形独干造型示意图

修剪树冠时为保证球形的均衡，首先应按要求的冠径沿圆周方向剪出一条水平带，然后从树冠顶部剪出一条中心带，再以这两条带为引导修剪树冠的其他地方。一旦发现树干上和根部长出的萌蘖枝条，应立即除掉。

任务评价 ☞

主干定干时不可以在小苗时就一次性将造型树冠之下的枝条全部剪除，要留一定量的枝叶，以制造营养供干茎的增粗生长；树冠造型时，能根据不同的树种和生长状况，确定造型树冠球体的大小及与干茎高的比例，整个造型均衡而美观。具体评价标准如表 4.1 所示。

表 4.1 月桂球形独干造型评价标准

序号	制作步骤	评价标准	赋分	备注
1	主干培育	截断的高度符合要求	5分	
		修剪侧枝的高度符合要求	5分	
2	树冠造型	造型树冠球体的大小合适	5分	
		树冠球面修剪均衡美观	5分	

巩固训练 ☞

制作金叶榆独干造型（图 4.22）。

图 4.22 金叶榆独干造型

任务 4.2 麦李独干造型

任务描述 ☞

嫁接形成的园林植物独干造型，最基本的造型手法是先培育砧木，再进行嫁接，嫁接成活后，对嫁接树进行养护管理，同时对树冠进行适当的修剪造型。麦李独干造型是采用嫁接方法培育的观花独干造型。这种造型是将灌丛状的麦李通过嫁接手段使其抬离地面，形成独干观赏的造型花木，是独干造型的一种基本方法。

任务目标 ☞

1. 掌握采用嫁接法进行观花植物独干造型的基本方法。
2. 能根据不同植物材料制作出观花植物独干造型。

植物材料 ☞

一二年生的麦李休眠枝条做接穗，三四年生的京桃或山杏做砧木。

造型用具与备品 ☞

嫁接刀、塑料条、塑料袋、剪枝剪、修枝剪。

任务操作步骤与方法 ☞

1. 砧木截干

在树液流动而芽未萌发的早春采用劈接法进行嫁接，先确定独干造型的主干高度，剪去预定干高以下的侧枝及根茎处的萌蘖枝条，在预定干高处截去砧木的树冠。

2. 嫁接

削接穗：剪取一二年生的麦李的枝条 10cm 左右，带有 2～3 个饱满芽，将接穗的下端削成偏楔形，长度约 3cm。劈砧木：用薄而锋利的劈接刀沿砧木髓心垂直下劈，劈口深比接穗的削面稍长以利于接穗的插入。结合：将接穗插入砧木的劈口内，使一侧的形成层对齐，为了造型时树冠丰满，每个砧木可以插入 2 个接穗。绑缚：用塑料条将接穗和砧木牢牢地绑缚在一起，然后套袋保湿。

3. 嫁接后管理

嫁接 20 天后，待接穗芽萌发生长到约 1cm 长时，除去套袋。接口完全愈合后松绑，以免影响生长。同时要注意剪去砧木上及根茎处萌生的枝条，避免争夺养分。

4. 树冠造型

接穗的枝条生长到一定长度时在饱满芽处短截，促进侧枝萌发使树冠丰满。夏季适当短截枝条的 1/4～1/5，促进花芽的分化，也可以通过短截进行球形造型。但是观花植物不同于观叶植物，在树冠造型时只可以进行轻短截，否则会将花芽剪掉而难于开花，即使勉强开花，花朵也会很稀少。

经过这样的嫁接，使灌木状麦李变为乔木状麦李，形成漂亮的独干造型。麦李枝条适当短截能促进花芽的分化，待树冠生长饱满时，进行适当的短剪，一方面促进成花，另一方面可以将树冠修剪成各种形状。若修剪成球形，就可以在春季形成一个花球状的树冠。若想在一株独干造型树上观赏到两种花色，则嫁接时还可以将红花和白花两种花色的麦李嫁接在同一株京桃上，这样就可以得到一株双色花的麦李独干造型植物。

任务评价 ☞

嫁接方法符合规范要求，手法熟练；修剪整形时短截部位有利于观花效果的形成。具体评价标准如表 4.2 所示。

表 4.2　麦李独干造型评价标准

序号	制作步骤	评价标准	赋分	备注
1	砧木截干	主干高度满足独干造型要求	3 分	
2	嫁接	嫁接操作规范	6 分	
		操作手法熟练	2 分	
		接穗数量满足造型树冠美观的要求	2 分	
3	嫁接后管理	松绑时间合理	2 分	
4	树冠造型	短截枝条长度合适	5 分	
		短剪部位符合要求	5 分	

巩固训练 ☞

选用合适的砧木培育玫瑰或月季独干造型。

任务 4.3　龙爪槐独干造型

任务描述 ☞

龙爪槐独干造型是采用嫁接法培育的观叶和观姿态的独干造型。这种造型是将不能直立生长的龙爪槐嫁接在直立生长的槐树上，使其具有一定高度的直立主干，在这段主干上，龙爪槐枝条经过修剪整形呈弯曲状下垂，似龙爪一样虬曲美丽（图 4.23）。

任务目标 ☞

1. 掌握没有主干的垂枝类树木的独干造型方法。
2. 能根据不同植物材料制作出垂枝类树木的独干造型。

植物材料 ☞

一二年生的龙爪槐休眠枝条做接穗，胸径为 4～6cm 的槐树做砧木。

造型用具与备品 ☞

嫁接刀、塑料条、塑料袋、剪枝剪。

图 4.23　龙爪槐

任务操作步骤与方法 ☞

1. 砧木培育

龙爪槐的嫁接砧木通常选用三四年生的槐树实生苗。培育方法如下。

1）播种：时间为 4～5 月（北方）；高床条播，行距为 15～20cm。

2）播后管理：播后覆盖草帘，浇水；苗高 3～5cm 时进行间苗，株距为 5cm；当年不修剪；6～7 月追施两次化肥；当年苗留床，高可达 80～100cm。

3）移植：翌春移植，株行距为 65cm×50cm；6～7 月进行修剪，上部剪去竞争枝，下部进行疏枝，高度为树高的 1/3～1/2。

4）定植：移植后培育 2～3 年，树高约 2m 时进行定植，株行距为 130cm×100cm；定植时进行整枝修剪，截去大枝；定植后培育两年，胸径达 4cm 时可以进行嫁接。

2. 接穗采集和贮藏

1）采穗：早春 2 月中下旬，采当年生直径为 0.3～0.7cm 芽饱满的壮枝。

2）贮藏：低温层积沙藏或窖藏，也可制成接穗，将接穗两端封蜡后低温窖藏。

3）随采随接：如果苗圃内有采穗母株，也可以随采随接，成活率很高。这是北方目前常采用的方便快捷的方法。

3. 嫁接

时间：4 月中下旬（北方）。

嫁接方法：采用插皮接。

1）断砧：将槐树砧木自 4.0～4.5m 处锯断，剪去砧木锯口以下所有的枝条；选树皮光滑处从锯口向下纵切一刀至木质部，切口长度为 3～4cm。

2）削接穗：剪取 10～15cm 带有 2～3 个饱满芽的垂槐枝条做接穗，在上剪口距上芽 1cm 接穗下部削成 3～4cm 的长削面，在削面的背面再削约 1cm 的小削面，将长削面两侧的周皮削去一些使之呈黄绿色。

3）结合：将削好的接穗插入切口内，使长削面朝向砧木的木质部，插深为长削面露白的 1～2mm。为保证嫁接成活后的树冠冠形丰满，每个砧木通常嫁接 2～4 个接穗（图 4.24）。

4）绑缚套袋：用塑料条将砧木的切口及接穗一圈圈缠绕绑缚起来，然后将接穗和锯口套上塑料袋保湿以利成活。

4. 嫁接后管理

1）抹芽：嫁接后半月抹去砧木上萌发的芽，7 月中下旬再对砧木上的萌发枝进行修剪。

2）去袋：约 1 个月接穗上芽长到 2～3cm 时，将塑料袋剪破，1 周后去袋。

图 4.24　龙爪槐嫁接

3）松绑：约 2 个月砧穗结合处的愈伤组织受到抑制时，松开绑缚的塑料条。

4）接穗的修剪：接穗生长过于旺盛容易造成劈裂，要剪去生长过密的接穗枝条。

5. 树冠造型

嫁接成活后在当年的冬季或翌年的春季进行休眠枝修剪，修剪时留外芽，使树冠呈外延式生长扩大，同时剪除过长的枝条，使树冠呈下垂的伞状。

任务评价 ☞

经过嫁接的龙爪槐形成了具有主干的乔木状，枝条下垂，树冠呈伞形的造型。在树冠造型修剪时注意保留枝条的外芽，有利于树冠逐渐扩张外展；嫁接方法正确，操作熟练。具体评价标准如表 4.3 所示。

表 4.3　龙爪槐独干造型评价标准

序号	制作步骤	评价标准	赋分	备注
1	砧木培育	砧木培育符合要求	3 分	
2	接穗采集和贮藏	接穗采集和贮藏合理	2 分	
3	嫁接	嫁接时间、方法的选择适宜	2 分	
		嫁接操作规范	4 分	
		操作手法熟练	2 分	
		接穗数量满足造型树冠美观的要求	2 分	
4	嫁接后管理	抹芽操作时间合理	1 分	
		去袋的时间和方法正确	1 分	
		松绑操作时间合理	1 分	
		接穗的修剪合理	1 分	
5	树冠造型	修剪时保留枝条的芽合适	3 分	
		树冠造型符合要求	3 分	

巩固训练 ☞

用白榆做砧木培育垂榆独干造型（图 4.25）。

图 4.25　垂榆独干造型

任务 4.4　圆柏伞形独干造型

任务描述 ☞

圆柏伞形独干造型，像一把绿色阳伞，既能遮阴，又是一道亮丽的风景。造型的关键是铁丝支架的制作和绑扎，其次是整形修剪。

任务目标 ☞

1. 掌握圆柏伞形独干造型的方法。
2. 能根据不同植物材料制作出伞形独干造型。

植物材料 ☞

4.5m 左右树冠且树冠上部丰满的圆柏 1 株。

造型用具与备品 ☞

钳子，斧子，普通修枝剪，16 号、10 号、21 号铁丝，3cm 粗的竹竿若干根。

任务操作步骤与方法 ☞

1）用 16 号铁丝把事先准备好的竹竿（粗 3cm、长 100cm）若干根，从竿中间呈放射状均匀绑扎在距地面 150cm 的树干上，用 10 号铁丝或竹劈将放射状竹竿每个头连接成 1 个圆圈，使其直径为 100cm（图 4.26）。

2）再用粗 3cm、长 65cm 的竹竿小段若干根，用 16 号铁丝一头固定在距地面 190cm 树体的主干上，另一头固定在圆圈周边铁丝上（或竹劈上），形成伞篷骨架，拉出枝条用 21 号铁丝固定在伞篷骨架上。

3）伞篷上面是一伞头，制作成圆球状。具体做法：将树头打掉，剩余部分枝条交叉均匀用 21 号铁丝绑扎成球状即可（图 4.27）。

4）将距地面 150cm 以下的枝条全部剪掉，将以上的枝条全部拉到伞篷骨架上，均匀绑扎，去掉多余的小枝条。

5）绑扎造型完成后，按照造型逐渐修剪出伞形造型（图 4.28）。

图 4.26 圆柏伞篷骨架造型   图 4.27 圆柏伞造型   图 4.28 圆柏伞形独干造型

任务评价 ☞

要求铁丝架造型规范；连接部位绑扎牢固；成品造型美观。具体评价标准如表 4.4 所示。

表 4.4 圆柏伞形独干造型评价标准

序号	制作步骤	评价标准	赋分	备注
1	制作伞篷骨架	铁丝支架造型规范	10 分	
		支架连接部位绑扎牢固	10 分	
2	树冠造型	伞篷顶部伞头圆球形制作符合要求	3 分	
		伞篷枝条绑扎均匀	3 分	
3	修剪	修剪枝条成伞形，成品造型美观	4 分	

巩固训练 ☞

用本任务的造型方法按以下程序制作圆柏层状独干造型。

1）用 16 号铁丝把事先准备好的竹竿小段（3cm 粗、65cm 长）若干根，以每段中间点为中心，呈放射状均匀固定在距地面 50cm 处的主干上绑扎好，再用 10 号铁丝（或竹劈）将放射状竹竿的每个头连接固定围成 1 个圆圈（直径为 65cm），作为第 1 层的骨架，用 21 号铁丝将骨架周围的枝条搭配绑扎在骨架上，将骨架距地面主干上多余的侧枝剪除（图 4.29）。

2）从第 1 层骨架向上 50cm 处，用同样的方法制作出第 2 层骨架，只是第 2 层圆圈的直径比第 1 层小 15cm 左右，以此类推。每层间距相同，每层大小不一样，越向树顶，圈越小。层间距也可由造型者随意定。不一定都是 15cm，圆圈大小也可变化，随树冠大小不一而变（图 4.30）。

3）树的顶端留 40～50cm 的头不动，让树体继续向上生长（图 4.31）。如果去掉树的顶端，则株高将不变。

4）各层造型结束后逐渐修剪形成圆柏层状独干造型（图 4.32）。

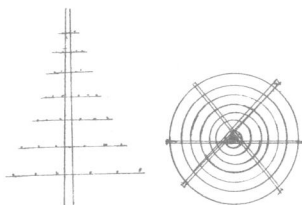

图 4.29 圆柏层状独干造型各层分布   图 4.30 圆柏层状独干造型骨架

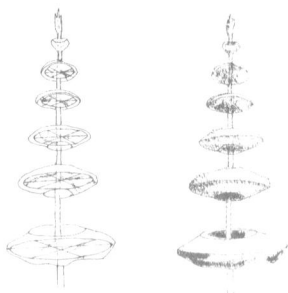

图 4.31　圆柏层状独干造型

图 4.32　圆柏层状独干造型效果

小结

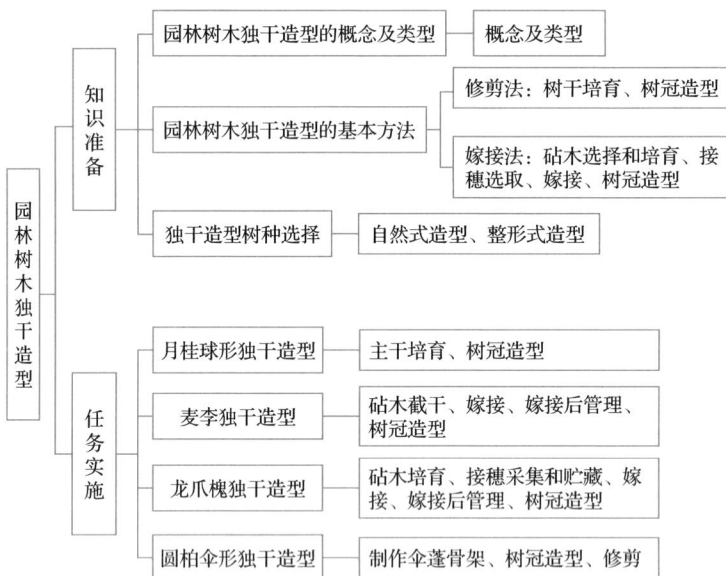

思考练习

一、选择题

1. 园林树木独干造型时通过剪除植物干茎（　　）的枝条，对保留的树冠进行适宜的修剪整形。

　　A．一定高度上　　　B．一定高度下　　　C．随意高度　　　D．1m 高度

2. 培育独干造型树，要从（　　）时进行有目的的定向培育。

　　A．二三年生苗木　　B．十年生苗木　　　C．大苗　　　　　D．小苗

3. 乔木树种的干茎培育时，在秋季或翌年早春移植时，修剪根系，并将树干距地面（　　）cm 处剪断，使其重新萌发。

　　A．2～3　　　　　　B．3～5　　　　　　C．3～4　　　　　D．4～6

4. 嫁接法时在树种的选择上，主要考虑（　　）的关系，在保证嫁接成活的前提下要选择对接穗的生长有促进并能增强接穗的抗性的植物做砧木。

　　　A．砧木与接穗　　　B．苗木年龄　　　C．苗木生长状况　　D．嫁接时间

5．在麦李独干造型中，夏季适当短截枝条的（　　），促进花芽的分化。

　　　A．1/4～1/5　　　　B．1/3～1/2　　　　C．1/2～1/4　　　　D．1/3～1/4

6．龙爪槐独干造型是采用嫁接法培育的（　　）和（　　）的独干造型。

　　　A．观花　观叶　　　B．观叶　观姿态　　C．观叶　观果　　　D．观花　观枝干

7．园林植物独干造型，最基本的造型手法是先（　　），再（　　）。

　　　A．培育砧木　嫁接　　　　　　　　B．嫁接　培育砧木

　　　C．培育母树　扦插　　　　　　　　D．扦插　培育母树

8．在插皮接后的管理中，抹芽在嫁接后（　　）抹去砧木上萌发的芽。

　　　A．半月　　　　　　B．1 周后　　　　　C．1 个月后　　　　D．10 天后

9．圆柏伞形独干造型，伞篷上面是一伞头，制作成（　　）。

　　　A．伞形　　　　　　B．半圆形　　　　　C．圆球状　　　　　D．平面

10．龙爪槐独干造型制作中用的嫁接方法是（　　）。

　　　A．枝接　　　　　　B．芽接　　　　　　C．劈接　　　　　　D．插皮接

二、填空题

1．园林树木独干造型按其观赏效果分为_____、_____、_____。

2．园林树木独干造型按其创造途径分为_____、_____。

3．独干造型植物在树冠造型上可以分为 3 种类型：_____、_____、_____。

4．应用于独干造型植物的嫁接方法有两类：一类是_____，常用的有_____、
_____、_____；另一类是_____，常用的有_____、_____。

5．乔木树种定干的高度较高，一般为_____；灌木树种定干的高度较低，一般
_____。

三、简答题

1．园林树木独干造型中嫁接法的具体操作步骤与方法有哪些？

2．独干造型树种怎样选择？

3．龙爪槐独干造型中具体的嫁接方法有哪些？

4．圆柏伞形独干造型的步骤与方法有哪些？

项目 5　藤本植物框架造型

■ **学习目标** ━━━━━━━━━━━━━━━━━━━━━━━━━━━━━

知识目标 ☞

1. 了解藤本植物的概念和类型。
2. 熟悉藤本植物造型的基本类型。
3. 掌握藤本植物造型材料的选择。
4. 掌握藤本植物造型方法。

能力目标 ☞

1. 能根据藤本植物的特点或环境条件要求，开展藤本植物框架造型设计。
2. 能制作常见的藤本植物框架模型。
3. 能施工、养护、管理和欣赏藤本框架植物。

思政目标 ☞

1. 通过在艰苦条件下的长时间工作，培养不怕脏、不怕累、能吃苦的工作作风。
2. 通过施工方案的编制与实施，培养自主学习、综合分析问题、解决问题的能力和创新意识。
3. 培养管理与协作能力、岗位竞争和就业能力、变通和适应能力、可持续学习潜力及诚信意识。

■ **知识准备** ━━━━━━━━━━━━━━━━━━━━━━━━━━━━━

5.1　藤本植物及其造型的概念和类型

5.1.1　藤本植物的概念和类型

1. 藤本植物的概念

藤本植物是指茎部细长、不能直立、只能依附在其他物体（如树、墙等）或匍匐于地面上生长的一类植物。藤本植物在一生中都需要借助其他物体生长或匍匐于地面，但也有的植物随环境而变。如果有支撑物，它就会成为藤本；如果没有支撑物，它就会长成灌木。绝大部分藤本植物都是有花植物。

2. 藤本植物的类型

1）根据其茎的结构，藤本植物可以分为木质藤本（如葡萄）和草质藤本（如牵牛）。

木质藤本植物的茎为木质化，而草质藤本植物的茎为草本。藤本植物的主要特征是茎不能直立，必须缠绕或攀附他物而向上生长。这类植物往往是园林设计中花架、花格、墙壁的主要景观材料。

2）根据其攀爬的方式，藤本植物可以分为缠绕藤本（如牵牛）、吸附藤本（如常春藤）和卷须藤本（如葡萄）。

缠绕藤本植物需要可供它们缠绕的物体。新生的枝条会在生长过程中缠住支撑物（坚固的柱子和藤架）。这种藤本植物有猕猴桃、茑萝、叶子花、紫藤、南蛇藤、牵牛、忍冬、美洲紫藤、蔓性月季、木香等。在略加牵引扶持下，它们攀爬在各种形状的园林花架、简易棚架及与墙面保持一定距离的垂直支架上，也可适当造型，点缀装饰小游园和庭院等。所有这些藤本植物在一个季节里就会迅速生长。

吸附藤本植物会吸附在实心物体上生长。这些藤本植物会把它们的气根扎进实心墙上最小的缝隙中。它们能够破坏某些种类的墙壁，尤其是老化并开始变得松脆的灰泥黏质的砖墙，但如果墙壁十分结实，则它们也可以安全生长。不要将它们种植在需要经常粉刷的平面上。吸附藤本植物在其他墙壁和稳固的支撑物上长势良好。这种藤本植物包括蔓性八仙花、凌霄、扶芳藤、地锦、络石、薜荔等具有吸盘或气根的藤本植物，沿墙面、石壁攀爬能形成一定的简单造型。这些植物不需要任何支架和牵引材料，栽培管理简单，其绿化高度可高于 6 层楼房，有较好的垂直绿化效果。

卷须藤本植物需要细线、金属丝（如铅丝、钢丝）或窄小的支撑物供其抓握。此类藤本植物有铁线莲、西番莲、葡萄、丝瓜、扁豆、观赏瓜、葫芦等蔓生植物。在铁丝、绳索、枝条的牵引下，它们沿预定方向生长很容易，可以形成绿化墙面或攀缘简易棚架的造型，但不要让它们攀缘到乔木上。这种方式既适合园林绿地造型，也适合盆栽造型，不但简单易行，而且藤本植物生长迅速，容易见效，并可根据喜好每年更换绿化材料。

还有一种特殊的藤本蕨类植物，它们并不依靠茎攀爬，而是依靠不断生长的叶子，逐渐覆盖攀爬到依附物上。

5.1.2　藤本植物造型的概念和类型

1. 藤本植物造型的概念

根据藤本植物及蔓生草本植物的特性，利用吸附、缠绕、牵引等手法将藤本植物固定在事先准备好的框架或构造物之上，形成美丽的垂直景观，这些景观既可架式栽培，又可垂吊观赏，还可制作框架随意造型。例如，让藤蔓缠绕在事先编好的框架或模型上，可以获得各种各样的形状，如建筑造型、动物造型、奇异造型等。

2. 藤本植物造型的类型

（1）棚架式

利用构架布置的藤本植物，已成为园林绿化中的独立景观。例如，在拱门、花架、游廊、瓜果豆棚等棚架下（或旁）种植各种不同的藤本植物，构成繁花似锦、硕果累累的植物景观，既可以赏花观果，又提供了纳凉游憩的场所；既美化了环境，又改善了生态。有些藤本植物可以建成独立景观（如木香），独立种植，用圆形棚架设立柱。

1）门庭、拱门。门庭、拱门属于垂直绿化造型，即用棚架作为植物载体，充分利用空间绿化装饰单位大门、居民门庭等。低层建筑可在屋边种葡萄，天井拉铅丝、绳索或搭竹竿等引导枝蔓，或者利用棚架种瓜、豆之类，形成袖珍型田园风光（图5.1和图5.2）。

图5.1　杭州六和塔门庭紫藤造型

图5.2　私人宅院门藤本月季装饰造型

2）花架、游廊、凉亭。

① 花架。花架属于构架绿化造型，是用刚性材料构成一定形状的格架供攀缘植物攀附的园林设施，可作遮阴休息之用，并可点缀园景。花架设计要了解所配置植物的原产地和生长习性，以创造适宜植物生长的条件和造型的要求。可用藤本月季、忍冬、牵牛等藤本植物来装饰花架（图5.3和图5.4）。

图5.3　水泥花架

图5.4　木制花架

② 游廊。游廊是附在建筑外部盖有顶的敞廊或门廊，主要供游人室外欣赏、休息之用。现代庭院中的观赏游廊不再是传统概念上的游廊，其顶部设计成镂空状，并且常被藤本植物缠满。这样既方便游人观赏，又利于植物生长，通透性极强。常用构作物的材料多为钢构，这样既简洁又能承担藤本植物的负载（图5.5和图5.6）。

图5.5　钢构藤本月季花游廊

图5.6　钢构瓜果游廊

③ 凉亭。将藤本植物制作成直立树干形造型，如葡萄、紫藤等，有独木成林之感（图5.7和图5.8）。

图 5.7　葡萄树干形造型

图 5.8　紫藤树干形造型

3）瓜果豆棚。常见的多为牵牛、茑萝、观赏菜豆等，花叶皆秀，多为一年生，当年春季播种，夏秋季开花，适合造型各异的棚架绿化。棚架绿化由农村瓜棚、豆架演化而来，可谓乡村瓜豆都市开，现已成为装饰景观式绿化的主要形式。瓜果豆棚的造型样式各异，有水平棚架、扇形棚架、倾斜棚架、拱形棚架等（图 5.9～图 5.14）。常用的藤本植物有葡萄、猕猴桃、观赏南瓜等葫芦科和豆科一年生蔓生草本植物。目前常见的有东升南瓜、大吉南瓜、巨型南瓜、红皮南瓜、黄皮南瓜、白皮南瓜、花皮南瓜、佛手南瓜、特长水瓜、青葫芦、宝葫芦、长柄葫芦、奇形葫芦、线瓠子、飞碟瓜、金丝瓜、菜豆、豇豆等。瓜果豆棚可使庭院更为幽静、环境更加自然。夏季烈日当空，人们在瓜果豆棚下纳凉，十分舒适惬意。

图 5.9　简易三角竹支撑豆架

图 5.10　水平绳索网格葫芦棚架

图 5.11　扇形瓜果棚架

图 5.12　倾斜南瓜棚架

图 5.13　直立混合猕猴桃棚架

图 5.14　拱形葡萄棚架

（2）垂直式

现代城市的建筑外观再美也为硬质景观，若配以软质景观藤本植物进行垂直绿化，则既增添绿意、富有生机，又可绿化旧墙面遮陋透新，还可在秋季叶色变化之时供人观赏；在夏季能有效地遮挡阳光的辐射，降低建筑物的温度；又是一种天然保护层，减少围护结构直接受大气的影响，避免表面风化，延长使用年限。藤本植物能与周围环境形成和谐统一的景观，提高城市的绿化覆盖率，美化环境。用藤本植物装饰阳台，可增添许多生机，既能美化楼房，又能把人与自然有机地结合起来。因此，藤本植物有其独特的功能和美化作用，有着愈来愈大的绿化发展空间。

1）实体墙面垂直绿化造型。一般在楼房、平房、围墙下面选择吸附力强的攀缘植物，如爬山虎、凌霄、络石等形成绿墙造型，起到遮阴、覆盖墙面、改善环境的作用，形成苍翠欲滴的绿色屏幕（图 5.15 和图 5.16）。

图 5.15　爬山虎墙面垂直绿化初期　　　　　图 5.16　爬山虎占满墙面效果

2）通透垂直绿化造型。可在天井、晒台等地方设立支架，使攀缘植物沿栅栏、网格、支架生长，形成自己喜欢的造型。应尽量选择耐瘠薄、根系较浅、管理粗放、花期长、美化和绿化效果好的植物，如牵牛、茑萝、凌霄、地锦等（图 5.17 和图 5.18）。

图 5.17　住宅建筑墙外钢构垂直绿化　　　　　图 5.18　背景墙绿化效果

3）屋顶绿化造型。在楼顶平台砌花池栽些浅根性花草，搭建棚架，植几株葡萄、丝瓜、牵牛等藤本植物，既能降低低层温度，又能提供休闲赏景、健身和纳凉的场所。在设计时，应慎重使用能减轻屋顶承重量及便于排水的轻介质土，在屋顶排水畅通不渗漏的情况下，可选用喜光照、根系浅的植物种类，如迎春花、月季、紫藤、紫薇、忍冬、天鹅绒草、高羊毛草等。在屋顶绿化造型中，利用上述植物通过采用盆栽、平铺（做色块）、悬吊等方法进行组合、布局，会取得很好的景观效果（图 5.19 和图 5.20）。

图 5.19　屋顶墙檐垂下藤本月季　　　　　图 5.20　屋顶垂直绿化

4）桥体、桥柱绿化造型。在立交桥两侧设立长方形种植槽或垂挂吊篮，栽植云南黄素馨、地锦、扶芳藤等绿色爬蔓植物，构成桥面绿带和圆形绿柱（图 5.21 和图 5.22）。对车水马龙的城市过街天桥、高架道路进行绿化造型，堪称一道别具一格的风景线。如此，既

改变了天桥景观，增添了街区特色，提高了绿视率，又减轻了空气污染，起到了吸尘、降噪的作用。在城市繁华路段，街区空间狭小，绿化设计宜采用柱体立体绿化、空中垂吊绿化、楼屋檐口垂吊绿化，向空中索要绿化面积。目前北京、上海、广州、成都等一些高架道路已进行成功的立体绿化。

图 5.21　自然生长的葛藤柱

图 5.22　杭州立交桥桥柱绿化

5）陡坡、假山绿化造型。陡坡宜选用根系发达、速生、固着力强的攀缘植物，如葛藤、油麻藤，以起到护坡、保持水土、美化的作用。假山石旁可适当栽植攀缘力强的地锦、凌霄、扶芳藤等吸附类植物和牵牛、紫藤等缠绕类植物，以不影响山石之美为主，增加自然灵气（图 5.23 和图 5.24）。

图 5.23　苏州乐园假山地锦绿化造型

图 5.24　凌霄假山绿化造型

6）阳台绿化。随着城市住宅迅速增加，充分利用阳台空间进行绿化极为必要，它能降温增湿、净化空气、美化环境、丰富生活。由于阳台空间有限，攀缘植物充分发挥了自己的优势，很多植物都是阳台绿化的好材料（图 5.25 和图 5.26）。

图 5.25　阳台内藤架造型

图 5.26　阳台外多层叶子花造型

（3）篱垣式

藤本植物在花园中起着双重作用：一是藤本植物的花朵、叶子或果实会缠绕在栅栏上显得格外引人注意；二是分隔空间或遮挡难看的东西。

1）花篱。利用蔓性花卉可以迅速将其绿化、美化，蔓性花卉可点缀门楣、窗格和围墙。由于草本蔓性花卉的茎十分纤细、花果艳丽，装饰性强，其垂直绿化、美化效果可以超过藤本植物，有时用钢管、木材做骨架，经草本蔓性花卉的攀缘生长，能形成大型动物形象，如长颈鹿、金鱼、大象，或形成太阳伞等。待蔓性花草布满篱、架后，细叶茸茸、繁花点点，甚为生动有趣。花篱适宜设置在儿童活动场所。草本蔓性花卉有牵牛、茑萝、香豌豆、风船葛、小葫芦等，这类花卉质轻，不会将篱、架压歪压倒。攀缘类月季具有较高的观赏性，月季可以构成高大的花篱，也可以被培育成铺天盖地的花屏障，已在园林中应用（图 5.27 和图 5.28）。

图 5.27　铁心莲木格栅花篱

图 5.28　蔓性月季铁艺花篱

2）果篱。利用木本水果植物，经过人工牵引做垂直平面整形，形成扇形和水平形的果篱（图 5.29 和图 5.30）。

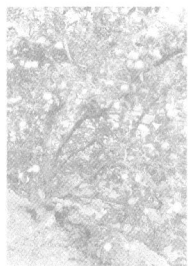

图 5.29　苹果的扇形果篱

图 5.30　苹果的水平形果篱

（4）框架盆栽和桩景

1）框架模型盆栽造型。用藤本植物进行框架造型可以获得各种各样的形状，如几何体造型、动物造型、一些奇异造型等。要创造理想的藤本植物框架造型，需先用金属线编结好要创造的形状，把金属框架固定在栽植有藤本植株的地方，待植株的枝条长出时将枝条按需要的位置绑在金属框架上，结合适当的修剪，使枝条多而紧凑。随着植株的生长，在必要的部位把枝条绑在框架上，剪去徒长枝、枯死枝、病枝等，最好当植株布满整个金属框架或模型上达到所需的造型时再进行操作。框架模型造型要选择那些攀缘性好、枝条柔软、枝叶茂盛的种类，如三叶地锦、山荞麦、南蛇藤、蛇白蔹、葛藤等（图 5.31 和图 5.32）。

图 5.31　框架模具象形造型

图 5.32　简易球体模具造型

2）设立支架盆栽造型。通过设立支架，对一些果树植物进行支撑或改变其树干的弯曲形式（图 5.33 和图 5.34）。

图 5.33　葡萄盆栽造型　　　　　　　　图 5.34　叶子花盆景造型

5.2　藤本植物造型材料选择及常用工具

5.2.1　藤本植物材料

1. 藤本植物材料选择的标准

（1）见效快

攀缘植物生长速度快，许多藤蔓类植物如地锦、常春藤当年生长即可达 2～3m，如果加强管理，则 2～3 年即可获得绿荫满壁、枝繁叶茂的效果。攀缘植物占地面积小，能见缝插绿，只有几十平方厘米或 1m² 的空地就可栽植，易于扩大绿化面积。

（2）造价低

许多藤本植物（如丝瓜、豆角、茑萝等）对土壤、气候的要求并不苛刻，适应性强，耐干旱、耐瘠薄，而且生长迅速，可以当年见效，投资小，造价低，易于管理。

（3）品种耐干旱、耐瘠薄

垂直绿化造型的应用材料品种丰富，凡是藤本植物或攀缘植物都可利用。常见的有中华常春藤、南蛇藤、紫藤、凌霄、地锦、络石、葡萄、蔷薇、木香等品种，它们普遍具有耐贫瘠、速生、常青等特点。

2. 常用的藤本植物材料

（1）常用的常绿、半常绿木质藤本植物

常用的常绿、半常绿木质藤本植物如表 5.1 所示。

表 5.1　常用的常绿、半常绿木质藤本植物

名称	攀缘方式	观赏季节和特色	生长适地	应用
七姊妹 [*Rosa multiflora* 'Grevillei']	依附，攀缘	枝细叶小，花繁果茂	华北、西北、华东、华中	花柱、花门、花亭、花架、花墙
素馨花（*Jasminum grandiflorum* L.）	茎细长，缠绕	花白色，芳香，夜间开；枝干袅娜	西南、华南各地	门厅、池畔、窗前、花架

续表

名称	攀缘方式	观赏季节和特色	生长适地	应用
叶子花（*Bougainvillea spectabilis* Willd.）	蔓生灌木，倒钩刺，攀附	冬春开花，苞片紫红色、黄绿色	广东、广西、台湾、云南、海南	花篱、篱墙
珊瑚藤（*Antigonon leptopus* Hook.et Arn.）	蔓生灌木	夏秋开花，白色	台湾、广州、海南	花架、篱墙
鹰爪花［*Artabotrys hexapetalus* (L.f.) Bhandari］	蔓生灌木	花黄绿色，香，7～11月开	台湾	庭荫树、花篱墙
龙须藤（*Phanera championii* Benth.）	蔓生灌木，缠绕	花白色，8～10月开；果12月熟，紫色	广东、福建、台湾	棚架
油麻藤（*Mucuna sempervirens* Hemsl.）	蔓生大灌木，攀缘	花紫红色，4月开，下垂	西南、华中、华东	棚架、长廊
毛茉莉［*Jasminum multiflorum* (N. L. Burman) Andrews］	蔓生，缠绕	花白色，芳香，夏季开	华南、华中、华东南部地区	花篱、花坛、盆栽
洋常春藤（*Hedera helix* L.）	气根吸附	枝叶繁茂，冬绿，秋花	长江流域以南	攀附建筑物、墙壁垂直绿化
南五味子（*Kadsura longipedunculata* Finet et Gagnep.）	缠绕	花黄色，梗细长，聚群球形，果深红色	华中、华南、西南各地	隐蔽物、篱壁、篱架
络石［*Trachelospermum Jasminoides* (Lindl.) Lem.］	气根攀附	花白色，夏季开，芳香，秋叶可变红	华东、华中、华南	复被地面、墙垣、小型花架
紫花络石（*Trachelospermum axillare* Hook.f.）	气根攀附	花紫色	湖南、湖北、四川、贵州、云南、广东、广西、福建、浙江	攀石、爬树
薜荔（*Ficus pumila* L.）	下部气生根，上部攀缘	隐头花序，果奇特，叶厚、亮绿	江苏、浙江、安徽、江西、湖北、广东、广西、福建、台湾	墙垣、岩石、树上隐蔽
扶芳藤［*Euonymus fortunei* (Turcz.) Hand.-Mazz.］	匍匐，攀缘	假种皮，淡紫色	黄河中下游、长江流域以南	岩石、老树、复被地面、墙垣
忍冬（金银花）（*Lonicera japonica* Thunb.）	藤本	夏季开花，由白变红，清香宜人	广泛分布	绿篱、绿廊、绿亭

（2）常用的落叶木质藤本植物

常用的落叶木质藤本植物如表5.2所示。

表5.2　常用的落叶木质藤本植物

名称	攀缘方式	观赏季节和特色	生长适地	应用
紫藤［*Wisteria sinensis* (Sims) DC.］	缠绕	花5～6月开，芳香，白色、紫色	山东、河南、河北、浙江、江苏、湖北、四川、广东、云南、贵州	花架、绿廊、绿亭、台坡、盆栽、花门
木香花（*Rosa banksiae* Ait.）	依附	花5～6月开，清香，白色	长江流域以南	花架、花棚、花墙、绿门
凌霄［*Campsis grandiflora* (Thunb.) Schum.］	缠绕，气生根	花7～8月开，金黄色、大红色，观赏期长	山东、河南、河北、江苏、江西、湖北、湖南	附老树，石壁，悬崖，墙、垣

续表

名称	攀缘方式	观赏季节和特色	生长适地	应用
地锦［*Parthenocissus tricuspidata*（Siebold & Zucc. Planch.）］	卷须, 气生根, 吸附	花 6~7 月开, 黄绿色; 果 9~10 月熟, 黑色; 秋季叶红	辽宁、河北、山东、陕西、浙江、广东、湖南、湖北	墙面、岩石、花墙、栅栏、壁泉、柱泉、桥梁
葡萄（*Vitis vinifera* L.）	卷须, 缠绕	花 6 月开, 芳香; 果椭圆形, 被白粉, 紫红色、黄绿色	黄河、淮河流域	花架、花廊、庭前、曲径、木架、攀附
北五味子［*Schisandra chinensis*（Turcz.）Baill.］	攀缘	花红色, 5~6 月开; 果 7~8 月熟, 深红色	东北、华北、华中、西南	花架、花廊、庭前、曲径、木架、攀附
木通［*Akebia quinata*（Thunb. ex Houtt.）Decne.］	缠绕	花 4 月开, 紫色, 芳香; 果椭圆形, 被白粉	江苏、河南、山西、湖北、山东	绿亭、绿门、绿架、墙壁、老树干盆栽
串果藤［*Sinofranchetia chinensis*（Franch.）Hemsl.］	缠绕	浆果球形, 蓝色成串下垂	我国特产, 西南、西北、湖北	竹篱、绿亭、绿廊
葛枣猕猴桃（木天蓼）［*Actinidia polygama*（Sieb. et Zucc.）Maxim.］	攀缘	花 6~7 月开, 白色, 芳香; 浆果 9~10 月熟; 叶缘夏季变白色	安徽、湖北、四川、陕西、山东、东北	攀挂墙壁、竹篱、棚架
南蛇藤（*Celastrus orbiculatus* Thunb.）	缠绕, 攀缘	秋色优美, 秋叶橙黄色, 果紫红色	分布广泛, 江南可见	棚架、长廊、墙壁
云实［*Biancaea decapetala*（Roth O.）Deg.］	倒钩刺, 攀缘	花金黄色, 繁茂壮观	淮河, 长江以南	刺篱、护坡、棚架
大血藤［*Sargentodoxa cuneata*（Oliv.）Rehd. et Wils.］	缠绕	花芳香, 果蓝色, 枝叶扶疏	长江流域	凉棚、绿廊
无须藤［*Hosiea sinensis*（Oliv.）Hemsl. et Wils.］	缠绕	核果 8 月熟, 棕红色	湖南、湖北、四川	花架、绿廊
中华猕猴桃（*Actinidia chinensis* Planch.）	攀缘	花 4~5 月开, 黄色; 果 9~10 月熟, 可食	长江流域, 南方各地	花架、棚架、绿廊

（3）常用的蔓生草本植物

常用的蔓生草本植物有牵牛、茑萝、西番莲、香豌豆、风船葛、丝瓜、观赏菜豆、豇豆、观赏南瓜、葫芦、瓠子、绿萝、蔓绿绒。

5.2.2　藤本植物构造材料

过去用杨柳木条、藤条、竹竿、荆笆、籀竹片、花竹片、混凝土等材料作为藤本植物的构造材料。近年来, 为追求造型新颖, 有用钢管等金属构筑材料、防腐木、塑木、铁艺金属材料、钢丝绳索、石材等作为藤本植物构造材料的。这些材料各有优缺点。

1. 竹木材、藤等

竹木材、藤等朴实、自然、价廉、易于加工, 但耐久性差。竹木材、藤限于强度及断面尺寸, 梁柱间距不宜过大（图 5.35 和图 5.36）。

2. 钢筋混凝土

钢筋混凝土可根据设计要求浇灌成各种形状, 也可制作成预制构件, 现场安装, 灵活多样, 经久耐用, 使用最为广泛（图 5.37）。

3. 石材

石材厚实耐用，但运输不便，常用块料作为花架柱。

4. 金属材料

金属材料轻巧易制，构件断面及自重均小，采用时要注意使用地区和选择攀缘植物种类，以免炙伤嫩枝叶，并应经常油漆养护，以防脱漆腐蚀（图 5.38 和图 5.39）。

5. 塑木

塑木是实木与塑料的结合体，它既保持了实木地板的亲和性感觉，又具有良好的防潮耐水、耐酸碱、抑真菌、抗静电、防虫蛀等性能，是新型的复合材料（图 5.40）。

图 5.35　竹制品

图 5.36　藤条制品

图 5.37　钢筋水泥制品

图 5.38　铁艺制品

图 5.39　钢管制品

图 5.40　塑木制品

5.2.3　藤本植物造型常用工具

1）实体造型工具有木作制作工具、泥工制作工具、钢构制作工具等。

2）模型制作工具有修枝剪、铁丝、木桩、竹竿、老虎钳、电焊枪和耗材、木工电钻、小锄头、花盆及栽培基质、耐磨手套等。

5.3　藤本植物造型方法

藤本植物通过人工在光滑的墙面上挂网牵引，或在廊、架、棚上设立支撑架进行缠绕牵引，或根据其不同功能进行修剪，或以均匀为主，或以水平整齐为主，一般不剪蔓，只对下垂枝、弱枝修剪，从而促其生长。

5.3.1 墙体植物造型

墙体植物造型主要利用植物的吸附等特性,采用自然吸附、牵引、挂网、格栅等方法。挂网式立体绿化作为垂直绿化的载体,用来辅助藤蔓植物攀缘,布网的形式和材料可采用多种形式。钢构网格采用三角钢制作框架固定,内网格一般规格按(20cm×30cm)~(5cm×10cm)焊接成方格网,在方格网底部或上方设置种植槽,上吊下爬,效果非常明显(图5.41~图5.48)。

墙面造型植物常有地锦、蛇葡萄、络石、薜荔、常春藤、扶芳藤等。

图 5.41 墙体自然吸附   图 5.42 墙体网格牵引   图 5.43 墙体直接牵引

图 5.44 墙外绳索牵引   图 5.45 墙体网格高挂   图 5.46 立柱网格牵引

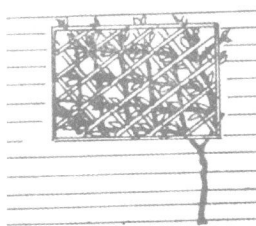

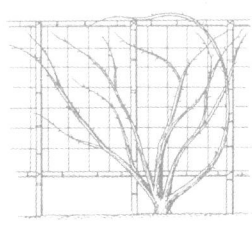

图 5.47 墙外钢构网格   图 5.48 植物幕墙

5.3.2 柱状物体植物造型

如水泥柱、桥梁柱等物体,根据藤本植物的缠绕、攀缘等特性,采用自然缠绕、挂网牵引等方法。

1. 立柱式立体绿化造型

施工时,在垂直柱上用钢筋围绕柱体面制成格网,将植物栽植在柱下的土壤中,让植物顺着柱体格网往上攀缘。经2~3年就可形成高架立柱式立体绿化造型(图5.49)。

2. 家庭式立柱式美化造型

家庭式立柱式美化造型主要是一些藤本观叶植物，如绿萝、合果芋、喜林芋、龟背竹等的造型（图5.50）。

图5.49　高架立柱式立体绿化造型

图5.50　家庭式立柱式美化造型

（1）材料准备

1）植物材料。在盆中扦插或种植需要的植物材料3～5株，呈圆形等距种植。

2）立柱材料。制作一根立柱，材料可选取PVC（polyvinyl chloride，聚氯乙烯）塑料管（口径75～100mm），高度根据需要确定。其他立柱材料如木棍、金属丝网、金属柱等。

3）附属材料。立柱包裹的棕皮、遮阳网、松毛、无纺布、窗纱布棉絮等，以及缠绕的金属丝或塑料绳等。

（2）制作立柱

将包裹材料附属在立柱上用金属丝等绑扎缠牢，插入盆中央。

（3）养护植物

做好水、肥、温、光、病虫害等日常管理和牵引工作。

5.3.3　棚架绿化造型

棚架包括花架、门柱、游廊、凉亭、瓜果棚架等，这类构件本身要牢固、美观。根据藤本植物的缠绕、卷须、攀缘等特性主要采用的是牵引法（图5.51～图5.53）。

图5.51　藤本月季缠绕钢构

图5.52　紫藤自然缠绕

图5.53　凌霄牵引

棚架造型植物常有木香、云实、紫藤、葡萄、猕猴桃、藤本月季、蔷薇、凌霄、叶子花、使君子、油麻藤、木通。

棚架可以认为是建筑物和绿化植物的一体化，因其作用主要是承载藤本植物，当植物长得茂盛繁密时，它们往往会被遮挡，所以设计时不必过分强调其细部的做法，而应着重考虑植物长满后的整体景观效果及与周边景物的空间层次关系。花架制作多用混凝土、竹木、金属构件等材料（图5.54）。

1. 花架的作用

花架有两个方面的作用：一方面供人歇足休息、欣赏风景；另一方面创造攀缘植物生长的条件。因此，可以说花架是最接近自然的园林小品。一组花钵，一座攀缘棚架，一片供植物攀附的花格墙，一个用花架板作出挑的口，甚至是沿高层建筑的屋顶花园，餐厅、舞池的葡萄天棚，往往物简而意深，起到画龙点睛的作用，创造室内与室外，建筑与自然相互渗透、浑然一体的效果。

图 5.54　葡萄花架

2. 花架的设计要点

花架体型不宜太大。太大不易做得轻巧，太高不易荫蔽而显空旷，尽量接近自然。花架的四周一般较为通透，除了做支承的墙、柱，没有围墙门窗。花架的上下（铺地和檐口）两个平面也并不一定要对称和相似，可以自由伸缩交叉，使花架置身于园林之内，融汇于自然之中，不受阻隔。

根据攀缘植物的特点、环境来构思花架的形体；根据攀缘植物的生物学特性来设计花架的构造、材料等。

一般情况下，一个花架配置一种攀缘植物，也可配置 2~3 种相互补充的植物。各种攀缘植物的观赏价值和生长要求不尽相同，设计花架前要有所了解。

1）紫藤花架。紫藤枝粗叶茂，老态龙钟，尤宜观赏。设计紫藤花架时，要采用能负荷的永久性材料，显现古朴、简练的造型。

2）葡萄架。葡萄浆果有许多耐人深思的寓言、童话，似可作为构思参考。种植葡萄时，要求有充分的通风、光照条件，还要翻藤修剪，因此要考虑合理的种植间距（图 5.54）。

3）猕猴桃。猕猴桃属有 30 余种为野生藤本果树，广泛生长于长江流域以南林中、灌丛、路边，枝叶左旋攀缘而上。设计此花架板，最好是双向的，或者在单向花架板上再放临时石竹，以适应猕猴桃只旋而无吸盘的特点。整体造型，纤细现代不如粗犷乡土为宜。

4）对于茎干草质的攀缘植物，如葫芦、茑萝、牵牛等，往往要借助牵绳而上，因此，种植池要近；在花架柱梁板之间也要有支撑、固定，方可爬满全棚。

3. 花架的类型及形式

（1）花架的类型

1）双柱花架。双柱花架好似以攀缘植物作为顶的休憩廊。值得注意的是，供植物攀缘的花架板，其平面排列可等距（一般每 50cm 左右），也可不等距，板间嵌入花架砧，取得光影和虚实变化；其立面也不一定是直线的，可为曲线、折线，甚至由顶面延伸至两侧地面，如"滚地龙"一般。

2）单柱花架。当花架宽度缩小，两柱接近而成一柱时，花架板变成中部支承两端外悬。为了整体的稳定和美观，单柱花架在平面上宜做成曲线型、折线型。

（2）花架的形式

1）廊式花架。廊式花架为最常见的形式，片板支承于左右梁柱上，游人可入内休息（图 5.55）。

2）片式花架。片板嵌固于单向梁柱上，两边或一面悬挑，形体轻盈活泼（图5.56）。

3）独立式花架。以各种材料作为空格，构成墙垣、花瓶、伞亭等形状，用藤本植物缠绕成型，供观赏用（图5.57）。

图 5.55　廊式花架　　　　　图 5.56　片式花架　　　　　图 5.57　独立式花架

5.3.4　篱垣式框架造型

篱垣为分隔空间和作为围墙之用，主要采用编织、格栅、牵引等手法（图5.58～图5.60）。

图 5.58　编织造型　　　　　图 5.59　格栅造型　　　　　图 5.60　牵引造型

5.3.5　模具框架造型

植物模具框架造型是让植物随设计者的意愿生长的一种方法和框架造型技术，其方法主要是用金属编结或焊接成"动物、人物、汉字、实体构造物"等框架，然后在框架的底部种植藤本植物，让藤本植物在框架内或框架上生长，当植物长满框架后再进行修剪（视植物生长情况决定修剪的次数），使其永远保持所设计的形状的造型方法。此类造型方法适宜制作中小型盆栽植物，方法简便易行（图5.61和图5.62）。

图 5.61　蜗牛框架造型　　　　　　　　图 5.62　常春藤金属框架造型

5.3.6　悬挂造型

悬挂造型是利用藤蔓植物自然下垂的特性，将藤蔓植物挂附在格栅、墙体等上，或者将藤蔓植物悬吊在空中的造型方法（图5.63和图5.64）。

图 5.63　花叶常春藤格栅挂靠

图 5.64　常春藤空中吊挂

5.3.7　藤本植物盆景造型

许多藤本植物也和其他木本植物一样可以进行盆景植物造型（图 5.65 和图 5.66）。

图 5.65　造型叶子花

图 5.66　造型葡萄

5.3.8　藤木类修剪造型

在自然风景中，对藤本植物很少加以修剪管理，但在一般的园林绿地造型中则有以下几种处理方式。

1. 棚架式

对于卷须类及缠绕类藤本植物多用棚架式进行修剪与整形（图 5.67）。剪整时，应在近地面处重剪，使发生数条强壮主蔓，然后垂直诱引主蔓至棚架的顶部，并使侧蔓均匀地分布架上，则可很快地成为荫棚。除隔数年将病枝、老枝或过密枝疏剪外，一般不必每年剪整。

2. 游廊式

游廊式常用于卷须类及缠绕类植物，偶尔用于吸附类植物（图 5.68）。因为凉廊有侧方格架，所以勿过早将主蔓诱引至廊顶，否则容易形成侧面空虚。

图 5.67　棚架式造型修剪

图 5.68　游廊式造型修剪

3. 篱垣式

篱垣式多用于卷须类及缠绕类植物。将侧蔓进行水平诱引后，每年对侧枝施行短剪，形成整齐的篱垣式（图 5.69）。篱垣式可分为水平篱垣式和垂直篱垣式。水平篱垣式适于形成长而较低矮的篱垣，又可依其水平分段层次之多而分为二段式、三段式等。垂直篱垣式适于形成距离短而较高的篱垣。

4. 附壁式

附壁式多用吸附类植物为材料，只需将藤蔓引于墙面即可自行靠吸盘或吸附根而逐渐布满墙面（图 5.70）。例如，地锦、凌霄、扶芳藤、常春藤等均用此法。此外，在某些庭园中，有在壁前 20～50cm 处设立格架，在架前栽植植物的。例如，蔓性蔷薇等开花繁茂的种类多在建筑物的墙面前采用本法。修剪时应注意使壁面基部全部覆盖，各蔓枝在壁面上应分布均匀，勿使相互重叠交错。在本式修剪与整形中，最易出现的问题为基部空虚，不能维持基部枝条长期茂密。对此，可配合轻、重剪及曲枝诱引等综合措施，并加强栽培管理工作。

5. 直立式

对于一些茎蔓粗壮的种类，如紫藤等，可以修剪整形成直立式（图 5.71）。此式如果用于公园道路旁或草坪上，则可以收到良好的效果。

图 5.69　篱垣式造型修剪　　　　　图 5.70　附壁式造型修剪　　　　　图 5.71　直立式造型修剪

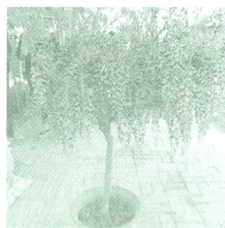

综上所述，对生长于棚架的藤木，落叶后应疏剪过密枝条，清除枯死枝，使枝条均匀分布架面。对成年和老年藤木，应常疏枝，并适当进行回缩修剪。对吸附类藤木，应在生长季剪去未能吸附墙体而下垂的枝条，未完全覆盖的植物应短截空隙周围枝条，以便发生副梢，填补空缺。对钩刺类藤木，可按灌木修剪方法疏枝；生长到一定程度，树势衰弱时，应进行回缩修剪，强壮树势。需要注意，园林树木修剪时，落叶树一般不留橛，针叶树应留 1～2cm 长的橛。修剪的剪口必须平滑，不得劈裂，并注意留芽的方位。直径超过 4cm 以上的剪锯口，应用刀削平，涂抹防腐剂促进伤口愈合。锯除大树杈时应注意保护皮脊。

■ **任务实施** ■

任务 5.1　常春藤金属框架球体造型

常春藤是一种枝条柔韧且用途广泛的植物，因此经常被用作装饰材料，通过引导生长和修剪，可以塑造出各种各样极具动感、艺术性强的造型。制作时，金属球体、造型植物与花盆三者之间要匹配；2 个金属球体固定结实、美观；枝叶均匀包围框架。

任务描述 ☞

根据任务要求，利用金属丝搭架造型，首先要选择适宜的金属丝型号，以利于金属球体的编织及有一定的强度。其次要选择适宜的植物，枝条要既柔软又有韧性。使用木质藤本植物，造型容易，可充分利用攀缘植物的攀缘性，通过整形缠绕，造型出目标植物几何形体，并且具有造型速度快、形体随意的特点。本任务选择常绿藤本植物常春藤，其生长速度快、萌芽力强、耐修剪，是进行金属框架球体造型的理想植物。经 1 年半左右时间的生长，常春藤将全部覆盖 2 个球体，形成预期造型植物。

任务目标 ☞

1. 能够根据球体造型的需要，选出最适合的常春藤植物。
2. 根据植物和造景的需要，可以选择合适的金属丝型号及需要的长度。
3. 能够将做好的骨架造型牢固地固定在容器上。
4. 根据常春藤植物的实际情况，以最佳的形式将其缠绕在造型上。

植物材料 ☞

生长健壮、枝叶繁茂、长约 2m 的常春藤 3～5 株。

造型用具与备品 ☞

修枝剪、金属丝（12～22 号）、木桩、竹竿、老虎钳、电钻、小锄头、花盆及栽培基质、耐磨手套等。

任务操作步骤与方法 ☞

首先根据目标球体大小，利用金属丝编织 2 个球体，并层叠固定好待用；其次根据球体大小选择适宜的花盆，并按照常春藤生长习性的要求，配置好基质待用。在此基础上，按照以下操作步骤依次进行。

1）晚冬时期，在花盆中填入栽培基质，直到离盆口约 2cm 处，然后将编织好的金属框架暂时放入花盆的指定位置，并标记出常春藤的种植点（注意种植点分布要均匀）。

2）移开金属框架，在种植点处种植常春藤，然后将金属框架放回原处并加以固定 [图 5.72（a）]。

3）将常春藤的短枝条分散牵引并绑在框架上，使枝条均匀围绕基部。剪短那些叶片稀疏的长枝，进行修剪以使之生长紧凑。

4）当常春藤伸长时，适时将它们绑在下部大球上，以均匀覆盖大球表面。

5）当常春藤植株足够大时，选择 3～4 条茎干整形，使植株向上生长到上部球体上，并且将枝条均匀地绑在框架上，同时剪掉其他茎干 [图 5.72（b）]。

6）随着植株的生长，定期剪去徒长的枝条及枯死的叶片以保持造型 [图 5.72（c）]。

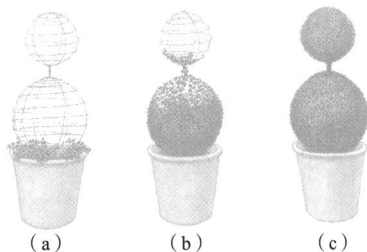

（a）　　（b）　　（c）

图 5.72　常春藤金属框架球体造型示意图

任务评价 ☞

选择适合进行金属框架球体造型的常春藤盆栽、工具及金属框架球体造型所需要的材料，要求在规定时间内完成一盆常春藤金属框架球体造型。具体评价标准如表 5.3 所示。

表 5.3　常春藤金属框架球体造型评价标准

序号	制作步骤	评价标准	赋分	备注
1	植物材料的选择	植株的株型大小合适	5 分	
		植株长枝条的数量符合要求	5 分	
2	造型材料、工具的选择	选择的造景工具正确	4 分	
		金属丝的型号、长度符合要求	4 分	
3	造景骨架的制作	造景骨架的大小与常春藤盆栽比例和谐	4 分	
		球形骨架饱满匀称	4 分	
		骨架绑扎牢固、接头整齐安全	4 分	
4	造景骨架的固定	骨架固定牢固稳定	4 分	
		骨架固定直立，没有倾斜等不良现象	4 分	
5	植物材料的缠绕	牵引、绑扎正确	4 分	
		基本形成造型雏形	4 分	
6	场地的清理	工具材料收纳整理	2 分	
		实训场地干净整洁	2 分	

巩固训练 ☞

选择当地适宜的藤本植物制作金属框架的几何体造型或象形造型。
1）讨论创意、设计作品。
2）利用园艺金属丝（铅丝、铝丝、铜丝皆可）制作设计作品框架。
3）选择适宜的藤本植物及容器。
4）安置造型框架、基质，栽植藤本植物。
5）牵引、绑扎藤本植物，基本形成造型雏形。
6）日常养护与管理。

任务 5.2　猕猴桃一干两蔓水平棚架造型

猕猴桃又称奇异果，为雌雄异株的大型落叶木质藤本植物。猕猴桃的藤蔓缠绕盘曲，枝叶浓密，花美且芳香，适用于花架、庭廊、护栏、墙垣等的垂直绿化。

任务描述 ☞

棚架是园林中应用比较广泛的景观小品，为了赋予棚架生机且起到棚架下乘凉的作用，在棚架周围栽植藤本植物，使其缠绕或攀缘在棚架上，让人们不仅能欣赏到或枝繁叶茂或繁花似锦或硕果累累的美丽景观，而且很多藤本植物结出的果实还美味可口，因此棚架造型也是私家庭院中被人们喜爱的庭院小品。根据任务要求，用支柱和钢筋先搭出水平棚架，选择单干和双干的猕猴桃苗木，通过牵引、绑扎等技术措施，经 2～3 年时间培育制作出单干的和双干的猕猴桃水平棚架造型。

任务目标 ☞

1. 能够按照棚架的高度根据猕猴桃苗木的生长特性进行牵引、绑扎。
2. 根据棚架造型的造景的需要，选择合适的修剪工具。
3. 根据猕猴桃水平棚架造型的需要，选择合适的造型方法和整形修剪措施。

植物材料 ☞

猕猴桃苗木。

造型用具与备品 ☞

普通修枝剪、手锯、高枝剪、金属丝、支柱、钢筋等。

任务操作步骤与方法 ☞

1. 搭设水平棚架

根据设计的棚架高度和样式，用支柱和钢筋、金属丝等搭设水平棚架。

2. 猕猴桃一干两蔓水平棚架造型步骤

第 1 步：培养主干。将猕猴桃苗木栽植在棚架下面，株距为 2m，苗木定植以后，在植株旁边插一根细竹竿，从发出的新梢中选择一个最强壮的枝条作为主干。将选为主干的枝条用细绳固定在竹竿上，引导新梢直立生长，每隔 30cm 左右用细绳固定一次，以免新梢被风吹劈裂。在引导主干新梢直立生长时，不能让主干新梢缠绕竹竿生长，如果发现之前选定的强壮枝梢长势变弱或者缠绕竹竿生长，则要小心地解开后进行摘心，以促发二次枝，培养强壮的主干。其他的新梢保留 2~3 片叶摘心，作为辅养枝。待幼树主干直立生长，超过水平架面 20cm 后，在架下约 30cm 处剪截。分枝点低于棚架有利于主干再长出的 2 个主蔓交叉反方向牵引绑蔓（图 5.73）。

如果第 1 年主干生长没有达到棚架高度，则冬季修剪时将主干枝剪留 3~4 个饱满芽，第 2 年春季从萌发的新梢中选择一个长势最强的旺枝作为主干再培养，其余新梢疏除。对于嫁接口以下砧木上萌发出来的萌蘖枝，一定要及时去掉，6、7 月易发生徒长枝，一定要勤检查，尽早剪除。

第 2 步：培养主蔓。主干剪口下长出侧枝后，选留 2 根强旺的新梢作为主蔓。主蔓长到一定高度后，反向交叉后绑缚上架，并分别沿水平棚架铁丝朝 2 个方向延长生长（图 5.74）。

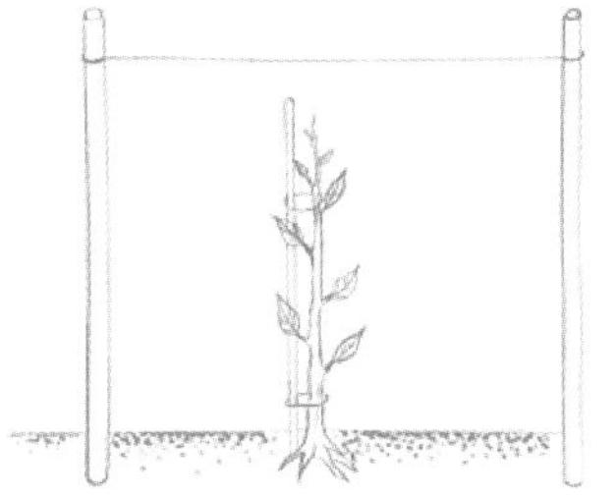

图 5.73　培养主干

图 5.74　培养主蔓

第 3 步：主蔓上架。主蔓上架后，间隔一段距离使其缠绕中间铁丝一次，可以促进主蔓中下部的侧枝萌发，避免形成光腿枝。因为在每个缠绕打弯处会形成一个顶端优势，生长素在这里积累，促进了主蔓芽体萌发。

第 4 步：主蔓延长。将 2 个主蔓在架面上长出的二次枝全部保留，冬季修剪时，留下主蔓及其他枝条上的饱满芽，其余的剪除。

次年春季，架面上会发出很多新梢，这时选择一个最强旺的枝作为主蔓的延长枝，沿棚架中心铁丝继续向前延伸。当选择的主蔓延伸枝尖端开始相互缠绕时，进行摘心，以积累营养促进主蔓健壮。之后在生长健壮的主蔓上逐渐配备适宜数量二次枝，将其生长培育为结果母枝，每个结果母枝间距约 30cm，与主蔓呈垂直方向绑缚到水平棚架的铁丝上面，使其整齐有序地铺满整个架面（图 5.75）。

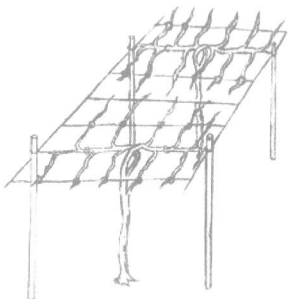

图 5.75　主蔓延长

经过以上 4 步，猕猴桃幼树标准的一干两蔓树体结构就基本完成了。培养标准树形整个过程需要 2～3 年，以扩展树形和培养健壮的主干主蔓为目的，前两年要注意抹除花蕾，避免挂果。这样培育的一干两蔓树体结构的成年猕猴桃树，2 个枝蔓上的二次枝在棚架上排列整齐有序，不留空白区域，实现最大化利用空间的目的。

任务评价 ☞

要求棚架造型美观，枝蔓牵引绑缚正确。具体评价标准如表 5.4 所示。

表 5.4　猕猴桃一干两蔓水平棚架造型评价标准

序号	制作步骤	评价标准	赋分	备注
1	搭设水平棚架	棚架设计美观	5 分	
		支柱固定牢固稳定	5 分	
2	培养主干	猕猴桃苗木定植方法正确	5 分	
		定植后主干培养方法正确	5 分	
3	培养主蔓	截干位置正确	5 分	
		主蔓选留合适	5 分	
4	主蔓上架	两主蔓交叉上架绑缚正确	5 分	
		两主蔓在棚架上反方向缠绕延伸牵引、绑缚正确	5 分	
5	主蔓延长	主蔓在棚架上延长生长适时摘心	5 分	
		主蔓在棚架上延长生长生出的二次枝与主蔓垂直绑缚正确	5 分	

巩固训练 ☞

选择当地适宜的藤本植物制作棚架或篱垣造型。

1）讨论创意、设计作品。

2）根据所选藤本植物的生物学特性选择适宜的造型形式。

3）根据所选造型形式选择木质材料、不锈钢材料等制作搭建棚架或篱垣。

4）牵引、绑扎、修剪藤本植物，完成藤本植物造型作品。

5）日常养护与管理。

小结

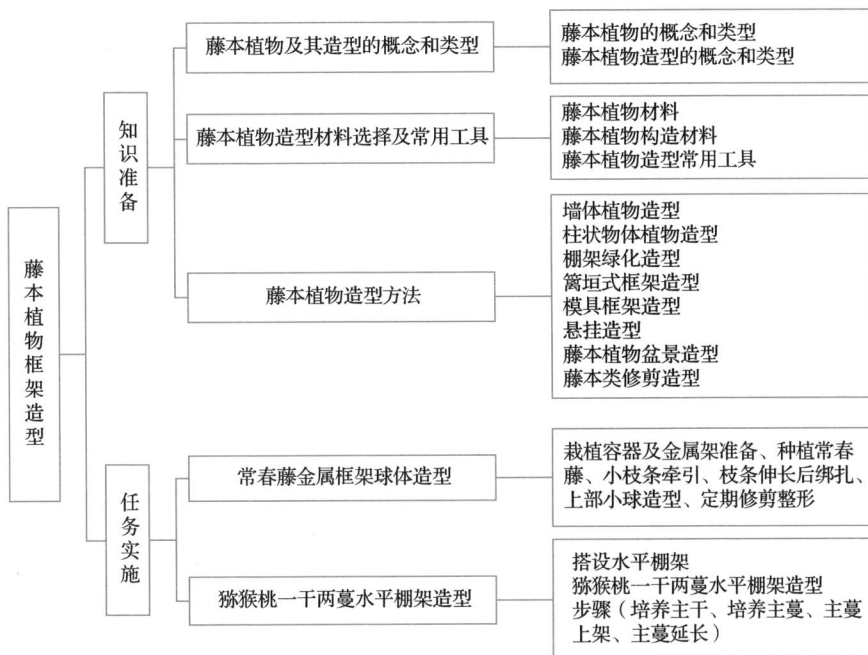

思考练习

一、选择题

1. 常春藤球体造型的种植点，注意（　　）。
　A. 分布要均匀　　B. 要在盆中心　　C. 要在盆的一侧　　D. 要在盆的四周

2. 猕猴桃最旺盛的一条枝梢固定到竹竿上面，每隔（　　）cm 左右固定一次。
　A. 10　　　　　B. 20　　　　　C. 30　　　　　D. 40

3. 在常春藤球体造型过程中，当其枝条伸长时，适时将它们绑在（　　）大球上，以均匀覆盖大球表面。
　A. 上部　　　　B. 下部　　　　C. 中部　　　　D. 上、中、下部

4. 猕猴桃摘心后，以促发二次枝，培养强壮的主干。其他的新梢保留（　　）片叶摘心，作为辅养枝。
　A. 2～3　　　　B. 5～7　　　　C. 3～5　　　　D. 2～7

5. 在常春藤球体造型枝条固定时，剪短那些叶片稀疏的（　　），修剪以使之生长（　　）。
　A. 短枝　紧凑　　B. 长枝　稀疏　　C. 长枝　紧凑　　D. 短枝　稀疏

6. 当常春藤球体造型时，植株足够大后，可选择（　　）条茎干整形。
　A. 1～2　　　　B. 3～4　　　　C. 1～3　　　　D. 4～5

二、填空题

1. _____时期，在花盆中填入_____，直到离盆口约_____处，然后将编织好

的_____暂时放入花盆的_____位置，并标记出常春藤的_____。

2．将猕猴桃栽植在棚架下面，株距为_____m。

3．移开_____，在_____处种植常春藤，然后将_____放回原处并加以固定。

4．猕猴桃冬季修剪时将主干枝剪留_____个饱满芽，第 2 年春季从萌发的新梢中选择一个长势最强的旺枝作为_____再培养，其余新梢_____。

5．将常春藤的短枝条_____并绑在框架上，使枝条均匀围绕_____。随着植株的生长，定期剪去_____的枝条及_____的叶片以保持造型。

6．经过 4 个步骤的造型修剪，猕猴桃幼树标准的_____树体结构就基本完成了。

三、简答题

1．何谓藤本植物？藤本植物有哪些类型？

2．藤本植物造型如何分类？

3．藤本植物造型方法有哪些？

4．简述常春藤球体造型的上盆方法。

5．简述常春藤球体造型的枝条的绑扎方法。

6．简述猕猴桃一干两蔓水平棚架造型的步骤。

项目 6　树木盆景造型

学习目标

知识目标 ☞

1. 了解树木盆景的概念和类型。
2. 熟悉盆景树体结构及盆钵和几架的类型。
3. 鉴别树木盆景的形式和流派。
4. 熟悉树木盆景制作的流程，掌握树木盆景制作的基本技艺。

能力目标 ☞

1. 能根据盆景美学原理和树种材料的特性设计相应的树木盆景形式。
2. 能依据树木盆景制作方法进行直干式、斜干式、卧干式、曲干式、悬崖式等树木盆景制作。

思政目标 ☞

1. 培养独立查找资料、钻研设计、创新的能力。
2. 增强吃苦耐劳、团队协作的精神。

知识准备

6.1　树木盆景相关知识

6.1.1　树木盆景的概念

盆景是在我国盆栽、石玩的基础上发展起来的以树、石为基本材料在盆内表现自然景观并借以表达作者思想感情的艺术品。盆景分为树木盆景、山水盆景和树石盆景 3 类。

树木盆景是以木本植物为主要造型材料，通过盘扎、修剪、整形等技艺加工和园艺栽培技术而形成的一类盆景。由于树木盆景常常取材自山野挖掘的树木根桩，故习惯上又称其为树桩盆景。树木、盆钵和几架是构成树木盆景艺术品的 3 个要素。按树桩的高矮（其中悬崖式按枝干的伸展长度）可分为特大型盆景（150cm 以上）、大型盆景（80～150cm）、中型盆景（40～79cm）、小型盆景（10～39cm）和微型盆景（10cm 以下）。此外，树木盆景还有自然型、规则型、象形型之分。

山水盆景是采用各类山石，按审美要求，通过锯截、雕凿、腐蚀、拼接和胶合等艺术加工，配以植物、配件等景物，布置于浅盆中的一种盆景。

树石盆景是采用树植石上，石置盆内，以树为主，以石为宾，树附石而生，树有姿，石有势，树石交融浑然一体的盆景艺术品。

6.1.2　盆景树体结构

树木盆景的树体通常包括以下部分（图6.1）。

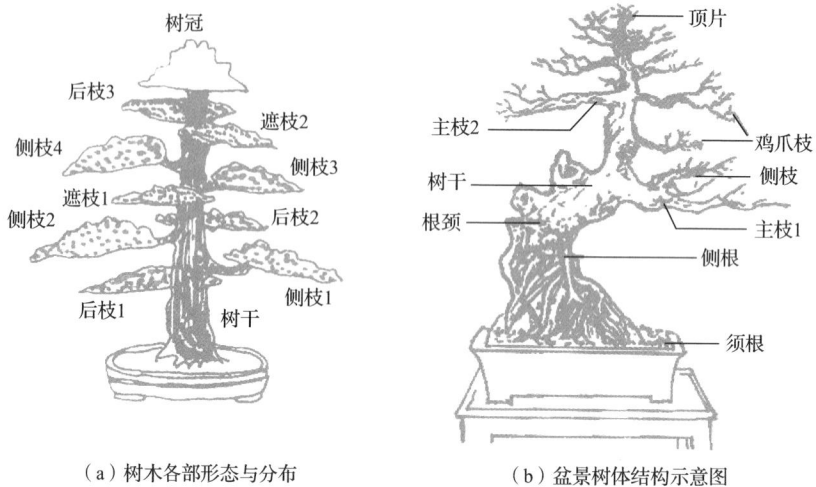

（a）树木各部形态与分布　　　　　（b）盆景树体结构示意图

图6.1　树木各部形态与分布及盆景树体结构示意图

1）树干：从根颈到第一主枝间的主体部分，又名树身，是树木造型拿弯的第1步。

2）主枝：树干上长出的粗壮部分，由下而上可分为第一主枝（主枝1）、第二主枝（主枝2）等，在盆景造型中也称第一主侧枝、第二主侧枝等。

3）侧枝：主侧枝上长出的枝条，由内向外依次可分为第一侧枝（侧枝1）、第二侧枝（侧枝2）等；也可以按枝龄分为一级侧枝、二级侧枝等。级次越多，桩头养护年代越久，功夫越到家。每一侧枝形成一个片层。

4）鸡爪枝：枝片顶部形似鸡爪的年幼而多的细小枝条，它是对枝条长期短截的结果。

5）枝片：主枝、侧枝、鸡爪枝、叶片的总称。在概念上，枝片包括叶片，两者有范围上的区别。

6）顶片：桩景顶部的枝片，一般自然式的桩景顶片则不明显。

7）树冠：树干分枝以上的所有枝叶，不能只将桩景顶部称为树冠。

8）根颈：树干和树根的结合部位，盆景材料要求根颈部粗壮。

9）侧根：根颈下部长出的粗根群，并形成根盘，连同根颈部分称为隆基。盆景中的提根主要指侧根，以供观赏。

10）须根：生长在侧根上吸收养分的细根群。须根化是桩景盆栽的效应之一，在换盆时可见到须根团，修剪时要多留须根。

6.1.3　盆钵

盆钵是盆景的容器，对于盆景而言，它既有实用价值，又有艺术价值，有"一树、二盆、三几架"的提法。底部有排水孔的为桩景盆，底部无排水孔的为山水盆。盆钵的形状各异，各有称谓（图6.2）。

六方弓盆　　　四方抽角盆　　　花园斗盆　　　花园冲盆

泡菜盆　　　四方抚角直口盆　　　四方下抽角盆　　　古凳式盆

鼎式双线直圆盆　　　斗式折线盆　　　双腰双线盆　　　米囤型盆

长方直口盆　　　海棠腰圆盆　　　长飘口凸奎盆　　　长方飘口盆

斗腰线盆　　　胖肚盆　　　腰圆浅盆

图 6.2　盆钵的名称

盆钵按制作材料可分为以下几种。

1）紫砂盆：产于江苏宜兴，质细、坚韧、古朴、透性好，品种多样，有圆、方、六角、八角、椭圆、菱形、腰圆、扇形、鼓形、鼎形等（图 6.3），多用于桩景制作。

2）陶釉盆：产于广东石湾，颜色各异，形状多样，素雅大方，质地疏松，多用于桩景、山水盆景。

3）瓷盆：产于江西景德镇、河北唐山、山东博山等，细腻、坚硬、透性差，多用作套盆。

4）水泥盆：全国各地均有，以白水泥为宜，可先用木料或泥巴做成盆内模型，用白水泥 1 份、河沙 3 份，掺 1 份长石粉，用水调匀可制，价廉、坚实、耐用，多用于大型山水盆景。

图 6.3　各种形状的紫砂盆

5）凿石盆：产于云南大理、山东青岛、河北易县等，采用汉白玉、大理石、花岗岩等石料雕刻而成，坚实、高雅、不透水，宜做山水浅盆。

6）云盆：产于桂林等地，为天然石盆，富于自然美，用于桩景制作。

7）泥瓦盆：粗糙、透性极好，适于养树杯。

8）塑料盆：产于各个城市，用塑料制成，色彩多样，形状各异，不透水，易老化，宜做桩景。

9）竹木盆：产于江西等地，以竹木为原料稍加工而成，朴素无华、自然，用于桩景或挂壁盆景。

6.1.4　几架

几架又称几座，是用来陈设盆子的架子，是盆景艺术的整体之一。几架按材料可分为木质几架、竹质几架、陶瓷几架、水泥几架、其他几架等。

1. 木质几架

木质几架用高级硬质木材制成，做工精细，常用的木料有红木、楠木、紫檀木、枣木等。木质几架有明式、清式之分，明式几架色调凝重，结构简练，造型古雅；清式几架结构精巧，线条复杂，多用雕线刻花。从陈设方式看，有落地式和桌案式两类，落地式几架有方桌、圆桌、长桌、琴几、茶几、高几；桌案式几架有方形几架、圆形几架、海棠形几架、多边形几架、书卷形几架（图 6.4）。

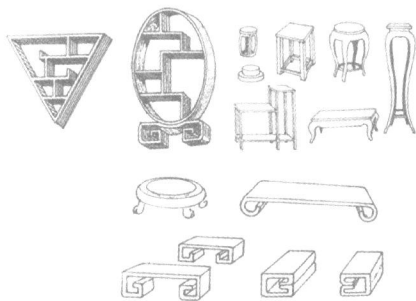

图 6.4　常见几架

2. 竹质几架

竹质几架用斑竹或紫竹制成，结构简单，自然素朴，均用于室内陈设盆景。

3. 陶瓷几架

陶瓷几架用陶土烧制而成，落地式多为鼓状或圆管状；桌案式多为不规则形状，较小。

4. 水泥几架

水泥几架用高标号水泥制成，均用于室外陈设，放置大型盆景，多见于盆景园内，如与建筑连成一体。

5. 其他几架

其他几架有用钢筋制成的博古架和用角铁制成的落地几架，还有用松杉枝干做成的落地几架。

6.1.5　树木盆景的类型

树木盆景根据所用的植物材料的种类，按照观赏特性的差异，分为松柏类盆景、杂木类盆景、叶木类盆景、花木类盆景、果木类盆景、蔓木类盆景 6 类。

1. 松柏类盆景

松柏类盆景是以裸子植物松柏类树种为材料，进行培育造型而形成的。这类盆景的特点是姿态古雅苍劲，朴拙奇特，叶如针刺，耐旱耐寒，寿命较长。造型手法是师法自然，或独木挺拔，或双木结对，三五成丛，往往采用"参天覆地""高下参差"的高干式大树型。松柏类盆景采用扭筋换骨，枯峰露顶，以表现其古拙奇态。松柏类盆景材料丰富，常用的有五针松、黑松、白皮松、黄山松、金钱松、龙柏、桧柏、铺地柏、真柏、罗汉柏、矮紫杉等树种。若培养得法，珍惜爱护，则生存可达数十年，乃至百年以上，愈老愈奇，观赏价值也愈高。

2. 杂木类盆景

杂木类盆景是以阔叶树种为材料，取姿态奇特古雅、枝叶挺秀、寿命长且适应性强者，经过精心培育，加工造型而形成的一类盆景。杂木类盆景往往从山野采掘野生树桩，养胚上盆，在较短时间内，可加工成提根露爪、盘曲苍老、枝节干虬曲、叶小花繁、风致宜人的桩景。常用的树种有榔榆、朴树、黄荆、赤楠、黄杨、雀梅、九里香、福建茶、榕树、平地木、水杨梅等。这类盆景多讲究姿态美和风韵美，以古朴秀雅取胜。选材极为重要。一般人工育苗繁殖较少，而山野采掘老桩较多，一旦上盆，即成佳品，故素有"本是山野物，今日案头芳"之说。

3. 叶木类盆景

叶木类盆景是以树形优美、枝叶密生、叶形奇特、叶色丰富而多变的树种为材料，突出观叶效果的一类盆景。常用的材料有红枫、鸡爪槭、三角枫、卫矛、波缘冬青、十大功劳、银杏、枸骨、苏铁、棕竹、凤尾竹等树种。这类盆景不仅观叶，还兼有其他方面的观赏效果。但以鲜艳悦目的叶色、雅美新奇的叶形为其主景。叶木类盆景有常绿树类，四季常青，终年可以观赏。也有落叶树类，随着季节的变化，呈现不同色彩，虽寒冬叶落，但仍可观赏其寒树景象。

4. 花木类盆景

花木类盆景是以花色、花姿兼美，五彩缤纷，灿烂绚丽，香气沁人，生机盎然的花树或花卉为材料，配以精致盆钵，经过装饰加工，突出观花效果的一类盆景。这类盆景的造型以虬枝枯干、异种奇名、枝叶扶疏、繁花满树者为佳。如果取材得法，则四时花开不绝，皆入画境更为佳。常用的树种有迎春花、梅、碧桃、金雀花、蜡梅、海棠、山茶、杜鹃、六月雪、紫薇、桂花、雀舌栀子等名花佳卉。花木类盆景在园景中有其独特的效果，每逢佳节，有盛花的盆景点缀，姿色诱人，香气袭人，令人赏心悦目，感到满园春色。

5. 果木类盆景

果木类盆景以观果类树种为材料，其果实色彩悦目，红紫者为贵，色黄者次之。每当丹实累累、金果挂枝时，不仅为园景增色，还给人以丰盛之感。常用的树种有火棘、南天竹、金弹子、虎刺、枸杞、果石榴、胡颓子、野山楂、佛手、金橘、小檗、荚莲等。每当深秋之时，花事凋落，树木飘零，在秋风萧瑟的庭园，若能点缀数盆果木类盆景，则红黄相间，色彩瞩目，风姿优美，可打破园景的沉寂，增加生活环境的情趣。

6. 蔓木类盆景

蔓木类盆景是以蔓性树木或藤本植物为素材，配盆加工造型，突出其卷曲的茎干、垂拂的枝叶而形成的一类盆景。它兼有花果艳丽、姿韵优美、别具风格的特色。常用的树种有紫藤、常春藤、络石、忍冬、扶芳藤、凌霄、葡萄、地锦等木质藤蔓植物。这类盆景以蔓茎缠绕或悬垂为其特色，故多装饰于深盆高架，或挂壁长垂，或附石盘绕，并且有婀娜的风韵、苍古的风貌。

6.2　树木盆景的形式与流派

6.2.1　树木盆景的形式

树木盆景由于树种的生物学特性不同，加工造型的差异，其所表现的景观千变万化、千姿百态、形态各异，归纳起来有下列一些主要形式。

1. 直干式

直干式盆景选用的树木的主干直立，枝条分生横出，疏密有致，层次分明，能表现出雄伟挺拔、巍然屹立、古木参天的树姿神韵（图 6.5）。直干式盆景又可分为单干、双干或多干等形式，在我国岭南派盆景中最为常见。直干式盆景常用的树种有五针松、金钱松、水杉、榔榆、榉树、九里香、罗汉松、黄杨等。

直干式盆景多使用长方形、椭圆形、正方形、正圆形浅盆。

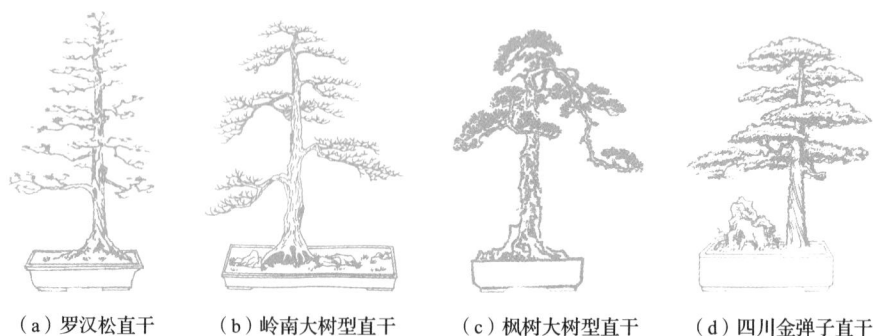

（a）罗汉松直干　　（b）岭南大树型直干　　（c）枫树大树型直干　　（d）四川金弹子直干

图 6.5　直干式盆景

2. 斜干式

斜干式盆景选用的树木的主干向一侧倾斜，一般略弯曲，枝条平展于盆外，主枝向主干相反方向伸出，树姿舒展，疏影横斜，飘逸潇洒，颇有山野老树姿态（图 6.6）。所用材料有来自山野老桩的，也有以老树加工制作而成的。一般桩景多采用斜干式。斜干式盆景常用的树种有五针松、榔榆、罗汉松、雀梅、黄杨等。

斜干式盆景一般多用长方形浅盆景盆。

（a）高起点分枝枝斜干　　　　（b）主干直势倾斜　　　　（c）干微曲势倾斜

（d）主干斜势立　　　　（e）斜中带曲　　　　（f）树势斜而干曲

图 6.6 斜干式盆景

3．卧干式

卧干式盆景选用的树木的树干横卧于盆面，如卧龙之势，树冠枝条则昂然向上、生机勃勃，树姿苍老古雅，有似风倒之木，富有野趣（图 6.7）。配盆多用长方形盆，可配山石加以陪衬，以求均衡美观。卧干式盆景常用的树种有雀梅、榆树、朴树、铺地柏、九里香等。

卧干式盆景多用长方形或椭圆形浅盆。

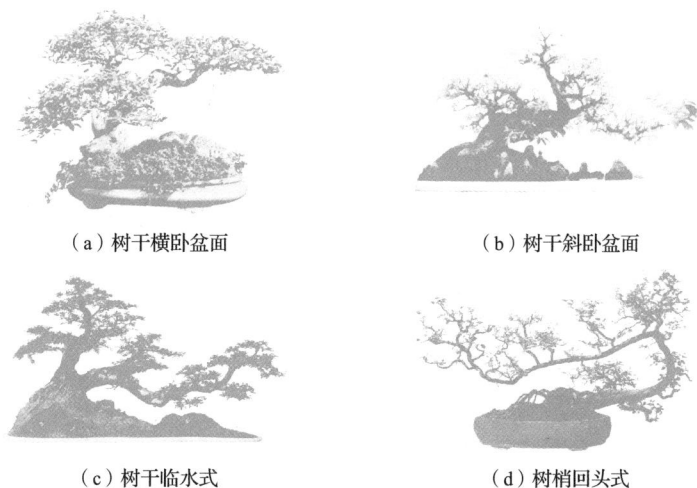

（a）树干横卧盆面　　　　　　　　　（b）树干斜卧盆面

（c）树干临水式　　　　　　　　　（d）树梢回头式

图 6.7 卧干式盆景

4．曲干式

曲干式盆景选用的树木的树干弯曲向上，犹如游龙（图 6.8）。常见的形式取三曲式，形如"之"字。枝叶前后左右错落，层次分明，树势分布有序。曲干可分为自然型和规则型。川派、徽派、扬派、苏派盆景常用此种形式。曲干式盆景常用的树种有梅、黄杨、紫薇、紫藤、罗汉松、真柏、桧柏等。

曲干式盆景用盆范围很广，多以中深度景盆为主。

（a）自然曲干　　　　（b）枫树曲干　　　　（c）柏树曲干

图 6.8　曲干式盆景

5. 悬崖式

悬崖式盆景选用的树木的树干弯曲下垂于盆外，冠部下垂如瀑布、悬崖，模仿野外悬崖峭壁苍松探海之势，呈现顽强刚劲的性格（图 6.9）。用盆多取高筒式，适于几案陈设。根据树冠悬垂程度，冠顶不超过盆底部以下者，称半悬崖；冠顶在盆底下者，称全悬崖。悬崖式盆景常用的树种有五针松、铺地柏、黑松、黄杨、雀梅、六月雪、凌霄、罗汉松、榆树等。

悬崖式盆景多采用深盆、中深的正方形、正圆形景盆。

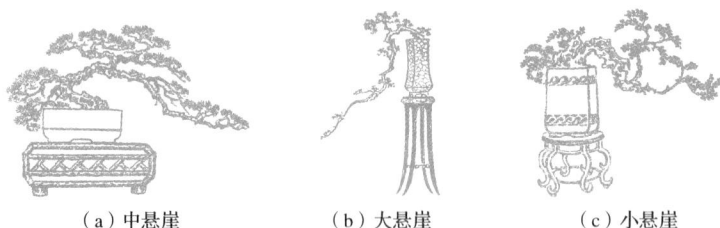

（a）中悬崖　　　　（b）大悬崖　　　　（c）小悬崖

图 6.9　悬崖式盆景

6. 枯干式（枯峰式）

枯干式（枯峰式）盆景选用的树木的树干呈枯木状，树皮斑驳，多有孔洞，木质部裸露在外，尚有部分韧皮部上下相连，冠部发出青枝绿叶，具有"枯木逢春"的意境（图 6.10）。枯干式（枯峰式）盆景常用的树种有黄荆、桧柏、檵木、榔榆、雀梅、紫薇等。

枯干式（枯峰式）盆景多采用中浅长方形和椭圆形浅景盆。

7. 附石式

图 6.10　枯干式（枯峰式）盆景

附石式盆景选用的树木的树根附在石上生长，再沿石缝深入土层，或整个根部生长在石洞中，好像山石上生长的老树，有"龙爪抓石"之势，古雅如画（图 6.11）。树木主干有斜干、曲干、直干等多种形式。附石式盆景以树景为主体，山石为配景。附石式盆景常用的树种有三角枫、五针松、黑松、桧柏、榔榆等。

附石式盆景多采用中浅长方形和椭圆形浅景盆。

8. 垂枝式

垂枝式盆景选用的树木的枝条披纷下垂，宛如垂柳姿态，表现自然界中垂枝树木迎风摇曳、潇洒飘逸的景象（图 6.12）。枝条柔软的树种，通过人为加工，所有枝条均垂拂盆周。这种形式的树木主干以斜干或曲干为多。垂枝式盆景常用的树种有迎春花、桎柳、金雀、枸杞、紫藤、垂枝梅等。

垂枝式盆景常采用椭圆形、长方形浅盆。

图 6.11 附石式盆景

图 6.12 垂枝式盆景

9. 提根式

提根式盆景选用的树木的根部向上提起，侧根裸露在外，盘根错节，悬根露爪，古雅奇特（图 6.13）。川派盆景无不提根。这种形式须在翻盆时，逐步将根系提升到土面而形成。提根式盆景常用的树种有榕树、榔榆、三角枫、雀梅、黄杨、六月雪、金弹子等。

提根式盆景多采用中浅长方形、椭圆形景盆。

10. 连根式

连根式盆景选用多茎干树木，其粗根裸露而相连，树干则高低参差、错落有致（图 6.14）。这种形式多选用植株根部易发不定芽的树木种类，见有山野根部相连的多株树木的景象。连根式盆景常用的树种有檵木、福建茶、六月雪、雀梅、黄荆、火棘、赤楠等。

连根式盆景多采用长方形浅盆。

图 6.13 提根式盆景

图 6.14 连根式盆景

11. 丛林式

丛林式由一种或不同种的多株树木合栽而成，故又称合栽式，可表现自然界三五成丛的树木景象，或模拟山野疏林、密林、寒林等森林风光（图6.15）。树木有直有曲，有正有斜，富有变化。丛林式盆景常用的树种有金钱松、水杉、榉树、红枫、虎刺、六月雪、福建茶等。

丛林式盆景一般采用长方形或椭圆形浅盆。

图6.15　丛林式盆景

6.2.2　树木盆景的流派

1. 树木盆景流派的概念

树木盆景流派是在特定环境条件下形成的一种盆景艺术现象，它是在盆景的个人风格、地方风格基础上发展起来的。随着时间的推移和时代的前进，盆景的个人风格、地方风格在内容和形式上日趋成熟、升华且有量的扩大，盆景诸要素在某一区域内的程序化，促使形成了盆景的艺术流派。流派形成是某区域盆景艺术成熟的重要标志。现阶段的树木盆景流派皆针对树木盆景而言，多以各地命名。

盆景的个人风格是指某个盆景艺术家在其作品的内容和形式的各种要素中所表现出来的艺术特色和创作个性。盆景作品的内容和形式要素主要包括树种、石种、造型、意境、技法、栽培管理、枝、盆、架等。盆景的地方风格则是某一地区的盆景艺术家们在盆景作品的内容和形式的各种要素中所表现出来的地方艺术特色和创作个性。盆景的个人风格是形成地方风格的基础，地方风格是形成艺术流派的基础，流派则是地方风格发展的高级阶段和可能趋势，也是民族风格的集中体现者。

2. 树木盆景主要流派

截至目前，我国盆景界所公认的树木盆景流派有苏派（图6.16）、扬派（图6.17）、川派（图6.18）、岭南派（图6.19）、海派（图6.20）、浙派（图6.21）、徽派（图6.22）、通派（图6.23）等，此外还有闽派、中州派和滇派。树木盆景主要流派简介如表6.1所示。

图6.16　苏派盆景

图6.17　扬派盆景

图 6.18　川派盆景 　　　　　　　　　图 6.19　岭南派盆景

图 6.20　海派盆景

图 6.21　浙派盆景

图 6.22　徽派盆景

图 6.23　通派盆景

表 6.1　树木盆景主要流派简介

派别	分布区域	代表人物	常用树种	造型特点	技法	艺术风格
苏派	苏州、无锡、常州、常熟	周瘦鹃、朱志安	雀梅、榆树、枫梅、石榴	圆片、六台三托一顶	粗扎细剪（棕丝蟠扎）	清秀古雅
扬派	扬州、泰州、泰兴、盐城	万觐堂、王寿山	黄杨、松树、柏树、杨树、榆树	云片、寸枝三弯	精扎细剪（棕丝蟠扎）	严整壮观
川派	成都、重庆、灌县、温江	李宗玉、冯灌父、陈思甫、潘传瑞	金弹子、六月雪、海棠、竹、花果类	以规则型为主	讲究身法（棕丝蟠扎）	虬曲多姿、典雅清秀
岭南派	广东、广西、福建	孔泰初、陆学明、素仁、莫眠府	榕树、榆树、福建茶、九里香、雀梅	大树型、高耸型	截干蓄枝	苍劲自然、飘逸豪放
海派	上海	殷志敏、胡运骅	以松柏类为主，锦松、真柏	微型、自然型	金属丝缠绕	明快流畅、精巧玲珑
浙派	杭州、温州	潘仲连、胡乐国	以五针松为主	高干型合栽式	针叶扎阔叶剪	刚劲自然、有时代气息
徽派	安徽、绩溪、休宁、黔县	宋钟玲	梅、松树、桧柏檵木	规则型、游龙式	粗扎粗剪（棕皮树筋）	奇特古朴
通派	南通、如皋	朱宝祥	小叶罗汉松	两弯半	以扎为主（棕丝蟠扎）	端庄雄伟

3. 树木盆景地方风格

树木盆景地方风格简介如表 6.2 所示。

表 6.2　树木盆景地方风格简介

名称	分布区域	代表人物	常用树种	造型特点	技法	艺术风格
中州风格	郑州、鄢陵、平顶山	张瑞堂、周脉常、马建新	柽柳、蜡梅、石榴、桧、荆条	倒栽松（桧）、疙瘩梅	捏型靠枝	粗狂朴实、形象逼真
福建风格	福州、泉州、厦门	杨吉章、傅耐翁	榕树、福建茶	飞榕、配石悬崖式	精扎细剪，以剪为主	奇特生动、自然豪放

续表

名称	分布区域	代表人物	常用树种	造型特点	技法	艺术风格
湖北风格	武汉、荆州、黄石	贺淦荪等	三角枫、榆树、朴树、牡荆	过去规则型，如今自然型	棕丝、金属丝修剪并用	洒脱清秀、自然流畅
金陵风格	南京	华炳生等	以真柏为主	自然型	扎剪并施，用超浅盆	博采众长、自然秀丽
八桂风格	广西		九里香、榕树、雀梅	大树型	蓄枝截干	以老取胜、气派见长、意境见功
北京风格	北京	于锡钊、周国良	以小菊为主，鹅耳枥、荆条、元宝枫	造型多样	铁丝缠绕，小菊去脚芽	讲究色、香、姿、韵，自然流畅
徐州风格	徐州	张尊周	苹果、梨、山楂	自然型	矮化，二重剪，修剪	果实累累，独具一格
湖南风格	长沙	张国森	铺地柏	超悬崖式	蟠扎修剪	技艺高超，堪称一绝
淮安风格	淮安		香艾（耆草类）	悬崖式	以剪为主，以扎为辅	独树一帜
山东风格	益都等		迎春花、黑松	自然型、垂枝型	以剪为主	枯木逢春、繁花似锦

6.3　树木盆景制作的理论基础

6.3.1　盆景的艺术表现

盆景艺术活动的内容可以概括为准备、创作、养护、欣赏 4 个阶段，包括盆景材料筛选、收集和一些预处理（如养坯）；盆景制作活动是指表现什么和如何表现两个方面；养护和欣赏是交互进行的。

1. 盆景的自然美

树木盆景以活的植物体为材料，具有生命活动的特征。盆景的自然美包括根、树干、叶、花果和整体美，以及随着季节变化的色彩美。

（1）根

树木盆景根的造型，有提根露爪呈龙蟠虎踞之势；有根部相连呈连根之状；还有扎根石隙之中，呈附石而生之状。它们均给人以裸根露爪、盘根错节、苍老古木之感。

（2）树干

树木主干造型是决定自然树势和神韵的重要艺术手法，可形成直干挺拔，曲干蟠屈多姿，斜干苍古入画，各具特色。干皮有的布满鳞片，如松类及榔榆等；有的光滑多节，如竹类；有的细腻光亮，如紫薇；有的枯干萌生新枝绿叶，给人以"枯木逢春"之感。

（3）叶

叶形随着树种不同而有差异，有针形叶的松类，鳞状叶的柏类，扇形叶的银杏，掌状叶的槭类，瓜子状的黄杨，还有叶形奇特的枸骨冬青等。叶的色彩更是丰富多样，如终年紫红的红枫，秋色转红的鸡爪槭、卫矛，四季翠绿的凤尾竹，绿叶玉边的六月雪等，均以叶形、叶色见长，供人欣赏。

（4）花果

在观花盆景中，有高洁素雅的梅花，红艳似火的石榴，展翅欲飞的金雀，万紫千红的杜鹃花，洁白芳香的栀子花等，是盆景中最富有色彩变化的一类，令人赏心悦目。

观果盆景以果形、果色引人入胜，有果红如火、古雅多姿的火棘，果实累累、清雅秀丽的南天竹，核果殷红、枝密叶细的虎刺，果如弹丸、金色灿烂的金橘等。春华秋实，每当深秋之时，花事凋落，万木飘零，若能点缀几盆观果盆景，则色彩耀目，风姿优美，可打破园林的沉寂，增加生活环境的情趣。

（5）整体美

树木盆景各部分的形态和色彩的有机结合，根、树干、叶造型多姿，花果色彩丰富，就形成了树景的整体美。

（6）色彩美

五彩缤纷的色彩能反映出盆景意境的五光十色。

2. 盆景的艺术美

艺术美是社会美和自然美的集中、概括和反映，它包括造型美和意境美。

（1）造型美

盆景中的自然景物通过人工造型而体现出来的形式美称为造型美，分为优美型和壮美型。优美也称秀美或柔性美，它给欣赏者以柔和、愉快之感。优美根据形态又可分为幽静美、律动美、色彩美。壮美是指树木盆景中的苍松翠柏给欣赏者以刚烈、激荡之感。

（2）意境美

所谓盆景意境就是盆景作品中所描绘的自然和生活景象及内涵的思想感情融合一致而形成的一种艺术境界，表现为景中有情，情中有景，情景交融。意境的深浅是盆景作品成功与失败的关键。诗情画意是盆景艺术的最高境界，它是建立在画境、生境的基础上的，二者互相渗透在盆景创作中，最难表现的就是诗情画意。诗情是指盆景具有诗歌般的深远意境；画意是指盆景具有绘画般的意境。

6.3.2　盆景树木的生长特点

从生命周期来看，盆景树木与自然界树木大同小异。所谓大同，每种盆景中的树木从生到死都有它生长、开花、结实、衰老、更新直至死亡的过程，这一点与自然界树木是完全一样的；所谓小异，即盆景树木多为"小老头"树之类型，上盆桩头常常见不到其幼年期、壮年期，而常见到的是它的老年期。由于经常换盆而采取的修根、换土等园艺措施，可能会使衰老更新期延长。

通过观察比较发现同一树种在地栽形式与盆栽形式下，其生长情况大不一样，主要表现在根、干、枝、叶、花、果的形态变化方面。

1. 根系的断根效应与容器效应

自然界生长的树木，直根系树种（双子叶和裸子植物类）的根系级次十分明显，主根发达，较各级侧根粗壮而长，能清楚地区分主根、一级侧根、二级侧根和须根。桩景树木由于上盆前对根部的重剪和盆钵定容的限制，主、侧根只留 15cm 左右，所以断根效应（根系纤细化）十分明显，其根系变得由不定根组成，几乎找不到真正的主根，根系级次难以区分，形成了很多纤细的以不定根为主的根系。这样的根系树木在定容容器条件下会出现一种自行调节,树木只有这样才能在极度限制的空间内存活下来。

在野外,我们常常看到,当一棵树的根被挤在只有少量土壤的石头缝隙中生长时,粗大的根就停止了发育,于是长出很多细小的根群来养活树木。同样的道理,用于盆景的大多数树种,当其被限制在一个有限的营养面积的容器内的时候,也能产生很多细小的根群,我们把这种反应称为根系的容器效应。可见盆景根系的变细变小,是断根效应和容器效应综合作用的结果。桩景树木相对发达的细小的根群,也给盆景换盆带来了极大方便。它们更适合移栽,其成活率比同龄地栽树木高得多。

2. 枝条细密,树体结构紧凑

树木在正常生长过程中,地下部与地上部经常保持着动态的、相对的平衡关系,盆栽后就必须打破这种平衡关系而建立一种新的平衡。树木地下部分和地上部分有相对应的关系(相关性),由于桩景树木根系的细小、紧凑,也必然导致地上枝条的细、密。在桩景树木上很少见到粗大延长的主枝,它们被稠密的小枝条所代替,原因就是相关性,这正是盆景欣赏所渴望的。

3. 生长率降低

同一株树,盆栽比地栽长得慢,这是盆土定容、水分定容的逆境条件造成的。

4. 节间变短

茎上每长一个腋芽就形成一个节,两芽间距称为节间。与生长率相对应,盆栽比地栽的节间变短。通常,长节间的特点是徒长或树木生长过旺造成的,而上盆之后由于养分有限,一般不会出现徒长和生长过旺的现象,除非大肥大水。

5. 植株矮化

盆景树木节间变短、生长率降低,致使盆景树木植株矮化。通常,果树采取盆栽形式也是果树矮化的措施之一。

6. 叶子变小

盆景植物叶子变小也是盆栽的结果。有的树种被做成桩景栽培几年后,叶子小得难以辨认,只好借助其他生长性状来识别。这是因为树木在盆钵中相对干旱、瘠薄的逆境条件下,只有叶子变小变厚才能减少水分蒸腾,适应周围环境,与根系吸收保持相对平衡。

7. 始花期提前

盆景树木的始花期一般比地栽要提前 1~3 年。这是盆景树木不利于长树而有利于养分积累的缘故。加上扎片改变枝向,短截促生分枝,都是对促进形成花芽的有力措施,观花盆景因此也容易出现花繁似锦的现象。但由于营养的限制,也常常会出现大量落花落果、树势提早衰老的现象,不注意施肥尤其如此。

8. 花期宜控制

盆景搬动起来方便,因而容易人为地改变其光照、水分、温度等外界条件,以达到控制花期的目的。例如小菊盆栽、梅花盆景等,经常采取人工措施,使花期提前或推后。

6.4　树木盆景制作的基本技艺

树木盆景制作的基本技艺包括桩景材料准备、树木盆景设计（也称构思或形象打腹稿）树桩蓄养、制作技艺和上盆技艺等。桩景材料准备包括树种选择、野桩挖取和树桩处理与栽植。一般制作技艺则包括修剪、蟠扎、雕干、提根、点缀等，也可以归纳成"一剪二扎三雕四提五点缀"。此外，还有上盆技艺。

6.4.1　桩景材料准备

1.　树种选择

盆景树木的选择标准：树兜怪异，悬根露爪，枝干耐剪宜扎，枝细叶小，节间短，抗逆性强，病虫害少，耐移栽，最好有花有果。具体包括以下内容。

（1）耐剪宜扎

盆景树木萌芽力要强，在养坯、制作过程中必须能够忍耐每年对新生枝条的连续反复修剪和蟠扎。在耐剪性方面，各树种的反应是有差异的。通用盆景树木已经证明了它们对盆景造型包括修剪在内的忍受能力，但有的树种，如山毛榉类，反复修剪则会削弱其生长势，不耐修剪。对于不耐修剪的树木则不宜用于盆景，在盆景制作中要注意少剪或不剪。

（2）节间短

节间短的树木一般属慢长树种，节间短的树体结构紧凑，这也是盆景所要求的。

（3）枝细叶小

粗枝大叶，如毛泡桐、悬铃木、梓树、楸树、黄金树，其枝叶与小盆景容器不成比例，因此不适合用于盆景制作。盆景树木叶长一般在 10cm 以下，并且看上去比较秀丽。

（4）抗逆性强

盆土定容，营养受限，因此盆景树木应该具有一定的抗旱、耐寒、耐瘠薄且病虫少等特点，不然会给养护管理带来很多麻烦。

（5）花颜果美

木兰科的植物，虽然叶大，但毛笔似的花芽和大型花朵具有很高的观赏价值；柿子叶大，但秋天落叶后黄澄澄的果实也会给人以美感。一般盆景树木如果有花、果观赏，如梅、石榴、枸杞等，也会使盆景观赏效果大幅提升。

2.　野桩挖取

树木盆景的素材有两个来源：一是采掘树桩；二是繁育树苗，自幼培植。从山野采掘多年的树桩，培养加工，因材处理可以缩短盆景造型时间，并且往往可以选到形态自然优美、古雅朴拙的老桩，制作成盆景佳品。幼苗繁育有播种、扦插、压条、嫁接等法，造型比较自由，但费时较长。其育苗技术，参照园林植物栽培养护。

（1）采前调查

到野外挖取树桩前，应先进行野生资源的调查。调查时要把树桩分布的状况详细地记录下来，包括位置、树种、数量、生态条件等。不符合做桩景条件的绝对不能挖，不能见一株挖一棵，要克服盲目性。

（2）采集地点

苍老、枯峰多、姿态优美的老树桩一般生长在贫瘠的荒山上、崖壁上、石缝中并以阳坡为多，因为阳坡石多土少，生长条件差，加之砍柴人年年砍伐和受风、雨、日的影响，桩头多矮化畸形，姿态奇特。反之，土壤肥厚的阴坡，缺少理想的树桩，杜鹃类除外。再者就是溪边路旁，如铁道边、公路边或羊肠小道边，这些地方也能遇上好桩头（绝对不可滥挖）。

（3）挖取时间

秋末冬初或早春，以土不冻结、植物处于休眠季节挖取为宜。冰冻季节不要去挖取，不然太花人力，植物损伤也大。植物萌动后，也不宜挖，影响成活率。

（4）挖取方法

挖前先锯掉地上部分的粗枝，仅留基部一段，并剪去无用的枝条，同时对周围进行清理，以便操作。挖时要细心，切不可心急。先在一面深挖，看根颈部有好的桩形时就继续挖掘，否则停止。然后转摇老桩，看下面是否有主根，如果有主根，则必须先行截断，再断侧根。如果先截侧根，则主根不易截断，而且操作时会损伤很多侧根和须根。伤口要小而光滑。将挖出的桩头放在背风处假植，除榆树外都应适当浇水。榆树洒水后容易流树液，影响成活。落叶树老桩挖掘时不必带土球。

松柏类和珍稀树种，如果长在悬崖峭壁上，则往往不能一次挖取，因为根的入土部分仅限于根端，大部光滑裸露土表，根系又不发达。又因为做桩景时受盆的限制，侧根不能太长，必须截到适当长度，故一次挖取不易成活，一般在第 1 年先在原地截断一侧面的侧根，并在下面掘穴，填入肥土，埋好踩实，在土面上再铺一层青苔，这样既可保水又防冲刷。第 2 年在伤口处长出很多须根，然后用同样的方法处理另一侧侧根。经过 3 年，可以全株掘起，挖时必须带土球，并尽量少伤新根。

（5）包装、运输

包装前要打泥浆（榆树除外），然后用浸过水的稻草或塑料薄膜捆起，榆桩可用填充苔藓蒲包或塑料农膜包捆。长途运输，内填湿苔。包装时，小桩头可以 10 株一捆，大桩头要单独捆扎。

野桩运到目的地后，先放在避风处（最好在室内）将包打开，进一步整枝修剪。

3. 树桩处理与栽植

（1）树桩处理

1）根部处理。既要考虑到成活的需要，又要便于以后上盆加工。主根要适当短截，保留 13～16cm。根的底部最好修成水平状，还要根据自然根系结构，从主根过渡到侧根、须根。短截主根应尽量多留侧根和须根，以保证树桩的成活生长。根部短截切不可一步到位，可等成活后发出新根，再逐渐修剪短截，以适于上盆时在盆钵中能容纳为宜，并且使根端下盆钵壁部有一定空隙，以利生长（图 6.24）。

2）枝干处理。野外采掘的树桩，其自然生长的枝干往

图 6.24　根部处理

往杂乱无章，必须对其进行一次初步重修剪（图6.25）。根据树坯材料的特点，决定表现什么样的题材和如何造型，也就是因材处理。将树坯树干的骨架按盆景艺术的规律来安排，使之成为具有匀称协调、线条优美的盆景作品（图6.26）。例如，取材为松树，就宜于表现其主干挺拔，枝叶平整如云片状，层次分明；柏树宜表现其主干古拙奇特，枝叶呈团簇状；梅桩造型则宜疏枝横斜；迎春花则宜垂枝拱曲。这是从树种的自然习性来考虑的。此外，还要从树桩固有形来考虑。例如，有些树桩主干挺直，则可顺其自然，做成直干式；有些树桩自然弯曲，适于做成曲干式或悬崖式；有些树桩主干枯秃，则宜做成枯峰式等。因材处理可使盆景制作既节省人工，又富有天然野趣。

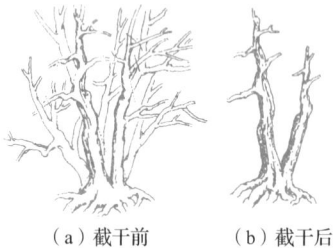

（a）截干前　　（b）截干后

图6.25　截干处理

图6.26　倒置处理

3）截口处理。在树形确定后，要截去多余的枝干，其锯口处理，因树种习性不同，处理方法也不同。例如，早春的雀梅，锯口贴近主干，很容易使皮层炸裂，影响美观，故锯截时可稍留一节枝干，愈合后再截除之。对一般伤口愈合的三角枫、黄杨、白蜡等树种，则可贴近主干锯截。截口应尽量避开正面，要平整光滑，使截口与主干自然吻合，不致有碍观赏。截口最好及时涂上防腐剂或蜡质，以防伤口感染导致病虫害发生。

（2）栽植

采掘树桩大多养坯1年后再进行上盆加工，在此期间，先进行就地栽植。栽植方法有地栽、容器（盆钵或木箱）栽植。要选择土壤疏松肥沃、排水良好、阳光充足的地方养坯。

1）地栽。栽前应深翻土壤，挖好排水沟，最好在栽植时掺入1/2山土。树桩宜用干土，根的缝隙易于捣实，浇水后，土和根可紧密融合，利于树桩成活和生长。在南方雨水多、土质黏性大的地方，应采用垄栽法，以利于排水，防止烂根。垄的宽高，可根据树桩大小而定。地栽树桩应适当栽深些，枝干顶部露出地面，这样有利于发根和萌生新枝，也有利于加工造型（图6.27和图6.28）。

图6.27　地栽

图6.28　砖围地栽

栽植树桩的土壤，如果是下山桩，则最好选用素心土；已养坯1年以上的树桩，可用营养土。

2）盆栽。采掘的树桩除地栽外，也可选用泥盆、木箱、箩筐等栽培，容器的大小视树桩的大小而定。底部留有排水孔，为了透气性良好，可在容器底部垫层粗砂。盆栽有利于结合造型加工和精细管理。为了提高盆栽的成活率，可连盆带树埋在泥土里，这样可保持盆土湿润，促进生根和萌发枝叶（图 6.29）。

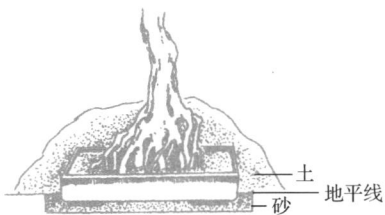

图 6.29　盆栽

3）套栽。野外采掘的老桩，根心枯空，树龄老化，新陈代谢功能差，成活率较低，冬季易受冻害，可采取套栽法养坯。树桩栽植地里或泥盆内，用塑料薄膜袋或其他袋状物（如蒲包）将枝干套住，留出顶部芽点位置，周围填土，等叶芽萌发后，再将套袋由上往下逐渐拆除。套栽法可以保湿保暖，有利于老桩的萌发更新，提高成活率（图 6.30）。

（a）露地套栽　　　　　　　　　（b）泥盆套栽

图 6.30　露地套栽和泥盆套栽

4）注意事项。

① 树桩刚栽时一般培土较高，成活后，生长旺盛期，树桩基部易萌发新根，如果不及时清除周围壅土，则日久新根越长越旺，而原来主根会逐渐被新根替代死亡。因此栽植成活后，生长正常时，要及时除去培土，逐渐将主根露出，促使原根生长出更多须根。

图 6.31　悬崖式蓄养法

② 一般盆景树桩的培养，要按上盆时的姿态栽植。如果是斜干式盆景，则枝干要倾斜栽植；如果是悬崖式盆景，则枝干要下垂，或栽植后利用顶端向上生长的习性，可将盆栽树桩倾斜放置，让枝冠下垂弯曲（图 6.31）。

③ 新栽树桩刚成活时，切不可施肥，待生长正常时，逐渐施肥，促进枝叶生长。掌握薄肥勤施，肥料一定要发酵成熟后才能使用。

④ 初栽树桩，冬季寒冷时要用草或旧棉花包裹树干，或用塑料袋套住，以防冻害。夏季炎热时，要搭棚遮阳，经常喷水，防止暴晒及干燥。

6.4.2　树木盆景设计

1. 设计内容

设计内容包括平面布局、总体造型设计、枝片布局、结顶形式、露根处理、盆面装饰，以及景、盆、架配置等。

（1）平面布局

植株 1 株至多株（图 6.32）。

（a）1～2株平面布局（长方形盆，树居盆一侧或中央偏侧；圆形盆，树居中央偏后侧）

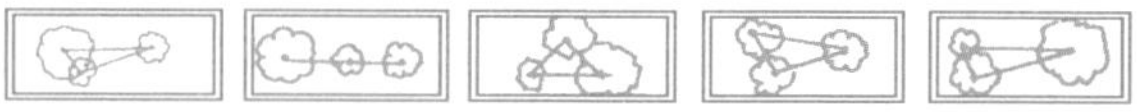

（b）3株平面布局（以不等边三角形为主）

（c）4株布局（3+1株的组合）

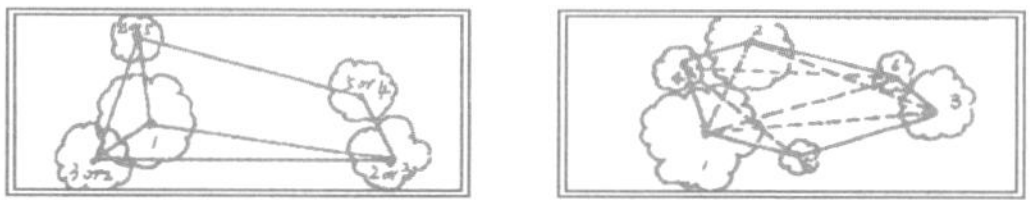

（d）5株布局（3+2株的组合）

图 6.32　树木盆景平面布局

（2）总体造型设计

树木盆景的总体造型主要取决于树干的造型，即树干的造型决定树体的造型，因为主干是树木盆景的骨骼，是树木盆景分类的依据。树干造型有 5 种，即曲、直、斜、卧、悬（图 6.33）。曲线给人以阴柔的感觉，直线给人以阳刚之美，而斜、卧、悬可兼而有之。这样就可以根据苗木形态和创作意境两个决定因子来设计树体造型。

曲　　直　斜　卧　　悬

图 6.33　树木盆景总体造型设计

（3）枝片布局

盆景只有通过片层分布的处理才能使整个树形丰富，成为艺术品。盆景内涵的意境深度与风韵神采主要靠此中独具匠心的构思安排表现出来。片层的处理要从以下 5 个方面考虑。

1）片数。以奇数为多，片繁彰显闹意，片简显示简洁。

2）片层及片层间距、比例和倾斜度。片层布局的一般规律是下疏上密、下宽上窄，好似"太极推手"，彼来此去。枝片方向有斜、平、垂 3 种，斜者如壮士奔驰，富于动势；平者沉静庄重，显得温和；垂者犹如寿星披发，老态龙钟。枝的形式如图 6.34 所示。

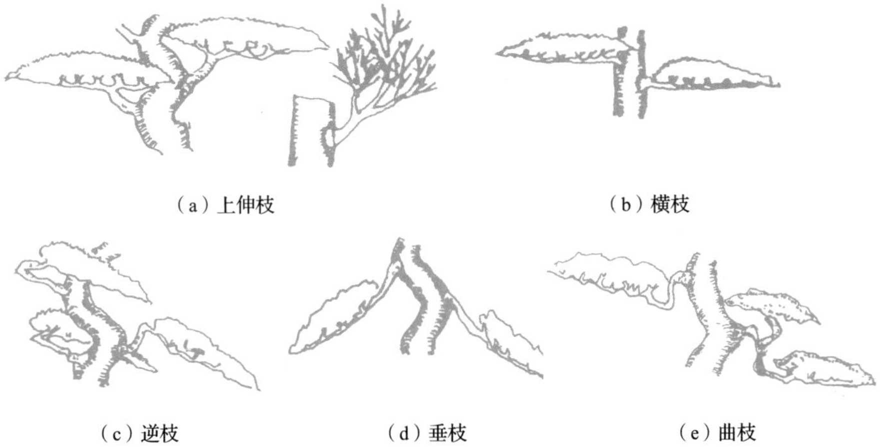

（a）上伸枝　　　　　　　　　（b）横枝

（c）逆枝　　　　（d）垂枝　　　　（e）曲枝

图 6.34　枝的形式

3）第一片的位置。拟做高耸者，选留第一分枝宜高（树高 1/3 以上），高枝下垂，如翁欲仙，干貌清远，风范高雅；倘拟稳健者，则呈等腰三角形，若拟动感者，则呈不等边三角形。分枝点选在干高 1/3 以下处，无头重脚轻之弊。

4）片层的平面和空间走势。或自然，或刚或柔，枝条跨度或长或短，或顺或逆。

5）局部的疏密、虚实、藏露、照应关系。把握桩景势态重心，随意境要求给予处理。

（4）结顶形式

结顶不外乎平、圆、枯 3 种，平者端庄，圆者自然茂盛，枯者险峻。

（5）露根处理

露根如虎掌、鹰爪则富于强力感。盘根错节，会增强桩景的老态感（图 6.35）。

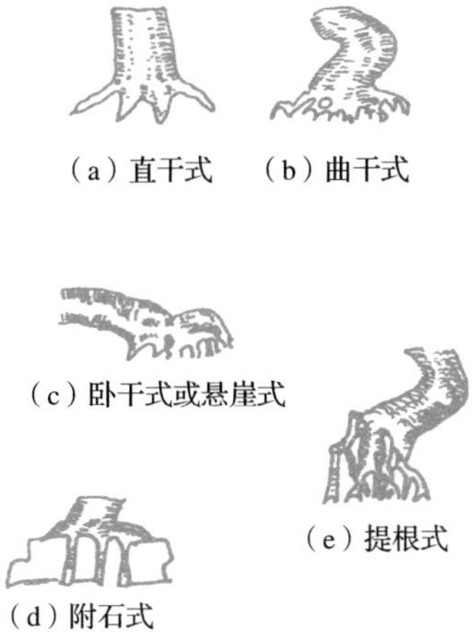

（a）直干式　（b）曲干式

（c）卧干式或悬崖式

（e）提根式

（d）附石式

图 6.35　露根类型

（6）盆面装饰

或配石、配件点缀，或铺苔藓装饰盆面。

（7）景、盆、架配置

直干式盆景一般不宜用深盆，宜用浅盆。用圆盆栽植时须栽植盆中稍后一点；用长方形或椭圆形盆时须偏盆一端；双干应聚盆一端，前后栽植，空旷之处可用配石，以求平衡。

2. 树木造型设计过程

树木造型设计实际上也称打腹稿，它是一个想象过程或形象思维过程，包括观察、构思、灵感、绘图4个阶段。

1）观察即感性认识。面对一株苗木反复观看，目的就是了解这株树苗的总体形状、体量大小、树干趋势、枝条分布等，以获得对植株的第一印象。

2）构思又称立意或形象思维。随观察的不断深入，根据自己的审美观，从而决定造什么树形，表达什么意境，枝干如何处理，枝片如何布局，选什么盆，配什么架。

3）灵感是突变过程。在经过反复观察、构思的基础上，形成一个比较完整的造型样式——艺术形象。

4）绘图即将腹稿绘在纸上，以便照图施艺。

6.4.3 树桩蓄养

蓄养是指树木盆景造型过程中采取蓄养方法结合蟠扎、修剪、嫁接、雕刻使根、干、枝的形态按人的意愿去发展。蓄养和养护是不同的概念，养护是指树木盆景在生长过程中的保养护理，蓄养能发达根系，利于伤口愈合，使枝、干、根的比例合理匀称、树形丰满、自然美观，弥补蟠扎修剪之不足。一盆好的树木盆景，它的根、干、枝、须的比例合理匀称，在造型过程中其枝干弯曲，冠形剪裁较容易处理，但必须依赖蓄养才能完成。蓄养好比"加法"，修剪刻挖好比"减法"，树木造型须"加""减"并用，巧为互补。

1. 蓄根

根是树木赖以生存的主要组成部分，在很大程度上决定树木长势的优劣。根的造型是表现盆景美的重要部分。没有好的根盘，不能称得上盆景佳作。蓄养好根，有利于树木生长，还能增强树木盆景造型艺术的感染力，使之更加完美。

（1）补根法

山野采掘树桩一般树龄较长，根部较大。由于自然生长，枝干姿态很美，根部往往有不足之处，在养坯时，可采取补根法，诱发新根（图6.36）。树桩一侧无根的可采取靠接法，选择同种树苗紧贴缺根部栽植。翌年树桩及补植树苗生长健壮，春季进行靠接，接活后，将接穗苗剪去（图6.37）。这种补根法，可使老桩残缺根系恢复生机，更新生长。利用树桩蓄根法，可塑出理想的根型。

图 6.36　诱根蓄养

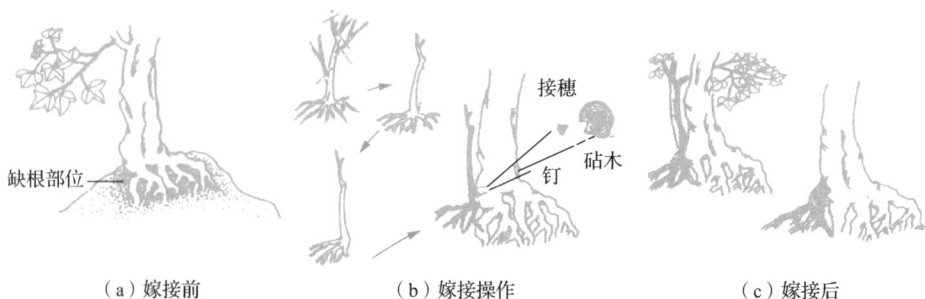

（a）嫁接前　　　　　　（b）嫁接操作　　　　　　（c）嫁接后

图 6.37　嫁接蓄根

（2）垫根法

选取健壮的盆景树材，将全部根系掘起，洗掉泥土，剪去所有向下根系，注意保留四周侧根，清理成放射形，用扁形物体如木板、瓦片等垫在根部下端，用棕丝或易腐绳带将根系均匀地缚扎在垫物上（图 6.38 和图 6.39）。在培养过程中应尽量保留树冠，促使根系生长，数年后即可蓄养成理想根型（平展根）。

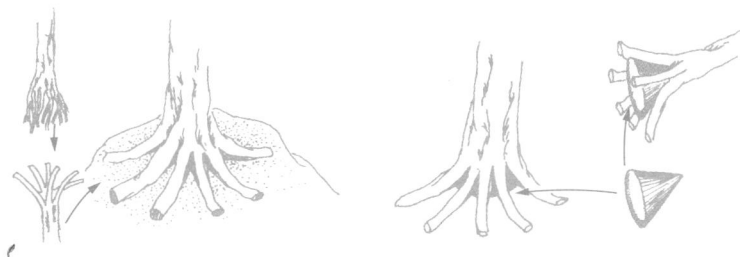

（a）垫根培养过程　　　　　　　　（b）垫根培养后

图 6.38　垫根法

（3）盘根法

选用根部柔软易于盘曲的盆景材料，如榕树、金雀、紫藤、榆树等，春季挖起全部根系，洗去泥土，保留适于盘曲的长根，将锥形棕（锥形体）塞入根部中间，把根沿棕外围分开，再编排盘曲长根，粗细有别，自然得体，使根形呈喇叭状，再用易腐绳带缚扎（图 6.40）。将盘曲处理的树材植于地下，或植于稍大泥盆中。经过盘根蓄养，并逐渐提根，若干年后，即可培养出奇特而美观的盘曲根型。

图 6.40　盘根法

（4）挤压法

在树木生长过程中，不断采取物理方法，对根基主根进行抑制挤压，使其形成板状根（图 6.41）。选用生长快、根系发达的树材，如三角枫、榕树、朴树等。掘起后，洗去泥土，保留侧向主根，将侧根向四周分成 3～5 根，根底呈喇叭状，并将锥形物体塞入根下养护。成活后，扒出主根，用自制刀形铁板且带螺钉，分别将分开的侧根夹持拧紧。两年后拆卸夹板，即可塑造成别具风格的板状根。

（5）围套法

用围套的方法，控制根的扩张，迫使根系向下生长，培养不同形式的悬垂根（图6.42）。春季掘起健壮的树材，洗去根部泥土，剪除短侧根，保留下垂根系。向四周扩散的根，可用易腐烂绳线进行绑扎，选用高筒泥盆栽植，上部再用厚塑料或油毡将根部围起来，进行蓄养。两年后拆除围套物，即可形成风致独特的悬垂根。在以后的翻盆过程中，可逐渐把悬根裸露于盆面，提高观赏价值。

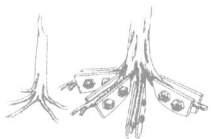

图6.41　挤压法

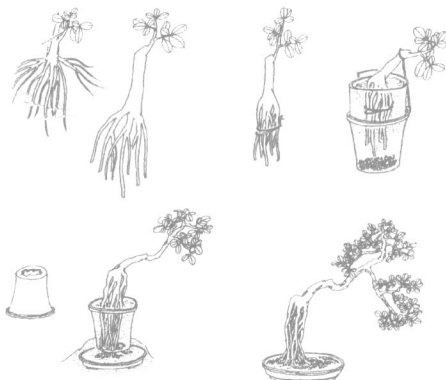

图6.42　围套法

2. 蓄干

树干的粗细、力度、动势对整体造型产生举足轻重的影响。如果要制成一盆树木盆景佳作，就必须根据树材的自身特点，先蓄好根、干，再蓄养分枝、侧枝。野外采掘树桩的蓄干，要根据不同树种习性，灵活掌握。凡生长速度慢、截面很难愈合的树种，如松柏类及杂木类的雀梅、枸杞、六月雪等，采掘时应最大限度保留好根、干、枝，求其完整。采掘到一些生长较快且伤口易于愈合的树种，根盘非常好，干形不理想，可将干部不理想部分截除，重新蓄养主干。截面大者可蓄养成双干，截面小者可蓄养成单干（图6.43）。

（1）剖干蓄养法

野外采掘到的杂木树桩如三角枫、榆树、小叶女贞、福建茶、榕树、朴树等生长较快的树种，根盘甚好，而上部的干不够理想，可将其锯除，并将干的截面剖切成双干型或三干型（图6.44）。翌年春，根据发条情况确定干型。双干型的将主干截成一高一矮，一主一次，参差有致，并任其生长，用蓄枝截干法蓄出主干。当蓄养的主干基本理想后，用金属丝蟠扎分枝、侧枝。经过数年蓄干、蟠扎，使剖干部位蓄养的枝干日趋丰满成型。

图6.43　蓄干

图6.44　剖干蓄养法

（2）单干蓄养法

根部完好的树材，如果上部主干不理想，则可在适当高度截去，重新蓄养枝干，截面小者可蓄养单干（图6.45）。翌年春，根据新枝条生长位置，将主干截成理想高度，用金属丝对顶枝进行蟠扎定位、做弯，等枝条定型后，拆除蟠扎物，任顶枝生长。蓄枝为干，主要适用于生长较快的杂木类树种，松柏类不宜采用此法。

图 6.45　单干蓄养法

3. 蓄枝

枝条是树木盆景造型美的重要组成部分，无枝则无冠。在树材加工造型中，往往因枝与干、枝与枝之间粗细比例、排列位置不合理而难成佳作。树木的自然生长规律，是下粗而上细，如果因造型不当，下部枝条瘦弱，顶端枝条反而粗壮，则会失去自然美。因此必须采取抑上养下措施，有足够营养供给下部枝条，使其长粗，形成丰满的枝冠。

枝条蓄养应在根、干造型基本完成后，再对枝冠进行制作，但不要急于求成，可由下向上逐步推进，越是接近顶部枝冠，成型越快。因此对顶部枝条进行定位、绑扎，应及时剪除徒长枝、四强枝，蓄养下部枝条，让其长粗。当下部枝干蓄养达到一定粗度时，再蓄养侧枝，根据造型需要，或以修剪为主，或以蟠扎为主，进行不同造型处理，在下部枝干造型基本成型后，再逐步向上推移。这样做有利于枝与干、枝与枝的比例协调、合理，形成优美的枝冠（图6.46）。

图 6.46　蓄枝

4. 蓄截口

山野挖掘的树桩，在养坯过程中，需要进行造型剪截，形成大小不等的截口。截口愈合不好，逐渐溃烂，不仅有碍观赏，还影响其生长和寿命。因树种不同，以及截口大小、生长快慢的差异，其愈合能力各有不同。阔叶树种愈合能力强，松柏类的愈合能力差。截口大的树材，最好地栽养坯，不急于造型，枝条定位后，任其生长不加束缚，其截口愈合就快得多。

斜锯后的截口用刀将周围削去一部分，呈小圆弧形，以利于截口的愈合。留条位置应根据造型的需要，留在截口的一侧，不宜对称留条。蓄截口的枝条应放在需要增粗的位置，当所留枝条长到 1.5～2cm 粗时，即可剪去。如果截口尚未愈合好，则可继续再留条，直至截口愈合为止。

雀梅的截口较难愈合，并且截口下部表皮容易坏死，因此蓄养截口时，要在截口下方留一枝条，待截口基本愈合后或生长势旺盛时剪去。

截口过大愈合困难时，可用靠接法，运用该树的枝条靠接截口处。嫁接愈合后，剪去接枝，在截口中间处的嫁接枝条上继续放条蓄养截口。

6.4.4　制作技艺

1. 修剪技艺

盆景修剪方法归纳起来有摘、截、缩、疏、雕、伤 6 种方法。在修剪时期上，应冬季修剪与夏季修剪相结合；在方法上，应蟠扎与修剪相结合，各种具体剪法综合应用。

（1）摘

生长期将新梢顶端幼嫩部分去掉称为摘心。摘心可促进腋芽萌动多长分枝，利于扩大树冠。新枝慢长时，摘心利于养分积累和花芽分化。摘叶可使枝叶疏朗，提高观赏效果。榆树在生长期全部摘叶，会使叶子变小，变得秀气，利于观赏。

（2）截

对一年生枝条剪去一部分称为短截。根据剪去部分的多少可分为轻短截、中短截和重短截。它们的修剪反应是有差异的：轻短截后形成中长枝较多，单枝生长较弱，但总生长量大，母枝加粗生长快，可缓和枝势；中短截后形成中长枝较多，成枝力高，生长势旺，可促进枝条生长；重短截后成枝力不如中短截，一般剪口下抽生 1～2 个旺枝，总生长量小，但可促发强枝。自然式的圆片和苏派的圆片主要是靠反复轻短截造出来的。枝疏则截，截则密。

（3）缩

对多年生枝截去一段称为回缩，这是岭南派蓄枝截干的主要手法。回缩对全枝有削弱作用，但对剪口下附近枝芽有一定促进作用，有利更新复壮。若剪口偏大，则会削弱剪口下第一枝的生长量，这种影响与伤口愈合时间长短和剪口枝大小有关，剪口枝愈大，剪口愈合愈快，则对剪口枝生长影响愈小。反之，剪口枝小、伤口大则削弱作用大。因此回缩时，留桩长或伤口小，对剪口枝影响小，反之为异。为了达到造型目的，挖野桩时和在养坯过程中，经常运用回缩的办法，截去大枝，削弱树冠某一部分的长势，或为了加大削度，使其有苍劲之感而实行多次回缩。回缩既是缩小大树的有力措施，又是恢复树势、更新复壮的重要手段，也是形成岭南派大树型的主要手段。

（4）疏

疏又称疏剪，是将一年生或多年生枝条从基部剪去。疏剪对全桩起削弱作用，减少树体总生长量。它对剪口以下枝条有促进作用，对剪口以上枝条有削弱作用，这种作用与被剪去枝的粗细有关。衰老桩头，疏去过密枝，有利于改善通风透光条件，可使留下的枝条得到充足的养分和水分，保持枯木逢春的景象；对病虫枝、平行枝、交叉枝、对生枝、轮生枝，有些必须疏掉，有的则进行蟠扎改造，以达到造型要求。

（5）雕

对老桩树干实行雕刻，使其形成枯峰，显得苍老奇特。用凿子或雕刀依造型要求将木质部雕成自然凹凸变化，是劈干式经常使用的方法。有条件的还可以引诱蚂蚁食木质部达到雕刻的目的。在蚂蚁活动期间（3～10 月），可在树干上用刀刻去韧皮部、木质部，再在木质部上钻一些洞眼，涂上饴糖，引诱蚂蚁群集蛀食，每周刮一次涂一次。蛀食木质部的速度是很快的，但切忌蚂蚁在此做窝（用 20 倍福尔马林驱逐）。

（6）伤

凡把树干或枝条用各种方法破伤其皮部或木质部的均属伤。如果为了形成舍利干或枯梢式，就采用撕树皮的手法。为使桩干变得更苍老而采用锤击树干或刀撬树皮的方法，使树干隆起如疣。这种手术应在形成层活动旺期（5～6 月）进行。此外，刻伤、环剥、拧枝、扭梢、拿枝软化、老虎大张口等也均属于伤之列。萌芽前在芽上部刻伤，养分上运受阻，可促使伤口下部芽眼萌发抽枝，弥补造型缺陷。在果树盆景上环剥技术应用较普遍，对形成花芽和提高坐果效果显著。拧枝、扭梢、拿枝都应掌握伤筋不伤皮的原则，这样会对缓势促花有一定效果。

总之，修剪原则是因树修剪、随枝造型，强则抑之、弱则扶之，枝密则疏、枝疏则截，扎剪并用、剪法并用，以达到造型、复壮的目的。

2. 蟠扎技艺

在树木盆景造型过程中，要通过弯曲来改变枝干的原来形式，合理占有空间方位，从而达到形式美。在我国传统的树木盆景造型中，多用棕丝、棕皮来蟠扎、弯曲调整枝干。传统棕法蟠扎不易伤害植物，工整秀丽，但技术要求高、工时长。金属丝蟠扎易于操作，可随心所欲，得心应手，省工省时，蟠扎的作品自然有力度，但易损坏植物表皮且难拆卸。所以弯曲蟠扎时，可根据制作者的喜好及造型需要，选用棕丝或金属丝，也可金、棕并用。对枝干弯曲，要了解不同树种的习性，根据粗细，把握好时间季节，灵活运用不同的方法。尤其对主干的弯曲要做到胸有成竹，能弯曲到什么程度，就弯曲到什么程度，亦可分阶段逐步加大弯曲度。弯曲时注意保护好木质部和表皮，对一些粗干造型可弯可不弯的，尽量少弯或不弯。小苗培育的盆景树材，应自幼弯曲、蟠扎；山野采挖的大型盆景树桩，可通过改变种植形式，或巧借树势来减少弯曲度。

（1）金属丝蟠扎

目前海派盆景及日本和世界各国都采用金属丝造型。铜丝、铝丝和铁丝比较，铜丝、铝丝更为理想。铁丝如果不退火，则金属光泽太刺眼，不协调，韧性差易生锈，只能使用一次。使用铜丝、铝丝，解下后还可以使用，但是铜丝、铝丝的成本太高，国内多用铁丝或盆景制作专用铝丝，其型号有 12#、14#、16#、18#、20#。

1）铁丝使用。用前先放在火上烧烤，烧到冒蓝火为止，取出自然冷却（也可以放在草木灰中自然冷却），这时铁丝变得柔软，并去掉了金属光泽，使用起来得心应手。

2）蟠扎时期。蟠扎时期必须适宜，否则枝条易折断，树势也会变弱甚至枯死。一般说来，针叶树蟠扎的最佳时期是 9 月至次年萌芽前。落叶树蟠扎较好的时期是休眠期过后（翻盆前后）或秋季落叶后进行。因为这段时期枝条看得清楚，操作起来比较便利，但此时容易伤到早春嫩芽，在春夏枝条半木质化或木质化后蟠扎比较省力。梅雨季节是常绿阔叶、落叶阔叶树种进行蟠扎的最适当的时期。一些枝条韧性大，如六月雪，一年四季均可蟠扎。松树类宜在休眠时期进行蟠扎。

3）主干蟠扎。

① 取金属丝。据树干粗细选用粗细适度的金属丝，太粗则操作费力且易伤树皮，太细则机械力度达不到造型的要求（铁丝型号一般为8#～14#）。所截金属丝长度以为主干高度的1.5倍为宜（图6.47），太长或太短都不符合要求。

② 缠麻绳或尼龙捆带。蟠扎前先用麻绳或尼龙捆带缠于树干上，以防金属丝勒伤树皮（图6.48）。

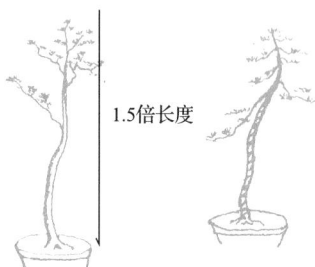

图 6.47　金属丝的长度

图 6.48　缠麻绳

③ 金属丝固定。一种固定法是把截好的金属丝一端插入靠近主干的土壤根团里，一直插到盆底；另一种固定法就是将金属丝一端缠在根颈与粗根的交叉处（图6.49）。

④ 缠绕的方向、角度与疏密度。如果要使主干向右扭转做弯，则金属丝按顺时针方向缠绕；反之，金属丝按逆时针方向缠绕［图6.50（a）］。金属丝与树干呈45°角，角度太小时，缠绕的圈太稀，力度不够，达不到造型的要求；角度太大时，线圈太密，则会变成"铁树"［图6.50（b）］。缠绕时金属丝要紧贴树皮徐徐缠绕，由下而上，由粗而细，一直到干顶，要间隔一致，松紧适宜，太紧则伤皮，太松则主干保持不了弯曲。

（a）入土法　（b）压扣法　（c）打结法

（d）挂钩法　（e）枯枝法　（f）双丝入土

（g）双枝一线

图 6.49　金属丝的固定

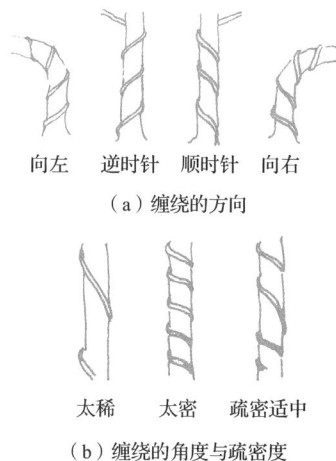

向左　逆时针　顺时针　向右

（a）缠绕的方向

太稀　太密　疏密适中

（b）缠绕的角度与疏密度

图 6.50　金属丝缠绕的方向、角度与疏密度

⑤ 拿弯。缠好金属丝后开始拿弯，拿弯时应双手用拇指和食指、中指配合（图 6.51），慢慢扭动，重复多次，使其韧皮部、木质部都得到一定程度的松动和锻炼，达到转骨的作用，这称为练干，形同人做运动须热身。如果不练干，一开始就用力扭曲，则容易折断。矫枉必须过正，不过正则不能矫枉。拿弯要比所要求的弯度稍大，缓一段时间弯度正好。有时一次达不到理想的矫枉，可渐次拿弯，可先把树干弯到理想弯度的 1/3～1/2，经过 2～3 个月后，再弯曲一次，如此这般，直到所希望的形状为止。如果树干折裂，可用绳子进行捆绑，以此补救。当树干粗时，可采用螺丝起重机（造型器）改变树干方向，以达到树干造型的目的，也可以采用弧切法、纵切法或横切法或借助竹竿木棍绑扎造型（图 6.52 和图 6.53）。当树干过细时，可接缠较细的金属丝，将下端固定在分枝处或粗一级金属丝上。

图 6.51 拿弯指法

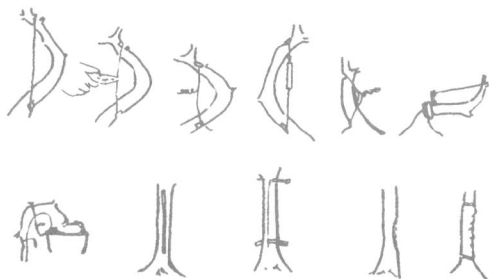

图 6.52 粗干造型辅助措施一

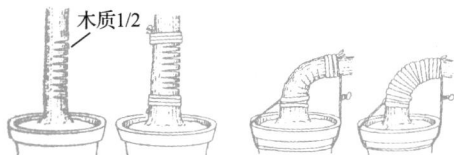

图 6.53 粗干造型辅助措施二

4）主侧枝蟠扎。首先应注意金属丝的着力点（图 6.54 和图 6.55）。在枝头中段随便搭头易导致金属丝无弹力。也不应为了加固着力点而反复缠绕。在可能时，一条金属丝做肩跨式，将金属丝中段分别缠绕在邻近的 2 个小枝上，既省料又简便（图 6.56）。在两条金属丝通过一条枝干时不应交叉缠绕成"X"形（图 6.57）。

侧枝枝片方向，一般第 1 层下垂幅度大，越向上越小，直到平展、斜伸。第 1 层枝片弯成下垂姿态时，如果强度不够，则可用绳子或细金属丝往下拉垂或在枝上悬一重物（图 6.58）。

图 6.54 金属丝的固定

图 6.55 金属丝的着力点

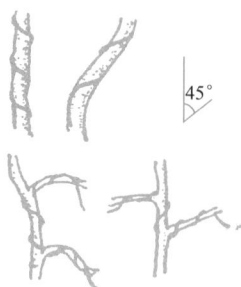

图 6.56　肩挎式缠绕　　　　　图 6.57　错误的"X"形缠法　　　　　图 6.58　枝片下垂辅助措施

5）蟠扎后的管理。蟠扎后 2～4 天要浇足水，伤口两周内不吹风，避免阳光直射。粗干 4～5 年定型，小枝 2～3 年定型。定型期间，根据生长情况及时松绑（老桩 1～2 年松绑，小枝 1 年松绑），否则金属丝勒入木质部，会造成植株死亡。

（2）棕丝蟠扎

棕丝蟠扎是川派、扬派、徽派传统的造型技艺。一般先把棕丝捻成不同粗细的棕绳，将棕绳的中段绑缚在需要弯曲的枝干的下端（或打个套结），将两头相互交绞几下，放在需要弯曲的枝干的上端，打一活结，再将枝干徐徐弯曲至所需弧度，然后收紧棕绳打成死结，即完成一个弯曲（弯曲呈月牙形）。一般弯曲间距视枝粗细和软硬程度而定，粗且硬的，间距可大一些，弯曲处的内弧处可用锯拉口，深度小于干径 1/2，并用麻皮缠住伤口。棕丝蟠扎的关键在于掌握好着力点，要根据造型的需要，选择好下棕与打结的位置。开始的蟠扎点应尽量选择分枝、树节或粗糙处，以防棕丝松动。蟠扎点光滑的可用棉织物缠绕。

棕丝蟠扎的顺序：先扎主干后扎主枝、侧枝，先扎顶部后扎下部，每扎一个部分时，先大枝后小枝，先基部后端部。

1）向下弯曲。棕绳的始端采取扣套方法系在主干的根部不宜滑移处，找出向下弯曲最理想的拉力点，把主干向下试压数次以疏松木质部，用棕绳系拉固定（图 6.59）。

棕绳不宜系在主干上时，也可系在相邻粗干上。弯曲枝条和主干角度较小，向下弯曲时容易在权口裂开。可在权口近处系一根棕绳向上拉，也可用弧弯铁件绑扎在权口下方，或用棕绳在权口处将两枝条系在一起，然后蟠扎弯曲该枝（图 6.60）。

图 6.59　向下弯曲一　　　　　　　　　　　图 6.60　向下弯曲二

主干光滑粗壮的，用呈"冂"形的铁件固定在适当位置，再系棕绳弯曲枝干（图 6.61）。

主干太粗，弯曲困难时，在干的弧弯部内侧间隔锯切口（深度是干径的 1/3～1/2），用麻皮或棕皮将锯口处包扎紧，再进行弯曲（图 6.62）。

图 6.61　向下弯曲三

图 6.62　向下弯曲四

2）水平弯曲。

水平枝的弯曲：干枝按逆时针方向水平弯曲时，把棕绳中间部系在枝背面，绕过主干按顺时针方向系拉枝干（图 6.63）。

上扬枝的水平弯曲一：分为上扬枝向观赏小面作水平弯曲和上扬枝向观赏大面作水平弯曲两种情形（图 6.64）。

上扬枝的水平弯曲二：棕绳系在下部，把上扬枝牵拉成水平状，和棕绳系在该枝的基部，根据需要向观赏大面、小面作水平弯曲（图 6.65）。

图 6.63　水平枝的弯曲

图 6.64　上扬枝的水平弯曲一

图 6.65　上扬枝的水平弯曲二

下垂枝的水平弯曲一：分为下垂枝向观赏大面作水平弯曲和下垂枝向观赏小面作水平弯曲两种情形（图 6.66）。

下垂枝的水平弯曲二：将下垂枝系拉成水平状，再用棕绳作水平弯曲（图 6.67）。

图 6.66　下垂枝的水平弯曲一

图 6.67　下垂枝的水平弯曲二

3）连续弯曲。凡在一个水平面上作重复弯曲的，可用连棕方法进行连续弯曲。

选择好蟠扎树材。根据需要保留部分侧枝，剪除余枝，使主干裸露。将树材斜放在盆钵上。如果主干粗滑，则把棕绳用油漏套法系在干基部固定好，选择主干上部适当位置打活结弯曲主干。

第一弯形成后，将活结打成死结，用连棕法，再扎第二弯、第三弯。主干扎好后，由下往上再扎侧枝。凡在一个水平面作连续弯曲的都可用连棕法扎弯（图 6.68）。

4）扭旋弯曲。其弯曲方法和以上弯曲方法大同小异，不同的只是其弯曲度不在一个水平面上，往往需要做顺时针方向或逆时针方向扭旋，调整弯曲形式。树材韧性好、愈合能力强、易于扭曲的，如柏类、松类、梅、榆树等均适宜扭旋弯曲。杂木类应自幼蟠扎。蟠扎时要把握好力点及系棕打结的位置，注意按统一方向扭旋弯曲。位置达不到理想点时，可用棍棒辅助。主干较粗扭旋困难时，可在弯曲部位刻一槽沟深达本质部，再作扭曲（图6.69）。

图6.68　连续弯曲　　　　　　　　　　　图6.69　扭旋弯曲

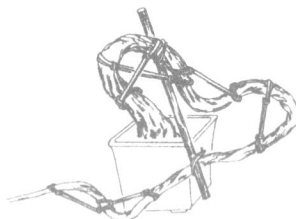

（3）金、棕并用蟠扎

金属丝对小枝条的绑扎时间快、效果好且有力度，但对较粗枝干的弯曲较为困难，而棕丝蟠扎无论粗细皆可。棕丝蟠扎主要通过两点的收缩使枝条弯曲，其弯曲的形式，柔多刚少。因此，把金属丝和棕丝并用，能取长补短，刚柔相济。主干枝的弯曲用棕丝蟠扎、牵拉，小枝条的弯曲用金属丝绑扎。

春季选择形体理想的小叶榆，掘起后疏剪侧枝，斜植泥盆中。栽活后的翌年春，用棕丝蟠扎主干，用不同粗细的金属丝由下而上逐枝蟠扎（图6.70）。若枝条位置不够理想，则可用棕绳牵拉调整。

图6.70　金、棕并用蟠扎

（4）其他蟠扎方法

枝干弯曲除用金属丝、棕绳蟠扎外，还可以利用剖干、锯切、开槽、绞、吊、拉、顶的方法。

6.4.5　上盆技艺

1. 选择盆钵

（1）质地选择

盆钵质地对树木花草的观赏和栽种生长都有一定的影响。松柏类盆景一般宜用紫砂陶盆，质地细致而古朴，色泽深沉，极富观赏特色。杂木类盆景一般宜用陶烧素瓦盆，透性良好，有利于植物生长发育，对多年培育的桩景尤为适宜。观花类、观果类盆景宜用紫砂陶盆或素瓦盆，通透性好，朴实古雅，有利于开花结果和观赏。一些盆景精品，为了提高其观赏价值，还可套加彩绘瓷盆或釉陶盆。微型盆景通常采用紫砂陶盆或釉陶盆，以美观为主，维持其正常生长则靠精细管理。一些特大型盆景可用水泥盆或凿石盆，供园林陈列或展览用。

（2）形状选择

造型优美的树景，只有配上大小适中、深浅恰当、款式相配的盆钵，才能衬托出盆景艺术品的高雅和生气。在配盆时，用盆过大，则显得盆内空旷，树木矮小。同时盆大盛土多，水分也多，易引起树木徒长，甚至造成烂根。用盆过小，又会使树木头重脚轻，缺乏稳定感，并且易造成水分、养分不足，影响生长。此外，用浅盆时，盆口面宁大勿小；用深盆时，则盆口面宁小勿大。

盆的深浅对树景的观赏和生长也有一定影响。用盆过深，会使盆中植物显得低矮，并且不利于喜旱植物的生长；用盆过浅，又会使主干高耸的树木有不稳定感，并且不利于喜湿植物的生长。一般来说，丛林式宜用浅盆；直干式宜用较浅的盆；斜干式、卧干式宜用中深的盆；悬崖式宜用高深的千筒盆。此外，对于规则型树景，习惯上用深些的盆；自然型树景，特别是盆中放置配件的，用盆不宜过深。

盆钵的选配，还须注意款式与树景在格调上一致。如果树木姿态苍劲挺拔，则盆钵线条也宜于刚直，可采用四方形、长方形或有棱角的盆钵，以表现一种阳刚之美。如果树木姿态盘曲垂柔，则盆钵轮廓以曲线条为佳，可采用圆形、椭圆形或外形浑圆的盆钵，以显示阴柔之美。

此外，配盆还要考虑到有利于植物的生长。对生长快、根系发达的树木，宜用瓢口或直口盆，以便于翻盆换土；对生长慢、根系不发达的树木，则可选用多种盆口形式的盆钵。通常规则造型的树景，可选用正方形盆或圆形盆，也可采用海棠形、六角形、梅花形等款式盆钵。有明显方向性的树景，如斜干式、卧干式或风吹式等盆景，则宜用长方形或椭圆形长度较大、深度较浅的盆钵；多干式、连根式、丛林式或附石式盆景，宜用形状简单的长方形或椭圆形浅盆。

（3）色彩选择

盆景艺术的色彩美，表现在树木景物的色彩与盆钵的色彩既有对比又能调和。一般树景为主体，盆钵为配角，因此盆的形体和色泽很重要。常见盆钵的颜色有茶褐色系，如紫砂、铁砂、赤泥、黑泥等，其色泽不太醒目，亦不暗淡，古朴凝重，适合松柏类或常绿类树景的盆栽。蓝绿色系有浅绿、墨绿等色，色泽稳重，可增添植物的绿意，杂木类或红色花果类盆景适宜选用。白色系有浅灰、灰白、浅黄等色，呈无色状，任何颜色均可接受，除白色花的树景外，其他各类色彩盆景都适合选用。

从实用上来讲，松柏类四季翠绿，配以紫色或红褐色一类深色的紫砂陶盆，更见古雅淳朴；花果类色彩丰富，宜配上色彩明快的釉陶盆，使花果颜色艳丽。例如，红梅、红花碧桃、贴梗海棠、紫藤、火棘、石榴等树景，配以白色、淡蓝、浅绿、浅黄等冷色系的釉陶盆景；白梅、迎春花、金雀等则宜选用深色釉陶盆。此外，红枫宜配浅色盆，银杏宜配深色盆，使树景与盆色对比明显，增加观赏价值。同时，选配盆钵还要考虑树木主干色彩及叶色的季节性变化。

2. 盆景用土选择

树木盆景的用土，要根据树种的生物学特性来选择，不同树种对土壤的理化性质要求不同。一些南方山地生长的杜鹃、赤楠、山茶等树种，要求酸性土壤；有的树种如榔榆、榉树、朴树、柽柳等，则要求中性土或钙质土。一般来讲，盆景用土都需要肥沃疏松、富含腐殖质的营养土。

盆土配用通常有腐叶土、山土、塘泥土、稻田土等，还可根据不同情况配制加肥培养土。普通培养土由田园土、腐叶土各 4 份，加河沙 2 份，再拌适量砻糠灰过筛拌匀而成。如果再掺入腐熟饼肥 1～2 份，则即成加肥培养土。上盆时间宜选择早春树木萌动前。

3. 栽植

在选好盆和土的基础上，用碎瓦片或金属网（塑料丝网更好）堵塞盆底水孔。浅盆多用铁丝网，较深盆可用碎瓦片，两片叠合填一个孔，最深的千筒盆需用很多瓦片将盆下层垫空，以利排水。填孔工作很重要，切不可马虎从事。如果将水孔堵塞，水排不出去，将会造成植株烂根。用浅盆栽种较大树木时，需用金属丝将树桩与盆底扎牢，也可先在盆底放一铁棒，使金属丝穿过盆孔扎住铁棒。这样在栽种时根便可以固定下来，不致摇动而影响以后萌发新根。

树木的位置确定后，即将事先筛好的 3 种粗细的盆土放入盆内：先将大粒土（或泥炭）放在盆底，再放中粒土填实根的间隙，最后放入小粒土。培土时一边放入，一边用竹签将土与根贴实，但不要将土压得太紧，只要没有大空隙即可，以便于透气透水。土放在接近盆口处，稍留一些水口，以利浇水。如果为浅盆，则不留水口。有时还要堆土栽种，树木栽种深浅也要根据造型的需要，一般将根部稍露出土面（图 6.71）。

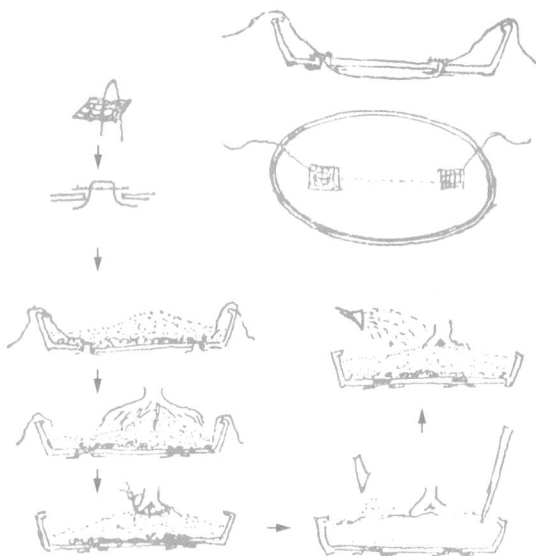

图 6.71　栽植技艺

树木栽种完毕，要浇水。新栽土松，最好用细喷壶喷水。第一次浇水务必浇足。而后将其放置在无风半阴处，天天注意喷水。半月后，便生新根，转入正常管理。

提根式盆景，一般用盆较浅。树木刚栽时，培土要堆成馒头形，高于盆面，待生长正常后，堆土通过浇水，逐渐冲洗，使根部露出土面。附石式盆景的栽种，比较复杂，一种是将树根栽于山石的洞穴中，用竹竿将土与根贴实；另一种是将根系包在附石的四周，再将树根嵌在石缝中，外面覆盖泥土，然后用青苔包裹并缚扎起来，连石一起栽进选好的盆中（较深泥盆）。待 2~3 年后，根部生长正常，同石缝嵌紧，即可移栽至浅盆中，成为附石式盆景。

另外，在树木盆景中为了构成一定意境和景观，往往选用适当的山石或配件，点缀于盆中。例如，在松柏盆景中，放置几块山石，可使盈尺之树有参天之势；悬崖式盆景，根际放上一尖峭峰石，使树木有如生长在悬崖绝壁之感。盆景中的配件常用亭、台、小桥、舟筏、人物、动物等陶瓷质的模型。

6.5　盆景养护管理

盆景养护管理主要包括生境管理、盆土管理和盆树管理。生境管理指对树木生态环境的管理，盆土管理指对土、肥、水的管理，盆树管理主要指修剪、防寒、遮阴及病虫害防治等。

6.5.1　生境管理

生境管理要做到以下几点。

1）放置盆景的地势应高燥、通风、有凉爽的小气候。若有积水现象，则应通过人工的方法加以改造。

2）放置盆景的场所，应该水源充足，能满足桩景对水分的起码要求，而且水质纯净、无污染，水温与盆土温度要接近。

3）要空气流通，但要避风，不放在风口上，周围不存在空气污染（二氧化硫、氟化氢、氯等）。

4）场地必须满足盆景植物对光照的要求。对于稍耐阴的树种，如罗汉松、桧柏、南天竹、十大功劳、山茶、杜鹃等，在高温季节要适当遮阴，要有遮阴的设备。

5）夏天要创造一个凉爽的气候，有些树种要进荫棚；冬季北方要有防寒措施，如温室、地窖、风障等。

6）要有理想的盆土，物理性要良好，排水好，含有丰富的腐殖质，不板结，无地下害虫和病菌。

7）环境要优美，使盆景为环境锦上添花。

8）周围无严重的病虫害。

6.5.2　盆土管理

1. 浇水

（1）浇水量

盆景树木的浇水是养护管理的一项重要工作。生长在盆钵中的树木，盆土有限，易干燥，如果不及时补充水分，经风吹日晒，就会因缺水而萎蔫死亡。但浇水不当，水分过多，盆土太湿，根部呼吸不良，也易导致烂根死亡。因此，盆景树木的浇水一定要适量，根据季节、气候、树种及盆体的大小、深浅、质地等因素来确定浇水的多少、次数和时间。掌握"不干不浇，浇则浇透"的原则。

盆景树木要因时而浇水，在不同生长季节，需水情况不同。一般夏季高温期要早晚各浇一次水，春秋季可每日或隔日浇一次水，冬季处于休眠期可数日浇一次水，梅雨期或阴雨天可不浇水。此外，盆土的持水量与土质有关，砂质壤土透水性好，可多浇些水；黏土透水性差，则少浇些水。

盆景树木要因树而浇水，树种不同，喜旱与耐湿情况不同。阔叶树比针叶树的蒸发量大，容易失水，要多浇一些水；喜湿树种比耐干旱树种要多浇一些水。

盆景树木要因盆而浇水，即根据盆的大小、深浅、质地去浇水。浅盆、泥盆、粗砂盆应多浇水；釉盆、瓷盆、深盆应少浇些水。小型盆景易失水，最好的办法是将盆置于沙床上，保持沙床一定湿度即可。

在给树木浇水过程中，如果发现盆景树木有萎蔫或病变情况，而盆土又偏湿，则可判断为水害，此时应停止浇水，等干后再浇。严重时需及时翻盆，剪去烂根再植于泥盆中，精心养护。

（2）浇灌方法

1）喷施法：盆景浇水均以喷壶喷洒为宜。

2）浸盆法：为不使盆土板结，还可采用浸盆法，即将盆浸到淹没盆口的池子里，浸透盆土（水泡没有时为止）。

3）灌水法：把水直接浇灌到盆内，不浇则已，浇则必满必透。

4）虹吸法：在桩景旁边放一桶水，中间用毛巾把桶、盆连起来，即一头放入水中，另一头放入盆口土面上，利用虹吸原理浇水。这种方法用于无人看管的少数几盆盆景。

另外，浇灌用水应先在贮水池贮存 1～2 天，水温与盆土温度接近，防止因浇水引起温度激变而损伤根系，甚至造成萎蔫。

2. 施肥

盆景树木在不断生长过程中，要从盆土内吸取养分，而盆土的养分有限，不能维持树木所需的营养，会因缺肥使叶片发黄、枝条细弱、花稀果小，对病虫害的抵抗力减弱，观赏价值降低，为此就应注意补充适当的肥料。但一般盆景树木生长缓慢，不宜施肥过多，以免徒长，影响树姿的美观。施肥时要注意适时适量，还要掌握施肥的种类和含量。

（1）施肥方式方法

施肥一般分为施基肥和追肥两种。上盆、换盆时施入盆土中的底肥为基肥，大都属于迟效、长效肥料，如饼肥、骨粉、鱼下水、动物血、大粪干、蹄角等。多在上盆、翻盆时把基肥掺入盆土或撒在盆底，再盖以少量盆土，而后把植物栽上。追肥是在盆树生长过程中，视其生长需要而临时补给的肥料。追肥一般用速效性肥料，大都采用液肥，常用的有经过充分腐熟的饼肥液汁、粪水及毛、角、蹄片浸出液。施用液肥时应酌情加水，一般以薄肥多施为原则。各种化肥片也可用作追肥，一般口径为 15～20cm 的盆，可撒埋 3～4 片化肥片。

另外，根外施肥的性质也属追肥，肥效来得快。例如，观花盆景或观果盆景，可在花前追施过磷酸钙 100 倍或磷酸二氢钾 500～600 倍液喷洒叶面，对提高开花着果率效果显著，时间以上午 10 时前下午 3 时后为好，可以减少蒸发，利于吸收。

施肥要因时、因土、因树而异。春季多施氮肥，秋天施磷、钾肥，休眠期一般不施肥；

幼树多施氮肥，盆景果树多施磷、钾肥。土壤缺什么肥，就多施什么肥。还要做到因树施肥。例如松柏类，要使其长得风姿苍劲，倘若施肥过多，则会导致嫩枝徒长、针叶过长，有碍观赏，一般一年施肥 2～3 次即可（秋后、早春）。松类施肥以蹄角、羽毛、动物内脏浸出液最好。此类肥水含氮、磷较多，可使树叶油绿发亮（施时要兑 10 倍水）。杂木类如小蜡、女贞等树种，生长期可每月施肥一次。南天竹秋后施长效肥，春季花前施追肥。罗汉松等树种如果在秋后施肥过迟或秋后施氮肥，则新梢容易受冻寒。杜鹃花性喜薄肥，用饼肥、骨粉、绿肥浸出液兑水浇灌最好。海棠、苹果、葡萄、梨树盆景如果不注意秋季施肥，则翌春开花不繁，坐果率不高。石榴特喜肥，只有在春、夏、秋生长季不断施肥，才能花多果硕（多施磷肥）。对于观叶类如红枫、榆树等，初秋摘除老叶后，应追施氮肥一次，可促发新叶，更为娇嫩。

（2）施肥注意事项

施肥注意事项如下：①施有机肥必须腐熟，不可施入生肥，以防伤害植物或发生虫害；②追肥浓度（尤其磷肥）不宜过大，要勤施少量；③气温太高时不宜施肥，夏季施肥宜在傍晚或早上；④土壤追肥前必须松土，以利植物迅速吸收，施肥后土壤要灌足水，以防烧伤植物，产生肥害。一旦发生肥害，就要及时挽救。挽救方法有喷、浇水洗出肥料；脱盆冲洗，剪去受害根尖；换土倒盆，放阴凉处养护，以后转浇绿肥水。

3. 翻盆

盆景树木在不断生长过程中，其根系往往密布盆底，影响通透性和排水，也不利于养分的吸收，有碍树木正常生长，这时就应进行翻盆换土。翻盆可以用原盆或换大一号的盆，根据树种及树木大小来决定。翻盆时，将树木自盆中连土脱出，除去土球及腐根，剪口须平滑，不可撕裂根部。然后将树木重新栽入盆中，盆底及盆周填进培养土，并以木棒或竹竿捣实。土面应离盆口 3cm 左右，作为水口，以利浇水。翻盆后的管理与上盆栽植相仿。

翻盆的时间，一般宜在秋后或早春这段时间。有些常绿阔叶树，如黄杨、桂花、枸骨、小叶女贞等，也可在梅雨季节翻盆。翻盆间隔的时间，生长迅速的树种，如雀梅、榆树，每隔 1～2 年翻盆一次；生长缓慢的树种，如松柏类，可每隔 3～5 年翻盆一次。也可根据盆景大小来决定翻盆间隔时间，一般小盆景隔 1～2 年，中盆景 2～3 年，大盆景隔 3～5 年翻盆一次。如果系老桩盆景，则可以多隔几年。

6.5.3 盆树管理

1. 修剪

盆景树木上盆造型后，为防止其枝叶徒长，紊乱树形，在养护管理过程中，要经常修剪，长枝短剪，密枝疏剪，维持它优美的树形。一般养护修剪有以下几种措施。

1）剥芽。树木在生长期，其根部及枝干常萌发一些不定芽，特别是萌芽力强的树种，如雀梅、榔榆、六月雪、石榴等，如果不及时剥摘萌芽，则萌生的枝条长得很零乱，影响树形美观。同时萌芽很多，大量消耗养分，也会影响树木长势。因此，在盆景树木养护管理的过程中，及时剥去幼芽十分重要。

2）摘心。为抑制盆景树木的高生长，促进其侧枝发育伸展，可摘去枝梢的嫩头，使树冠保持一定的形态。摘心还可使养分集中于盛开的枝叶上，促其腋芽萌发，增加枝叶密度。

例如，真柏、桧柏在5～6月摘除嫩梢，可使树冠更加圆整。松类盆景通过摘心，除去顶梢壮芽，会在针叶间萌发一些小芽，这些芽长成的嫩枝针叶就比较短小，使树景更为古雅苍老。

3）修枝。盆景树木在生长过程中，常萌生许多新枝条，为保持其造型美观，应经常注意修枝。要根据树形来确定修枝方式。例如云片状造型，扬派盆景的雀梅、六月雪、榆树等，萌发力强，新枝发生后，将枝条修平成片即可；金钱松、鸡爪槭等发枝后仅留一节，其余均剪除，再发再剪，不让其徒长扰乱原来的形态。一般有碍美观的枯病枝、徒长枝、平行枝、交叉枝等均应剪去。修枝的注意事项：①松柏类萌发力强，应当少剪；②梅雨季节树木发枝旺盛，要勤于修剪；③生长期较粗枝条暂不修剪，冬季休眠期再剪；④修枝要注意剪口芽的方向，一般保留外侧的芽，使其向水平方向生长。

2. 病虫害防治

盆景树木和桩景树木常见病虫害及其防治如表6.3和表6.4所示。

表6.3　盆景树木常见病害及其防治

病害名称	危害树种及症状	防治方法
黄化病（缺绿病）	杜鹃、山茶、栀子、含笑等。叶黄，进而出现乳白色斑点，严重时组织坏死呈褐色	喷灌0.2%～0.5%硫酸亚铁加镁、锌微量元素，隔周喷一次，或浇灌黑矾水
立枯病	各种盆景树桩苗木。幼苗茎基出现椭圆形褐斑，最后植株枯死	0.5%硫酸亚铁或100倍等量式波尔多液每10天喷一次，发病后用800倍退菌特药喷洒，一周一次
猝倒病	各种桩景苗木。幼苗胚茎烂死	喷施160倍等量式波尔多液，半月一次，或发病后喷铜铵合剂
白粉病	紫薇、月季、栀子、小菊等。嫩叶覆盖白粉，后出现斑点，弯梢卷叶，枯叶，枯死	用100倍等量式波尔多液预防，发病后用500～1000倍退菌特或800倍代森锌
松类落叶病	危害松类。叶子由绿变黄、变黑，大量落叶	4～5月喷70%甲基托布津可湿性粉剂800～1000倍液，或65%代森锌可湿性粉剂600倍液，10天一次，喷药后一周喷硫酸亚铁1000倍液
罗汉松叶枯病	罗汉松。叶片中上部灰白并有黑点，后叶枯死	喷65%代森锌可湿性粉剂600倍液，7～10天一次，连续3次
煤烟病	杜鹃、山茶、黄杨、迎春花、柑橘类。叶面一层煤烟，此病是由蚜虫、蚧壳虫分泌物造成的	消灭蚜虫、蚧壳虫，改善通风透光条件
锈病	月季、海棠类、苹果、梨、菊花等。叶面出现锈色孢子，卷叶，落叶	发病后喷65%代森锌可湿性粉剂500～300倍液
褐斑病	贴梗海棠、榆叶梅等。叶面出现圆形红褐斑，有黑点，叶子焦黑脱落	喷65%代森锌可湿性粉剂600倍液
炭疽病	紫藤、梅、桃、米兰、月季、绣球、蕙兰。叶缘、叶尖出现白边、褐圆斑	病初，施50%多菌灵可湿性粉剂500～600倍液或50%甲基托布津可湿性粉剂600倍液
根癌病	梅、桃、李、苹果、葡萄、柑橘类。根际出现肿瘤，严重者使盆景致死	土壤消毒，翻盆时剪去根癌
病毒病	牡丹、蔷薇类，水仙等。叶子出现花叶、黄化	选择优良品种，繁殖无病毒种苗，消灭害虫，拔烧病株
线虫病	菊、蔷薇科植物。叶子由淡绿变黄、变黑，最后脱落，根部出现肿瘤、白色线虫体	拔烧病株，土壤用1500倍40%乐果乳剂或80%敌敌畏乳剂浇灌，或用80%二溴氯丙烷熏蒸石、土壤（5～8mL/m²）

表6.4　桩景树木常见虫害及其防治

害虫名称	危害树种及部位	防治方法
蚜虫	桃、梅、李、石榴、柑橘类、紫荆等。危害新枝叶，诱发煤烟病，刺吸害虫	喷40%乐果或80%敌敌畏1000～1500倍液，加强通风透光；也可用烟草浸液喷洒
红蜘蛛	山楂、柑橘类等。刺吸害虫，破坏叶绿素，叶片变黄、脱落	80%敌敌畏乳油或40%氧化乐果1200～1500倍液，或用溴氰菊酯3000倍液喷洒
蚧壳虫	苏铁、石榴、黄杨、茶花、南天竹、含笑、桂花、冬青等。属于刺吸害虫，吸吮枝液，诱发煤烟病	用刷子刷掉蚧壳虫。5～6月喷施（7～10天一次）氧化乐果1000倍液或80%敌敌畏乳油1000倍液
粉虱	杜鹃、山茶、葡萄、月季、紫丁香、石榴。刺吸害虫，叶后变黄、脱落，诱发煤烟病	喷80%敌敌畏乳剂1000倍液，加少许洗衣粉，5～6天喷一次，或用25%溴氧菊酯2000倍液喷洒
刺蛾	梅、碧桃、贴梗海棠、栀子、桂花。食叶害虫，幼虫专食叶肉	人工捕杀；喷40%氧化乐果或敌敌畏1500～2000倍液
袋蛾	蜡梅、石榴、梅、桃、柑橘类。食叶害虫，幼虫吐丝作囊，负囊食树叶	人工摘除；3～6月喷90%敌百虫100倍液或80%敌敌畏800倍液
毒蛾	松类、苹果、海棠类、桃、茶花、葡萄等。食叶害虫，专食嫩叶	采下卵块烧死，利用黑光灯诱杀，幼虫期喷50%辛硫磷乳剂1000～2000倍液或50%敌敌畏乳剂1000倍液
金龟子	松、苹果、海棠、桃、梅等。食叶害虫，夜晚出没食叶片	盛发期喷氧化乐果1000倍液，或者诱杀（用灯光）
网蝽	火棘、杜鹃、海棠、苹果。群栖于叶背主脉两侧，吸食叶液	5月喷洒40%氧化乐果或敌敌畏乳油1000倍液(隔周)，烧掉落叶
天牛	柑橘、桃、梅、杏等。食干害虫，蛀食枝干	人工捕杀；清除蛀孔木屑后，注入敌敌畏或氧化乐果150倍液
松梢螟	五针松。专食五针松嫩叶，咬断嫩枝	4～5月喷洒50%杀螟松1000倍液，或剪去虫枝烧掉
蠹蛾	枫类、石榴、柑橘类。蛀干害虫，啃食韧皮部组织	棉球蘸50%敌敌畏10～20倍液，塞进虫孔将其熏死
吉丁虫	桃、杏、苹果、樱花等。幼虫串食枝干皮层，破坏输导组织，使枝干致死	人工捕杀；春天羽化前喷80%敌敌畏，羽化期喷50%对硫磷2000～3000倍液，危害期枝干上刷敌敌畏或氧化乐果

3. 遮阳

阳性树如黑松、五针松、桧柏、榆树、紫薇、石榴等，可将其放在阳光充足的地方。阴性树如罗汉松、冬青、山茶、南天竹、六月雪等，应将其放在遮阳的地方。一般在酷热炎夏，树木盆景都应搭棚遮阳。

4. 防寒

树木的喜温性和耐寒性不同，其管理措施要注意入冬防寒问题。一般耐寒性强的乡土树种，冬季可将其放在室外越冬，为防止盆土冻裂，可连盆埋在向阳地下，盆面露出地上。一些不耐寒的树种，如福建茶、九里香、金橘、佛肚竹等，冬季必须将其移至室内或温室中越冬。

冬季严寒的北方，空气干旱，对一些树种来说，如果不加保护，就会出现枯梢、树干冻裂或冻死等现象。主要有生理干旱、冻害、伤根等情况。常用的防寒方法有：①风障防寒；②埋盆防寒；③遮稻草防寒；④地窖越冬；⑤低温（0～5℃）温室越冬；⑥居室越冬；⑦覆盖塑料薄膜等。长江以北地区可根据具体情况灵活采取相应防寒措施。

■■ 任务实施 ━━━━━━━━━━━━━━━━━━━━━━━━

任务 6.1　直干式盆景造型

任务描述 ☞

直干式盆景树木的主干直立或略有弯曲，在一定高度上进行分枝，气势轩昂，枝条分布有层次。这类盆景多数采用单株栽植，主侧枝分布有序，构图简洁，挺秀庄重。待长到一定高度后进行截顶修剪或摘心，使其分枝扩张，雄伟挺拔，层次分明，疏密有致，体现自然界大树的景观美。应在观察临摹的基础上设计造型，将处于整形期的供试树木利用金属丝造型。

任务目标 ☞

1. 掌握直干式盆景的造型特点。
2. 了解适合做直干式盆景的植物材料特性。
3. 能根据植物材料的特性设计直干式盆景造型形式。
4. 能依据设计方案进行直干式盆景制作。

植物材料 ☞

上盆栽植一个生长季以上的适合制作直干式盆景的盆栽植物，如金钱松、五年生榆树或三角枫等。

造型用具与备品 ☞

不同型号（14#、16#、18#）的金属丝（铅丝）、盆景用盆（紫砂盆）、盆土、老虎钳、修枝剪、胶布带、伤口愈合剂、速写本和笔、操作台、养护用地等。

任务操作步骤与方法 ☞

1. 设计或临摹

根据对直干式盆景特点的理解，设计或临摹一组直干式盆景作品。明白自然树形转化成盆景设计树形的关系，即枝条如何转化成枝片，其在空间的位置是如何变化的（图 6.72）。

（a）自然树形经过艺术夸张和变形处理　　　　（b）直干式雪松树形与叶片走向俯视图

图 6.72　直干式盆景作品举例

2. 相树设计

根据树木材料的特性，掌握其最佳观赏面，设计造型形式（图 6.73）。

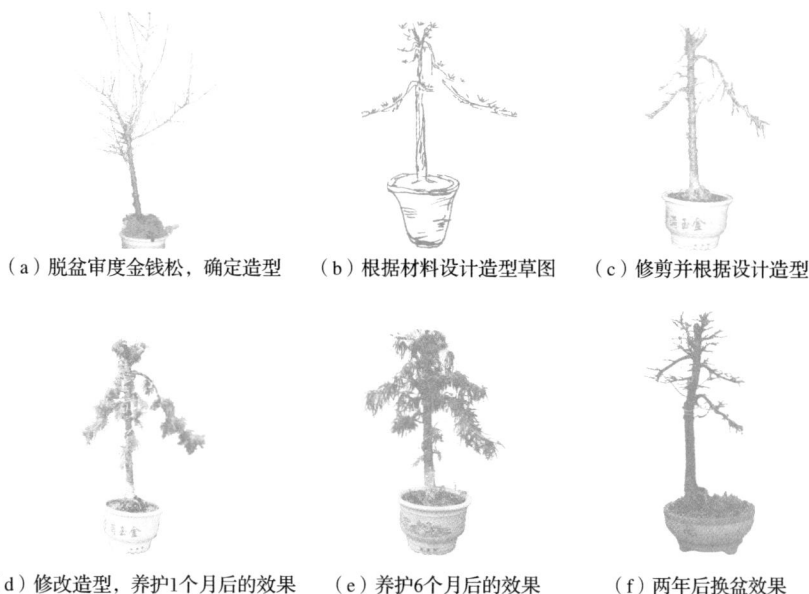

（a）脱盆审度金钱松，确定造型　　（b）根据材料设计造型草图　　（c）修剪并根据设计造型

（d）修改造型，养护1个月后的效果　　（e）养护6个月后的效果　　（f）两年后换盆效果

图 6.73　直干式盆景造型设计

1）将适合制作直干式盆景的植株脱盆，放在工作台上最佳位置，以便于观察分析。
2）从不同的角度、方位观察审度植株，画出设计草图，说明设计意图。
① 小组交流讨论设计方案，教师进行指导，修改并确定设计方案。
② 根据构图需要，将多余枝条剪去。

3. 造型

直干式盆景造型过程（图 6.74）如下。

（a）设计、选苗、造型　　（b）修改后枝片布局　　（c）设计成型

图 6.74　直干式盆景造型过程

1）先用粗细合适的铅丝将主干进行适度处理，后缠绕侧枝和小枝。注意金属丝的粗度、固定的方法及缠绕的方向、角度、疏密度等。
2）处理好主干后，先弯主侧枝，注意侧枝的走向、倾斜角度。掌握第一片起片的位置、片层与片层之间的距离、片层平面和空间布势。

3）注意结顶的形式、大小，掌握重心的位置。

4．上盆种植

1）剔去泥土，留旧泥约 1/4，修去过长的根及无用根。
2）选盆。选用比例合适的盆，排水孔垫碎瓦片，以利于排水。
3）种植。深度及重心要适宜，达到固定植株的要求。

任务评价 ☞

在制作过程中，首先评定对直干式盆景构图的理解，根据设计草图和制作成品进行评价。具体评价标准如表 6.5 所示。

表 6.5　直干式盆景造型评价标准

序号	制作步骤	评价标准	赋分	备注
1	设计或临摹	描述材料的特性，可以设计或临摹直干式盆景作品	2 分	
2	相树设计	绘出设计草图	1 分	
		确定最佳设计造型方案并修改	1 分	
3	造型	金属丝选用的粗细、固定的方法合适	2 分	
		金属丝缠绕的方向、角度、疏密度合适	2 分	
		金属丝经济适用	1 分	
		第一片起片的位置合理，其他出片的位置也合理	2 分	
		片层与片层之间的距离合理	2 分	
		结顶合理	2 分	
		主干的走势合理	2 分	
		侧枝的起弯、走势流畅	1 分	
4	上盆栽植	选用的盆比例合适	1 分	
		栽植深度及重心适宜	1 分	

巩固训练 ☞

1）五针松单干直干式盆景造型（图 6.75）设计。
2）金钱松双干直干式盆景造型（图 6.76）设计。
3）红枫或水杉三干直干式盆景造型（图 6.77）设计。

图 6.75　五针松单干直干式
盆景造型

图 6.76　金钱松双干直干式
盆景造型

图 6.77　红枫或水杉三干直干式
盆景造型

任务 6.2　斜干式盆景造型

任务描述 ☞

斜干式是常见的树木盆景形式，造型时将树木植于盆钵的一端，树木向另一端倾斜，倾斜的树干不少于树干全长的一半。斜干式多单株，也有两三株合栽的。树干与盆面呈45°角左右，主干直伸或略有弯曲，树干常偏于一侧，树形舒展，老态龙钟，虬枝横空，飘逸潇洒，颇具画意，具山野老树之态。主干向一侧倾斜，枝叶分布自然，树势均匀，潇洒利落，从容洒脱。如果为双干式，则主干一定在上方，副干在下方，并且在盆的同侧位置。

斜干式盆景由于树干向一侧倾斜，呈不等边三角形的立面构图，产生了动感，由动感产生了美感。设计制作时，要掌握均衡与动势的形式美法则，在动势中求均衡，在均衡中找到动感，即动中有静，静中有动。在盆景设计中，可用配件构成均衡，如在树木的另一侧放置一件动物、山石或人物配件；也可用盆钵与景物构成均衡，以及用树木姿态形成均衡等。

任务目标 ☞

1. 掌握斜干式盆景的造型特点。
2. 了解适合做斜干式盆景的植物材料特性。
3. 能根据植物材料的特性设计斜干式盆景造型形式。
4. 能依据设计方案进行斜干式盆景制作。

植物材料 ☞

上盆栽植一个生长季以上的适合制作斜干式盆景的盆栽植物，如榆树、五针松等。

造型用具与备品 ☞

不同型号的金属丝、盆景用盆、盆土、老虎钳、剪刀、速写本和笔、操作台、养护用地。

任务操作步骤与方法 ☞

1. 设计或临摹

根据对斜干式盆景特点的理解，设计或临摹一组斜干式盆景作品（图6.78）。

（a）高起点分枝斜干　　　（b）主干直势倾斜　　　（c）干微曲势倾斜

图 6.78　斜干式盆景作品举例

　　（d）主干斜势立　　　　　　　（e）斜中带曲　　　　　（f）树势斜而干曲

图 6.78（续）

2. 相树设计

根据树木材料的特性，掌握其最佳观赏面，设计造型形式（图 6.79）。

　　（a）选苗构思　　　　　　（b）设计造型　　　　　　（c）造型布局

图 6.79　斜干式盆景造型设计

1）将适合制作斜干式盆景的植株脱盆，放在工作台上最佳位置，以便于观察分析。

2）从不同的角度、方位观察审度植株，画出设计草图，说明设计意图。

小组交流讨论斜干式盆景设计方案，教师进行指导，修改并确定设计方案。

3）根据构图需要，将多余枝条剪去。

3. 造型

1）先用粗细合适的铅丝将主干进行缠绕处理。注意主干微曲，凸部出片，后处理侧枝和小枝。注意两侧侧枝的长短比例，前片和后片的作用。

2）注意树势发展方向。

4. 上盆种植

1）剔去泥土，留旧泥约 1/4，修去过长的根及无用根。

2）选盆。选用比例合适的盆，宜长方形盆，排水孔垫碎瓦片，以利于排水。

3）种植。深度及重心要适宜，达到固定植株的要求。因重心偏位，可将植株与盆用金属丝缠牢。

任务评价 ☞

斜干式盆景制作所表现的构图具有很强的动感，因此，除评价金属丝缠绕技艺外，应侧重考查是否根据树势准确表达设计意图、造型方法是否科学、误差是否小、重心是否稳等方面。具体评价标准如表 6.6 所示。

表 6.6 斜干式盆景造型评价标准

序号	制作步骤	评价标准	赋分	备注
1	设计或临摹	描述材料的特性，可以设计或临摹斜干式盆景作品	2分	
2	相树设计	绘出设计草图	1分	
		确定最佳设计造型方案并修改	1分	
3	造型	金属丝选用的粗细、固定的方法合适	2分	
		金属丝缠绕的方向、角度、疏密度合适	2分	
		金属丝经济适用	1分	
		第一片起片的位置合理，其他出片的位置也合理	2分	
		片层与片层之间的距离合理	2分	
		结顶合理	2分	
		主干的走势合理	2分	
		侧枝的起弯、走势流畅	1分	
4	上盆栽植	选用的盆比例合适	1分	
		栽植深度及重心适宜	1分	

巩固训练 ☞

双干斜干式盆景造型（图 6.80）设计（主要考虑双干之间的依偎、穿插关系）。

（a）飘枝设计　　　　　（b）上伸枝设计

图 6.80　双干斜干式盆景造型

任务 6.3　曲干式盆景造型

任务描述 ☞

曲干式造型时将树干自根部至树冠回蟠折屈，使树干扭曲似游龙，枝叶层次分明，有的呈自然状生长。制作曲干式盆景，加工的重点在树干上，当然对枝叶也要进行一定的加工。因树干弯曲弧度较大，多选二三年生幼树精心加工制作，树龄越长，加工难度越大。曲干式常见的形式取三曲式，形如"之"字。曲干式盆景的造型过程：选材—构思—初步修剪—上盆种植成活—蟠扎造型—培养—定型—拆除金属丝—装饰—观赏。设计时要考虑曲干式盆景出枝部位的合理性。一般情况下，曲干式盆景在树干弯曲凸起部位出枝，而不在树干凹部出枝，除非因构图需要在凹处出枝以弥补构图的不足（图 6.81）。

任务目标 ☞

1. 掌握曲干式盆景的造型特点。
2. 了解适合做曲干式盆景的植物材料特性。
3. 能根据植物材料的特性设计曲干式盆景造型形式。
4. 能依据设计方案进行曲干式盆景制作。

植物材料 ☞

上盆栽植一个生长季以上的适合制作曲干式盆景的盆栽植物，如六月雪、五针松、黑松、雀梅等。

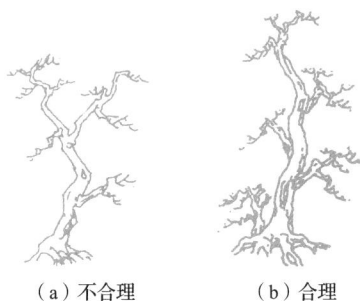

（a）不合理　　　（b）合理

图6.81　曲干式盆景出枝部位

造型用具与备品 ☞

不同型号（14#、16#、18#）的金属丝（铅丝）、盆景用盆（紫砂盆）、盆土、老虎钳、修枝剪、胶布带、速写本和笔、操作台、养护用地。

任务操作步骤与方法 ☞

1. 设计或临摹

根据对曲干式盆景特点的理解，设计或临摹一组曲干式盆景作品（图6.82）。

（a）两弯半　　　（b）松树曲干　　　（c）岭南曲干

图6.82　曲干式盆景作品举例

2. 相树设计

根据树木材料的特性，掌握其最佳观赏面，设计曲干式造型形式。
1）将适合制作曲干式盆景的植株脱盆，放在工作台上最佳位置，以便于观察分析。
2）从不同的角度、方位观察审度植株，画出设计草图，说明设计意图。
① 小组交流讨论设计方案，教师进行指导，修改并确定设计方案。
② 根据构图需要，将多余枝条剪去。

3. 造型

曲干式盆景造型（两弯半造型）过程（图6.83）如下。
1）先用粗细合适的铅丝将主干进行缠绕，先弯一个弯，然后反向弯一个弯，在顶部再弯半个弯。弯度要自然适度。不要在一个地方弯，同时注意弯度的立体变化。做第一弯时可将树木斜栽，这样可少弯半个弯。后缠绕侧枝和小枝。注意金属丝的粗度、固定的方法及缠绕的方向、角度、疏密度等。
2）处理好主干后，先弯主侧枝，注意侧枝的走向、倾斜角度。掌握第一片起片的位置、片层与片层之间的距离、片层平面和空间布势。通常在凸出部位出枝。

3）注意结顶的形式、大小，掌握重心的位置。

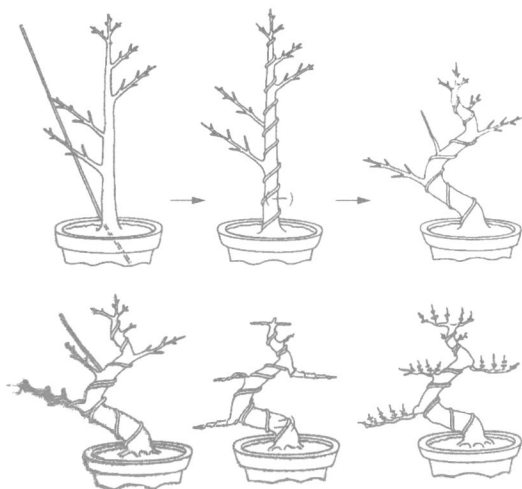

图 6.83　两弯半造型过程

4. 上盆种植

上盆种植时需要注意以下几个方面。

1）剔去泥土，留旧泥约 1/4，修去过长的根及无用根。

2）选盆。选用比例合适的盆，排水孔垫碎瓦片，以利于排水。

3）种植。深度及重心要适宜，达到固定植株的要求。

任务评价 ☞

曲干式盆景制作，所表现的构图为"之"字形，因此，除评价金属丝缠绕技艺外，应侧重考查是否根据树势准确表达设计意图、拿弯造型方法是否科学、误差是否小、出枝是否合理等方面。具体评价标准如表 6.7 所示。

表 6.7　曲干式盆景造型评价标准

序号	制作步骤	评价标准	赋分	备注
1	设计或临摹	描述材料的特性，可以设计或临摹曲干式盆景作品	2 分	
2	相树设计	绘出设计草图	1 分	
		确定最佳设计造型方案并修改	1 分	
3	造型	金属丝选用的粗细、固定的方法合适	2 分	
		金属丝缠绕的方向、角度、疏密度合适	2 分	
		金属丝经济适用	1 分	
		第一片起片的位置合理，其他出片的位置也合理	2 分	
		片层与片层之间的距离合理	2 分	
		结顶合理	2 分	
		主干的走势合理	2 分	
		侧枝的起弯、走势流畅	1 分	
4	上盆栽植	选用的盆比例合适	1 分	
		栽植深度及重心适宜	1 分	

巩固训练 ☞

1）小空弯造型设计。将斜栽树干反向横拐并压低，形成一小空弯（没有枝条），然后反转向上形成第二弯，在半弯凸出部位接弯垂枝以弥补空弯的不足，取得树势均衡，即形成小空弯造型（图6.84）。适合低起片造型。

（a）选苗　　　（b）设计小空弯骨架　　　（c）成型

图6.84　小空弯造型过程

2）大空弯造型设计。将斜栽树木反向提高横拐点，形成大空弯造型（图6.85）。

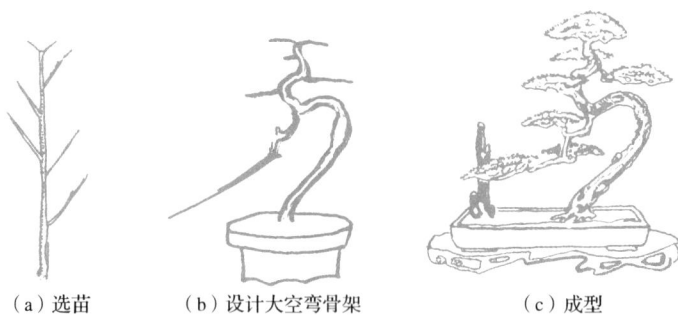

（a）选苗　　　（b）设计大空弯骨架　　　（c）成型

图6.85　大空弯造型过程

3）将反向横加长使树势明显偏向一侧，可将曲干式改成卧干式（图6.86）。

两弯半

选苗

横拐加长

枝叶片面分布

图6.86　将曲干式改成卧干式

任务 6.4　卧干式盆景造型

任务描述 ☞

卧干式盆景的树干主要部分横卧于盆面，小枝茎均向上生长，姿态古雅独特，富有野趣。配盆多用长方形盆，树木植于盆钵一端，树干卧于盆中，将近盆沿时翘起，树冠变化颇多，还可配山石加以陪衬，以求均衡美观。根据树干的卧势，有全卧和半卧之分。树干卧于盆面与土壤接触者称全卧；树干虽横卧生长，但不与土壤接触者称半卧（也称临水式）。横卧式盆景树干与盆面的角度为 0°～15°，临水式盆景树干与盆面的角度为 20°～35°。

任务目标 ☞

1. 掌握卧干式盆景的造型特点。
2. 了解适合做卧干式盆景的植物材料特性。
3. 能根据植物材料的特性设计卧干式盆景造型形式。
4. 能依据设计方案进行卧干式盆景制作。

植物材料 ☞

盆栽一个生长季以上适合制作卧干式盆景的盆栽植物，如龟甲冬青等。

造型用具与备品 ☞

不同型号（14#、16#、18#）的金属丝（铅丝）、盆景用盆（长方形紫砂盆）、盆土、老虎钳、修枝剪、胶布带、速写本和笔、操作台、养护用地。

任务操作步骤与方法 ☞

1. 设计或临摹

根据对卧干式盆景特点的理解，设计或临摹一组卧干式盆景作品（图 6.87）。

（a）树干全卧于盆面

（b）树干临空于盆内　　　　　（c）树干临空于盆面

图 6.87　卧干式盆景作品举例

（d）树干半卧于盆面　　　　　　　　（e）树干基部卧于盆内

图 6.87（续）

2. 相树设计

根据树木材料的特性，掌握其最佳观赏面，设计造型形式（图 6.88）。

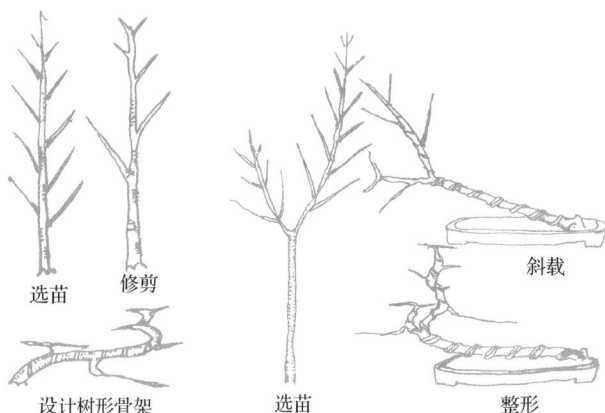

选苗　　　修剪　　　　　　　　　　　　　斜载

设计树形骨架　　　　　选苗　　　整形

图 6.88　卧干式盆景造型设计

1）将适合制作卧干式盆景的植株脱盆，斜放或卧于盆中，放在工作台上最佳位置，以便于观察分析。

2）从不同的角度、方位观察审度植株，画出设计草图，说明设计意图。

① 小组交流讨论设计方案，教师进行指导，修改并确定设计方案。

② 根据构图需要，将多余枝条剪去。

3. 造型

卧干式盆景造型过程（图 6.89）如下。

1）先用粗细合适的铅丝将主干进行缠绕压倒横卧。注意金属丝的粗度、固定的方法及缠绕的方向、角度、疏密度等。

2）处理好主干后，先弯主侧枝，注意侧枝的弯曲、走向。一般主侧枝的走向与主干相反。

3）在主干弯曲处造出第一片，注意起片的位置、角度。掌握片层与片层之间的距离、片层平面和空间布势。

4）注意结顶的形式、大小，掌握重心的位置。

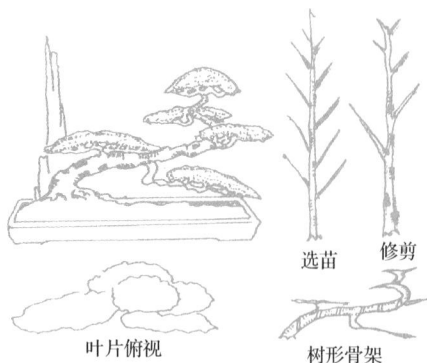

选苗　　　修剪

叶片俯视　　　　　　树形骨架

图 6.89　卧干式盆景造型过程

4. 上盆种植

1）剔去泥土，留旧泥约 1/4，修去过长的根及无用根。

2）选盆。选用比例合适的盆，一般用长方形盆。

3）种植。将树种于盆一侧，盆土微凸起，调整树势与重心，在靠根部配石以求树势平衡。

任务评价 ☞

卧干式盆景是在斜干式盆景和曲干式盆景的基础上制作完成的。因此，除评价其选材、设计构图外，应侧重考查拿弯造型方法是否科学、重心是否稳健、配盆是否合理等。具体评价标准如表 6.8 所示。

表 6.8　卧干式盆景造型评价标准

序号	制作步骤	评价标准	赋分	备注
1	设计或临摹	描述材料的特性，可以设计或临摹卧干式盆景作品	2分	
2	相树设计	绘出设计草图	1分	
		确定最佳设计造型方案并修改	1分	
3	造型	金属丝选用的粗细、固定的方法合适	2分	
		金属丝缠绕的方向、角度、疏密度合适	2分	
		金属丝经济适用	1分	
		第一片起片的位置合理，其他出片的位置也合理	2分	
		片层与片层之间的距离合理	2分	
		结顶合理	2分	
		主干的走势合理	2分	
		侧枝的起弯、走势流畅	1分	
4	上盆栽植	选用的盆比例合适	1分	
		栽植深度及重心适宜	1分	

巩固训练 ☞

1）临摹卧干式盆景作品（图 6.90）。

（a）树干向一侧似风倒之木　　（b）树干曲向一侧　　（c）双干临水

图 6.90　卧干式盆景作品

2）临水式盆景造型设计。

任务 6.5　悬崖式盆景造型

任务描述 ☞

悬崖式盆景树木一般基部垂直，从中部开始即向一侧倾斜，主干的树梢向下生长，是仿照自然界生长在悬崖峭壁上的各种树木形态培育而成的。悬崖式桩景老干横斜，枝叶大部分生长在主干倾斜部及下垂部分，好似悬崖倒挂，蕴含顽强刚劲的风格。

在用盆选择上，取高筒式盆，因为树木大部分枝干伸出盆外，只有根部深入泥土较深的树木才能稳定。用深盆不但满足树木生长的需要，而且能衬托造型，犹如苍松生于峭壁悬崖，临危不惧，有"岩石飞瀑"之势。若用普通方形盆或圆形盆，则应陈设在形态优美的高脚几架上，这样也能显示悬崖倒挂的风姿。

任务目标 ☞

1. 掌握悬崖式盆景的造型特点。
2. 了解适合做悬崖式盆景的植物材料特性。
3. 能根据植物材料的特性设计悬崖式盆景造型形式。
4. 能依据设计方案进行悬崖式盆景制作。

植物材料 ☞

上盆栽植一个生长季以上的适合制作悬崖式盆景的盆栽植物，如罗汉松等。

造型用具与备品 ☞

不同型号（14#、16#、18#）的金属丝（铅丝）、盆景用盆（深筒紫砂盆）、盆土、老虎钳、修枝剪、胶布带、速写本和笔、操作台、养护用地。

任务操作步骤与方法 ☞

1. 设计或临摹

根据对悬崖式盆景特点的理解，设计或临摹一组悬崖式盆景作品。主干下垂后可有各种变化姿态（图 6.91 和图 6.92）。

图 6.91　悬崖式盆景主干下垂的程度

（a）小悬崖　　　　（b）中悬崖　　　　（c）大悬崖　　　　（d）超悬崖

图 6.92　悬崖式盆景主干下垂的各种姿态

1）树木基部垂直或近似垂直，主干或一树枝下垂，形成悬崖式桩景。
2）主干出土后即向一侧偏斜，随后弯曲下垂。
3）主干出土后先向右侧倾斜，随后拐一个弯，再向左侧伸展，倒挂下垂。

4）主干先向左侧倾斜，然后转弯 360°，再向下垂，情趣盎然，姿态别致。

5）悬根露爪。应先提根后作下垂造型，两步不宜同时进行，因为这样会使植株生长不良，容易造成枯萎或死亡。

2. 相树设计

根据树木材料的特性，掌握其最佳观赏面，设计造型形式。

1）将适合制作悬崖式盆景的植株脱盆，斜放或倒放盆中，放在工作台上最佳位置，以便于观察分析。

2）从不同的角度、方位观察审度植株，画出设计草图，说明设计意图。

① 小组交流讨论设计方案，教师进行指导，修改并确定设计方案。

② 根据构图需要，将多余枝条剪去。

3. 造型

悬崖式盆景造型过程（图 6.93）如下。

1）先用粗细合适的铅丝将主干进行缠绕并将苗斜栽。注意金属丝的粗度、固定的方法及缠绕的方向、角度、松紧度、疏密度等。

2）顺势压下做出第一弯，把握好力度借势扭曲主干，做到曲折有致。最好是胸中有设计图，眼中有树形，一气呵成完成主干造型。

3）在弯曲好主干后，在树干凸出部位造出第一片，依次左右分布枝片，注意起片的位置、角度。掌握片层与片层之间的距离、片层平面和空间布势。

4）在第一弯高顶处造出顶片，注意结顶的形式、大小，掌握重心的位置。

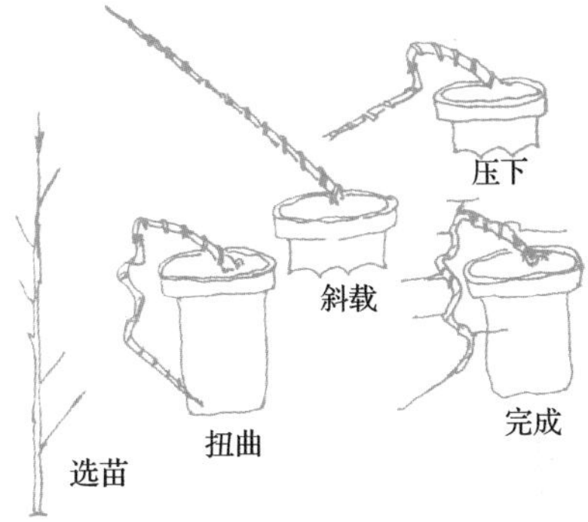

图 6.93 悬崖式盆景造型过程

4. 上盆种植

1）剔去泥土，留旧泥约 1/4，修去过长的根及无用根。

2）选盆。选用比例合适的盆，一般用深筒盆。

3）种植。将树种于盆中，调整树势与重心。如果重心不稳，则在靠根部配石以求树势平衡。

任务评价 ☞

悬崖式盆景树干弯曲下垂于盆外，冠部下垂如瀑布、悬崖，模仿野外悬崖峭壁苍松探海之势。第一部分考核内容是根据材料设计草图；第二部分考核内容主要是操作步骤的科学性（苗木斜栽、金属丝的粗度、固定的方法及缠绕的方向、角度、疏密度等）；第三部分考核内容是顺势压下做出第一弯，把握力度和借势扭曲主干是否曲折有致，一气呵成完成主干造型；第四部分考核内容是第一片起片的位置、角度，片层与片层之间的距离，片层平面和空间布势，结顶的形式、大小，重心的位置，配盆的合理性等。具体评价标准如表 6.9 所示。

表 6.9 悬崖式盆景造型评价标准

序号	制作步骤	评价标准	赋分	备注
1	设计或临摹	描述材料的特性，可以设计或临摹悬崖式盆景作品	2分	
2	相树设计	绘出设计草图	1分	
		确定最佳设计造型方案并修改	1分	
3	造型	金属丝选用的粗细、固定的方法合适	2分	
		金属丝缠绕的方向、角度、疏密度合适	2分	
		金属丝经济适用	1分	
		第一片起片的位置合理，其他出片的位置也合理	2分	
		片层与片层之间的距离合理	2分	
		结顶合理	2分	
		主干的走势合理	2分	
		侧枝的起弯、走势流畅	1分	
4	上盆栽植	选用的盆比例合适	1分	
		栽植深度及重心适宜	1分	

巩固训练 ☞

临摹并理解下列悬崖式盆景作品（图 6.94）。

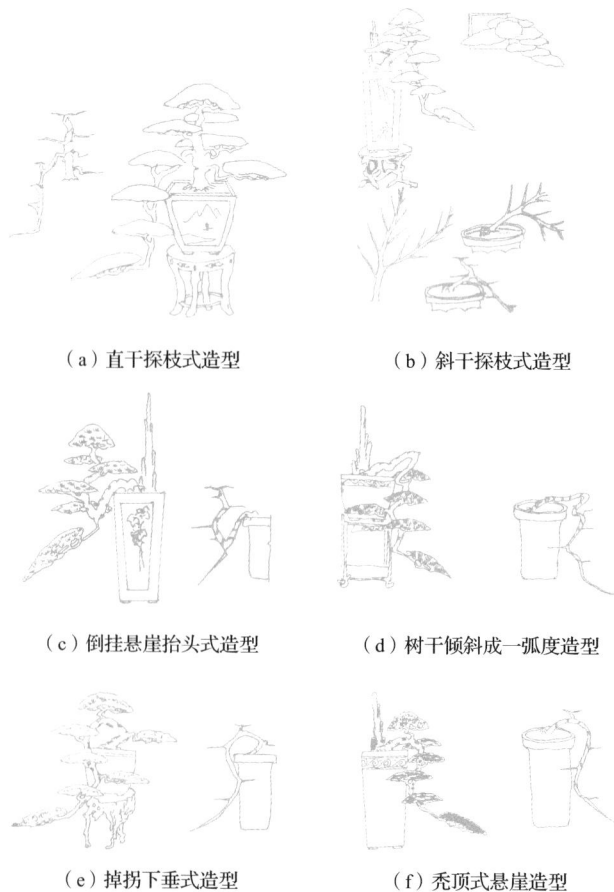

（a）直干探枝式造型　　　　　　（b）斜干探枝式造型

（c）倒挂悬崖抬头式造型　　　　（d）树干倾斜成一弧度造型

（e）掉拐下垂式造型　　　　　　（f）秃顶式悬崖造型

图 6.94 悬崖式盆景作品

1）直干探枝式造型：主干直立，侧枝弯曲下垂。

2）斜干探枝式造型：主干倾斜，侧枝下垂。

3）倒挂悬崖抬头式造型：树干倒挂下垂，但不垂到底，中途逆转抬头向上生长。这种靠逆转弯曲凸起下垂枝条表现悬崖的艺术效果，是顽强生命力的象征，名为倒挂悬崖抬头。

4）树干倾斜成一弧度造型：枝叶布局偏于一侧，如果重心不足，则可配山石取得布局均衡。

5）掉拐下垂式造型：树干先向对侧倾斜，再反向横拐，倒挂下垂到盆前。

6）秃顶式悬崖造型：树干在盆上一段无枝叶成秃顶，叶片分布在盆外下垂的主干上，秃顶虽拙，但整体造型古朴幽雅。

小结

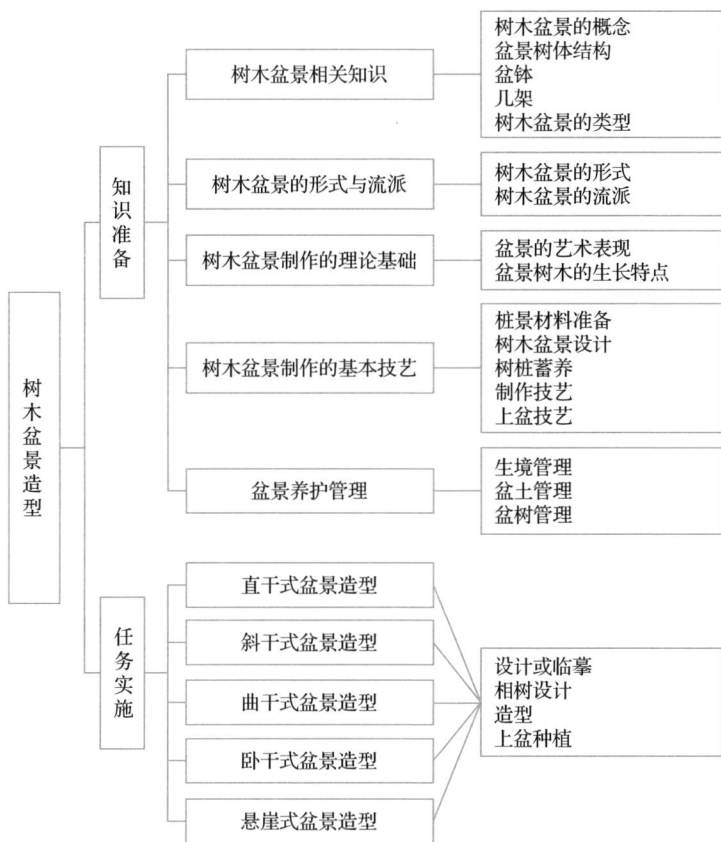

思考练习

一、选择题

1. 盆景的基本素材是（　　　）。
   A. 树、石　　　　　B. 土、石　　　　　C. 配件、山石　　　　D. 植物、土

2. 海派盆景常采用的盘扎手法是（　　　）。
   A. 金属丝盘扎　　　B. 棕丝盘扎　　　　C. 木棍盘扎　　　　D. 棕皮、树枝盘扎

3．一些流派的树桩盆景往往有着自己代表的形式。岭南派的代表形式是（　　）。

　　A．两弯半　　　　　B．云片　　　　　C．微型　　　　　D．大树型

4．盆景施肥的原则是（　　）。

　　A．薄肥多施　　　　B．浓肥少施　　　　C．定期施肥　　　　D．浇施分离

5．岭南派树桩盆景的制作方法是（　　）。

　　A．粗扎细剪　　　　B．精扎细剪　　　　C．盘扎　　　　　D．蓄枝截干

6．扬派盆景在树木造型上以规则为主，典型特点是（　　）。

　　A．两弯半　　　　　B．云片　　　　　C．微型　　　　　D．自然大树型

7．苏派盆景在树木造型上以半规则为主，典型特点是（　　）。

　　A．两弯半　　　　　B．云片　　　　　C．馒头状圆片　　　D．自然大树型

8．自然型大树大多配以较浅的（　　）。

　　A．长方形或椭圆形盆　　　　　　　　B．千筒盆

　　C．方盆　　　　　　　　　　　　　　D．圆盆

9．悬崖式盆景大多配以较深的（　　）。

　　A．长方形或椭圆形盆　　　　　　　　B．千筒盆

　　C．大理石盆　　　　　　　　　　　　D．椭圆形盆

二、填空题

1．_____、_____、_____是构成盆景艺术品的3个要素。

2．树木盆景的主要形式包括_____、_____、_____、_____、_____、_____、_____、_____、_____、_____、_____。

3．盆景的八大流派是指_____、_____、_____、_____、_____、_____、_____、_____。

4．圆片是_____派的特点，云片是_____派的特点，游龙式是_____派的特点，两弯半是_____派的特点。

5．盆景树木的浇水一定要适量，根据季节、气候、树种及盆体的大小、深浅、质地等因素来确定浇水的多少、次数和时间。掌握"_____，_____"的原则。

三、简答题

1．盆景树木的选择标准有哪些？

2．举出5种常用的桩景材料及所属科属。

3．绘制盆景结构图，并标明各部分的名称。

项目7 园林植物图案造型

知识目标 ☞

1. 了解园林植物图案造型的概念及类型。
2. 熟悉不同植物图案造型的表现形式。
3. 理解平面式园林植物图案造型对植物材料的要求。
4. 掌握常用植物图案设计的原则与方法。
5. 掌握平面式园林植物图案造型施工流程内容。

能力目标 ☞

1. 能从不同角度对植物图案造型进行分类，并能根据不同环境确定造型种类。
2. 能根据设计原则和美学原理对花坛及色块进行图案、色彩等方面的设计，并能编制设计书。
3. 会根据不同植物造型表现形式选择相应植物材料。
4. 会编制植物图案施工程序并能现场组织施工。
5. 通过彩结植物图案、独立式花丛植物图案和五色草模纹植物图案制作 3 个项目载体的学习实践，学会常用植物图案造型的工作流程与技术方法。

思政目标 ☞

1. 培养自主学习的能力，综合分析问题、解决问题的能力和创新意识。
2. 培养吃苦耐劳的精神，增强团结合作的团队意识，提高协调沟通能力及社会适应能力。

■ **知识准备**

7.1 园林植物图案造型的概念及类型

7.1.1 园林植物图案造型的概念

图案是有装饰意味的花纹或图形，其特点是结构整齐、匀称调和，常用在纺织品、工艺美术品和建筑物上。在园林植物造型上，人们利用低矮易修剪的小灌木或地被花卉等色彩丰富的植物素材，在二维空间（水平或竖向空间），采取直接种植、种植体栽植、修剪等手法，有机结合成风格各异的植物图案，以提高园林植物的观赏效果或表达特定的寓意。

园林植物图案造型在某种程度上会代表一种文化，它的发展与特定的历史阶段、文化、地区相联系，不同的时期、不同的文化背景、不同的地区有着不同的欣赏角度，从而创造出不同风格的植物图案。另外，周围不同的环境也会创造出不同效果的植物图案。

7.1.2　园林植物图案造型的类型

根据人们的视野和形状之间的相互对比关系，可将植物图案造型分成点式、线式和面式 3 个类别。

1. 点式植物图案造型

植物图案常常被作为视线的焦点，面积范围一般较小，平面多呈圆形、椭圆形、扇形、梯形、正方形或三角形等，长宽比不超过 4∶1，如布置在建筑广场中央、道路交叉口、公园进出口等处的几何形花坛（彩图 7.1）。

2. 线式植物图案造型

植物图案的平面呈矩形，长宽比大于 4∶1，以突出线的形态、长度和方向为主，体现线条美，如道路中间或两侧的带状绿化分隔带（彩图 7.2）。

3. 面式植物图案造型

植物图案以大块面积连续的绿地为基调，其上镶嵌大面积的植物勾勒造型图案。一般没有固定的形状和长宽比，实际上是点式和线式平面的扩大与延伸（彩图 7.3），如大面积绿地中的色块多以不同种类的低矮小灌木与草花进行组合搭配形成的风景带。

7.2　植物图案的表现载体——花坛的分类

花坛是将周围开放的多种花卉或不同颜色的同种花卉及其低矮的观叶植物，根据一定的图案设计，栽种在特定的规则或自然式的植床内，以突出其鲜艳的色彩或精美华丽的纹样来体现植物群体美的花卉应用形式。它是植物图案的最常用的表现载体，对美化环境、渲染气氛具有重要作用。

随着花卉盆钵育苗方法的普及及栽植养护技术的提高，将枝叶细密的观叶、观花植物材料种植或组合摆放于具有一定结构的主体造型的骨架上而形成立体造型花坛。由于工艺较复杂，将在项目 8 中单独阐述。

依据花坛表现的主体内容、布局方式、空间位置、功能、使用的植物材料及所用植物观赏期长短可做如下分类。

7.2.1　根据表现的主体内容分类

1. 花丛植物图案造型

花丛植物图案是由观花类草本植物花朵盛开时所表现出的群体色彩美。根据平面长和宽的比例，又可分为独立式花丛图案和带状花丛图案。

（1）独立式花丛图案

独立式花丛花坛平面纵轴和横轴长度之比为（1∶3）～（1∶1），为点式植物图案造型，主要作为主景（图 7.1）。

1—小叶黄杨；2—微型月季；3—紫鸭跖草；4—孔雀草；5—格丽海棠。

图 7.1　独立式花丛花坛（引自董丽等）

（2）带状花丛图案

图案的宽度即短轴大于 1m 且长、短轴的比例大于 4 倍的称为带状花丛花坛或花带，为线式植物图案造型。带状花丛通常作为配景，设置于道路两侧、道路中央、建筑物墙基四周、广场内、岸边、草坪边缘。带状花丛图案有时也可作为连续风景中的独立构图。根据环境特点，其形状可以为规则式矩形栽植床，也可以是流线形，甚至两边不完全平行（图 7.2）。

1—半枝莲；　2—孔雀草；3—紫鸭跖草；4—美女樱；　5—福禄考。

（a）两面观赏带状花丛花坛（夏秋开花）

1—雏菊；2—锦团石竹；3—滨菊；4—串红；
5—金鱼草；6—麦秆菊；7—玉带草；8—大叶黄杨。

（b）单面观赏带状花丛花坛（春夏开花）

图 7.2　带状花丛花坛（引自董丽等）

另外，宽度不超过 1m 且长轴与短轴之比在 4 倍以上的狭长带状花丛图案称为花缘，通常不作为主景处理，内部没有图景纹样。

2. 模纹植物图案

模纹植物图案主要由低矮的观叶或花叶兼美的植物组成，表现和欣赏群体组成的精美图案或装饰纹样。因内部纹样及所使用的植物材料不同、景观不同，模纹植物图案可分为以下几种。

（1）毛毡图案

毛毡图案主要用低矮的观叶植物组成精美复杂的装饰图案，图案表面修剪平整，呈细致的平面或缓曲面，整个图案宛如一块华丽的地毯（彩图 7.4）。

（2）彩结图案

彩结图案是用黄杨、紫叶李等小灌木和多年生花卉，在花坛内模拟绸带编成的绳结式图案纹样种植形成的，图案线条粗细相等，条纹间以草坪及时令性草本花卉为底色，或用砾石、卵石填铺（彩图 7.5）。

（3）浮雕图案

浮雕图案依花坛纹样变化，植物高度有所不同，部分图案纹样有凸出表面即阳纹，另一部分图案纹样有凹陷即阴纹，表面形成凸凹分明的浮雕效果。凸出部分多由常绿小灌木组成，凹陷部分多由低矮草本植物组成。浮雕图案也可通过修剪或施工处理形成（彩图 7.6）。

7.2.2　根据布局方式分类

1. 独立花坛

独立花坛即单体花坛，是作为局部构图中的一个主体而存在的花坛，可以是花丛花坛、模纹花坛、标题花坛或装饰花坛。此类花坛通常设置在建筑广场中央、街道或道路的交叉口、公园的进出口广场、建筑物正前方，以及由花絮或树墙组成的绿化空间等处。独立花坛的外形平面总是对称的几何形，面积不能太大，因为内部不设道路，游人不能进入。修剪造型的常绿树、雕像、喷泉或立体造型花坛均可作为花坛的中心，花坛中心也可不做突出的处理。

2. 花坛群

由相同或不同形式的数个单体花坛组成不可分割的构图整体时称为花坛群。花坛之间为铺装场地或草坪，排列组合是对称的或规则的。花坛群具有构图中心，通常独立花坛、水池、喷泉、纪念碑、雕塑等都可以作为花坛群的构图中心。花坛群内部的铺装场地及道路可供游人活动。花坛群主要设置在大面积的广场或规则式的绿化广场上（彩图 7.7）。

3. 连续花坛群

许多独立花坛或带状花坛成直线排列成一行，组成一个有节奏规律的不可分割的构图整体时，则称为连续花坛群。此类花坛群通常设置于道路两侧或宽阔道路的中央及纵长的铺装广场，也可设置于草地上。连续花坛群可以采用反复演进或由 2 种或 3 种不同个体的花坛来交替演进，整个连续构图可以用水池、喷泉、雕塑来强调起点、高潮、结束的安排（彩图 7.8）。

7.2.3 其他分类

1. 根据花坛的空间位置分类

由于环境不同，花坛的设置会依据环境有所变化，花坛与地平面基本一致的称为平面花坛；在坡地设置的称为斜坡花坛；在坡度过大的台阶两侧设置的称为台阶花坛；高于地面的花坛称为高台花坛，用于分隔空间或与附近建筑风格取得协调统一；在地形起伏的地方，在低地设置的适于俯视的称为俯视花坛。

2. 根据花坛的功能分类

根据花坛的功能可分为：观赏花坛，包括模纹花坛、饰物花坛（花坛内装入某种饰物以起到装饰和体现花坛内涵的作用）、水景花坛等；标记花坛，利用花卉组成各种徽章、纹样、图案或字体等。

3. 根据花坛使用的植物材料分类

根据花坛使用的植物材料可分为一、二年生草本花卉花坛，宿根花卉花坛，球根花卉花坛，五色草花坛等。

4. 根据所用植物观赏期长短分类

根据所用植物观赏期长短可分为：永久性花坛，由常绿灌木组成，可以数年维持花坛的图案或稳定的造型；半永久性花坛，由多年生花卉组成，或用灌木做成图案纹样，内部填充草本花卉，需定期更换其中的部分植物；季节性花坛，由一、二年生花卉或球根花卉组成，由于所植花卉的花期不同或需掘球根保护越冬或越夏，而需季节性更换植物。

7.3 平面式园林植物图案造型对植物材料的要求

7.3.1 花丛图案的主体植物材料

花丛图案主要由观花的一、二年生花卉和球根花卉组成，开花繁茂的多年生花卉也可以使用。要求株丛紧密而整齐、开花繁茂、花色鲜明艳丽、花序呈平面展开、开花时应完全覆盖枝叶，花期长而一致，至少保持一个季节的观赏期；植株高矮应一致，以 10~40cm 为宜；移植容易，缓苗较快。

一、二年生花卉常用的种类有三色堇、雏菊、百日草、万寿菊、金盏菊、翠菊、金鱼草、紫罗兰、一串红、鸡冠花、羽衣甘蓝、藿香蓟、桂竹香、彩叶草、石竹、银边翠、凤仙花、香雪球、矮牵牛、福禄考、半枝莲、孔雀草、高雪轮、美女樱等；多年生花卉常用的种类有小菊类、荷兰菊、鸢尾类、天冬草、阔叶麦冬等；球根花卉常用的种类有郁金香、风信子、美人蕉、葱莲、韭莲、大丽花的小花品种等。

7.3.2 模纹图案的主体植物材料

模纹图案主要表现植物群体形成的华丽纹样，要求图案纹样精美细致，有长期的稳定性，因此植物的高度和形状是植物选择的重要依据。要选择生长缓慢的木本植物和多年生草本植物，植株低矮，最好高度低于 10cm，分枝密、发枝强、耐修剪、枝叶细小。

模纹图案常用的植物有五色草、景天类、四季秋海棠、半边莲、凤仙类、洒金变叶木、海南变叶木、小叶黄杨、雀舌黄杨、偃柏、六月雪、黄金叶、吊竹梅、黄金榕、小蚌兰、福建茶、九里香、花叶假连翘、红桑、鹅掌柴、朱蕉类、绣线菊类、红花檵木、红叶李、金叶榆、蓝叶忍冬、小叶黄杨、水蜡、桧柏等。

7.4　植物图案的设计

7.4.1　植物图案设计的原则

1. 以植物为主

植物是构成植物图案的主体材料，尽管图案的形式多样，在景观设计上图案中使用其他非植物材料的构件也越来越多，但任何时候都应以植物为主。

2. 立意为先

园林景观中的植物图案设计是一项艺术活动，要遵循相关的艺术规律，提高文化品位。确定植物图案的主题内容是立意的首位，即使是没有主题的纯观赏花坛，也要确定欣赏什么，以哪一类花卉为主等。

3. 合理组织空间

植物图案因其位置不同，常常具有组织交通、分隔空间等功能，尤其是交通环岛内的植物图案、道路分车带内的植物图案、出入口广场上的植物图案等，必须考虑车行及人流量，不能产生遮挡视线、影响分流、阻塞交通等问题。

4. 考虑植物的生物学特性，降低养护成本

不同的气候区有不同的季节和植物分布区，要选择与本地域相适应的植物材料，要根据植物材料的生物生态特性进行设计，在不影响表现主题的前提下，考虑尽量降低植物图案的养护成本。

7.4.2　植物图案的位置和形式

花坛一般设置在主要交叉路口、公园出入口、主要建筑物前及风景视线集中的重点美化地段。植物图案的大小、外形结构及种类的选择均与四周环境有密切关系。无论植物图案是作为主景还是作为配景，花坛与周围环境之间都存在着协调与对比、协调与统一的关系。

对比包括：空间构图上的对比，如水平方向展开的植物图案与规则或广场周围的建筑物、装饰物、乔灌木等立面的和立体的构图之间的对比关系；色彩的对比，如周围建筑和铺装与植物图案在色相饱和度上的对比，以及周围植物以绿色为主的单色与植物图案多色彩的对比；质地的对比，如周围建筑物与道路广场及雕塑、墙体等硬质景观与植物图案的植物材料的质地对比等。

在协调与统一方面，作为主景的植物图案，其外形必然是规则式对称的，其本身的轴线应与构图整体的轴线一致。植物图案的平面轮廓应与广场的平面轮廓一致，但细节上可有一定变化以避免单调。例如，长方形的广场设置长方形植物图案就比较协调，圆形的中心广场以圆形植物图案为好，三条道路交叉口的植物图案可设置成马鞍形、三角形或圆形（图 7.3）。植物图案的风格和装饰纹样应与周围建筑物的性质、风格、功能等相协调。在花园出入口应以设置规则整齐、精致华丽的模纹植物图案为主；在主要交叉路口或广场上则以鲜艳的花丛植物图案为主，配以绿色草坪效果较好；纪念馆、医院的花坛则以严肃、安宁、沉静为宜；作为雕塑、纪念碑等基础装饰的配景植物图案的风格应简约大方，不能喧宾夺主；动物园入口广场的植物图案以动物形象或童话故事中的形象为宜；民族风格的建筑广场的植物图案应具有民族特色。

作为配景处理的植物图案配置在主景主轴的两侧，并且至少是由一对植物图案构成的图案群，如最常见的出入口两侧对称的一组植物图案；如果主景是有轴线的，则可

图 7.3　花坛轮廓形状

以是分布于主景轴线两侧的一对植物图案；如果主景是多轴对称的，则只有主景植物图案可以布置在主轴上，配景植物图案只能布置在轴线两侧；分布于主景主轴两侧的植物图案，其个体本身最好不对称，但与主景主轴另一侧的个体植物图案必须取得对称，这是群体对称，能使主轴得以强调，也加强了构图不可分割的整体性。

植物图案大小一般不超过广场面积的 1/5～1/3。平地上植物图案纹样的面积越大，观赏者欣赏到的图案变形越大，因此短轴的长度最好在 8～10m。简单粗放的图案直径可达15～20m。草坪植物图案面积可以更大些。方形或圆形的大型独立植物图案，中央图案可以简单些，边缘 4m 以内图案可以丰富些，对观赏效果影响不会很大。如果广场很大，则可设计为植物图案群的形式，交通干道的转盘式植物图案是禁止入内的，从交通安全出发，直径需大于 30m。为了使得具有精致图案的模纹花坛不致变形，常常将中央隆起，成为向四周倾斜的弧面或斜面，上部以其他花材点缀，将精致的纹样布置于侧面。也可以将单面观的平面式植物图案布置于斜面上。斜面与地面的成角愈大，图案变形愈小，与地面完全垂直时，在适当高度内图案可以不变形，但给施工增加了难度，因此一般多做成 60°。一般性的模纹植物图案可以布置在斜度小于 30°的斜坡上，这样比较容易固定。

7.4.3　植物图案的竖向设计

植物图案表现通常是平面的图案，由于视角关系，离地面不宜太高，一般情况下单体植物图案的主体高度不宜超过人的视平线，中央部分可以高一些。为了排水和突出主体，植物图案的种植床应稍高地面 7～10cm，植物图案中央拱起，保持 4%～10%的排水坡度。对大型植物图案，如广场中心和植物图案的中心部分必须用土方填高，这样可减少透视变形的错觉和提高中心部分植物材料的高度。

利用土模设计，可以使同样高度的植株分出层次，提高或降低植株的高度。特别在模纹植物图案中，把土方预先做成凸起或凹下的浮雕状，五色草或低矮花卉植物种植后，再配合修剪，可使植物图案更加清晰（彩图 7.9）。

7.4.4　植物图案的境界设计

为了使植物图案的边缘有明显的轮廓，并使种植床内的泥土不致因水土流失而污染路面或广场，为了使游人不致因拥挤而踩踏植物图案，种植床周围常以边缘石保护，同时边缘石也具有一定的装饰作用。边缘石的高度通常为10～15cm，大型植物图案配的边缘石的高度不超过30cm。种植床靠边缘石的土面须稍低于边缘石。边缘石的宽度应与花坛的面积有合适的比例，宽度一般为10～30cm。边缘石可以为各种质地，但其色彩应该与道路和广场的铺装材料相调和，色彩要朴素，造型要简洁。

植物图案的境界除了边缘，常见的还有如下几种形式。

1）竹片式。用竹子劈成一定长度和宽度的竹片，两头削尖，以易于插入土壤中为度。再根据植物图案的形体插埋外围形成境界，也可刷上清漆或绿漆。

2）立牙式。用混凝土浇制或用砖砌筑后贴上面砖，也可用花岗石等按路牙形式围于植物图案周边。

3）活动单元花边。用各种纹样的陶瓷或混凝土铸铁预制成每个境界单元后，连续插埋在植物图案周围，这种境界可以根据需要拆装和变更植物图案的形状。

4）矮栏杆。用钢材、铸铁、水泥或竹子制成各种花式的栏杆围在植物图案周边。

5）台座式。常附设在建筑物或台阶旁，台座可以用混凝土或者砖块、石块砌筑，台座的高度、形式、大小必须与建筑物和周围环境相称，台座中心放置培养土，用以栽植花卉植物。

6）盆景式。用混凝土或石料制成各类盆的式样，而大小体量应根据环境和地点的位置来确定，专供盆景造型植物栽植布置使用。

7）假山石境界。在植物图案周围用假山石自然砌，中心加土，配植花卉植物，形成种植台或自然造型图案的境界。

7.4.5　植物图案的平面图案纹样设计

花丛植物图案的纹样应该主次分明、简洁、美观，忌在植物图案中布置复杂的图案和等面积分布过多的色彩。模纹植物图案的纹样应该丰富和精致，但外形轮廓应简单。由五色草类组成的植物图案纹样细度不窄于5cm，其他花卉组成的纹样细度不窄于10cm，常绿灌木组成的纹样细度在20cm以上，这样才能保证纹样清晰。同时，要根据植株的高矮依次配置，高的栽在后面或中心位置，矮的栽在前面或周边位置。

植物图案可选择的内容很多，如仿照某些工艺品的花纹、卷云等，设计成毯状花纹；可用文字或文字与纹样组合构成图案；如果为国旗、国徽、会徽等图案，则设计要严格符合比例，不可改动，周边可用纹样装饰，用材要整齐，使图案精细，多设置于庄严的场所；若为名人肖像的图案，则设计及施工均较严格，植物材料要精选，从而真实体现名人形象，多布置在纪念性园地；也可选用花篮、花瓶、建筑小品、动物、花草、乐器、齿轮等图案；装饰物植物图案可以时钟、日历等内容为纹样，但需精致准确（图7.4）。

在植物图案中，为了将五彩缤纷的图案统一起来，常常布置植株低矮呈单一的边缘植物。常用绿色的观叶植物如垂盆草、天门冬、麦冬类或香雪球、荷兰菊等观花植物作为单色配置。

花丛植物图案还常用高大整齐、体形优美、轮廓清晰的花卉或花木作为中心材料点缀植物图案，也形成植物图案的构图中心。常用的植物有龙舌兰、叶子花、苏铁、大叶黄杨、橡皮树、扫帚草、蒲葵、桂花、长叶刺葵、杜鹃、凤尾兰等。

图 7.4　几种内部图案纹样（引自董丽等）

7.4.6　植物图案的色彩设计

植物图案的色彩设计要遵循色彩搭配规律，考虑环境对色调的选择和植物的生物学特性等因素。

1. 遵循色彩搭配规律

（1）对比色应用

对比色较活泼而明快，深色调的对比较强烈，给人以兴奋感；浅色调的对比配合效果较理想，对比不那么强烈，柔和而又鲜明。对比色应用如堇紫色＋浅黄色（堇紫色三色堇＋黄色三色堇；藿香蓟＋黄早菊；荷兰菊＋黄早菊；紫鸡冠＋黄早菊）、橙色＋蓝紫色（金盏菊＋雏菊；金盏菊＋三色堇）、红色＋黄色（一串红＋黄色地被菊）（彩图 7.10）等。

成对比的花卉在同一花坛内不宜数量均等，应有主次。通常以一种色彩做出花坛的纹样，而以其对比色作为色块填充于纹样内，能取得较好的效果。

（2）暖色调应用

暖色调或类似色花卉搭配，色彩不鲜明时可加白色花卉以调剂，并提高植物图案的明亮度。这种配色鲜艳、热烈而庄重，在大型植物图案中常用，如红＋黄或红＋白＋黄（黄早菊＋白早菊＋一串红或一品红；金盏菊或黄三色堇＋白雏菊或白色三色堇＋红色美女樱）。另外，白色花卉也常用于在植物图案内勾画出纹样鲜明的轮廓线。

（3）同色调应用

同色调或近似色调的花卉配置在一起，易给人以柔和愉快的感觉。例如，万寿菊和孔雀草作为橙黄色配置在一起，给人以鲜明活泼的印象；荷兰菊、藿香蓟、蓝色的翠菊配置在一起，给人以舒适安静的感觉。这种配置方法强调整体上色彩的协调，而非明丽醒目的图案纹样。同色调花卉浓淡的比例对效果也有影响。例如，大面积的浅蓝色花卉，镶以深蓝色的边，则效果很好，但如果浓淡两色面积相等，则会显得呆板。

同色调配色适用于小面积花坛及花坛组，起装饰作用，不作主导。例如，白色建筑前用纯红色的花，或由单纯红色、黄色或紫红色和单色花组成花坛组。

（4）主色与配色的搭配

植物图案一般应有一个主调色彩，其他颜色的花卉起着勾画图案线条轮廓的作用。一般植物图案可选 2～3 种颜色，大型植物图案可选 4～5 种颜色。忌在一个植物图案中或在一个植物图案群中花色繁多，没有主次，显得杂乱无章。

另外，在色彩搭配中要注意颜色对人的视觉及心理的影响。例如，暖色给人以面积上的扩张感，而冷色给人以收缩感。因此，设计各色彩的花纹宽窄、面积大小要有所考虑。为了达到视觉上的大小相等，冷色用的比例要相对大些，这样才能达到设计意图。

（5）花卉颜色的明度和饱和度

花卉色彩不同于调色板上的色彩，只有在实践中对花卉色彩进行仔细观察，才能正确使用。同为红色的花卉如天竺葵、一串红、一品红等，在明度上有差别，分别与黄菊配用，效果不同。一品红红色较稳重，一串红较鲜明，而天竺葵较艳丽，后两种花卉直接与黄菊配合也会有明快的效果，而在一品红与黄菊中加入白色的花卉才会有较好的效果。同样，紫花、粉花等各色花在不同花卉中的明度、饱和度都不相同。

2. 考虑环境对色调的选择

在公园、剧院、草地上和节日的广场上应以暖色调花卉为主体，使人感到鲜明活跃、热烈欢乐，可采用一串红、鸡冠花、百日草等色彩浓艳的花卉，也可采用孔雀草、万寿菊等对比强烈的花卉加以渲染。在办公楼、纪念馆、图书馆、医院等安静的地方宜采用质感轻柔、略带冷调色彩的花卉，如鸢尾、桔梗、宿根花亚麻、玉簪、紫萼、藿香蓟一类呈淡蓝、淡紫和白色的花卉，使人感到安静幽雅。另外，需要考虑花坛背景的颜色。例如，红色的墙前不宜布置以红色为主色调的花坛，蓝色、紫色等深色调也不适宜，而应选择黄色、白色等较亮的颜色作为主色调；相反，在白色的背景前，宜以饱和度高、鲜明艳丽的色彩作为主色，这样才能形成色彩对比的效果。

3. 考虑植物的生物学特性

各种植物的花与叶的质感不同，利用不同质感的植物来配置图案，能收到清晰醒目的效果。例如，用各种花色的美女樱、半枝莲来组织图案时，采用五色草栽成的线条做纹样边缘，可以使图案清晰得多，否则会让人感到散乱模糊，不能充分展示图案线条及艺术效果。选配花卉也应注意到有些花卉，如半枝莲、紫茉莉、牵牛、晚香玉等花卉定时开放或放香的特点。另外，要考虑不同土壤条件和气候对花色、花期和开花早晚的影响。

7.4.7 植物图案设计图

植物图案设计图通常包括以下部分。

1. 环境总平面图

通常根据设置植物图案空间的大小及花坛的大小，以（1：1000）～（1：100）的比例画出植物图案周围建筑物边界、道路分布、广场平面轮廓及植物图案的外形轮廓图 [图 7.5（a）]。

2. 植物图案平面图

较大的花丛植物图案通常以 1：50 的比例，精细模纹植物图案以（1：30）～（1：2）

的比例画出植物图案的平面图,包括内部图案纹样的设计及所用植物材料。如果用水彩或水粉表现,则按所设计的花色上色,或用写意手法渲染。绘出植物图案后,用阿拉伯数字或符号在图上依纹样使用的花卉,从植物图案内部向外依次编号[图 7.5(b)],并与图旁的植物材料表相对应,以便于阅图。在季节性植物图案设计中,还须标明植物图案在不同季节的轮替花卉。

3. 植物图案立面图

单面观、规则式图形或几个方向图案对称的植物图案只需画出主立面图即可。如果为非对称式图案,则需有不同立面的设计图。植物图案中的某些局部,如造型物等细部必要时需绘出立面放大图,其比例及尺寸应准确[图 7.5(c)]。

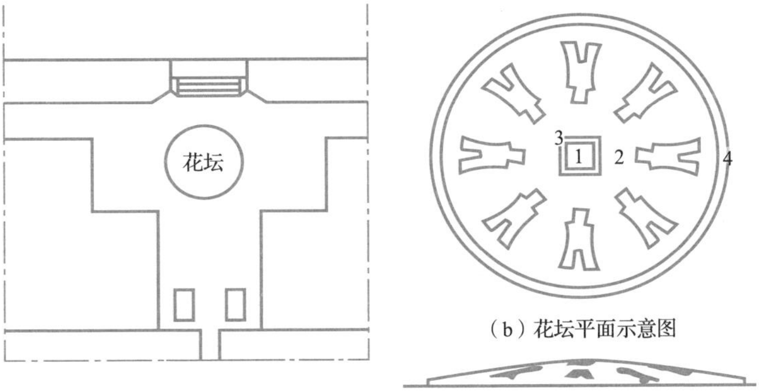

（a）花坛位置及周围环境示意图

（b）花坛平面示意图

（c）花坛立面示意图

1—五色草(红);2—黄小菊;3—白草;4—天门冬。

图 7.5 植物图案设计图

4. 植物材料统计表

植物材料统计表的项目包括所用植物的中名、拉丁学名、规格(株高及冠幅)、花色、花期、用苗量及轮替花卉等。

用苗量计算如下:

$$A 种花卉用株数 = 栽植面积 / 株距 \times 行距$$
$$= (1m^2 / 株距 \times 行距) \times 所占植物图案面积$$
$$= 1m^2 所栽株数 \times 植物图案占的总面积$$

公式中株距、行距的确定以冠幅大小为依据,以不露地面为准。实际用苗量算出后,要根据植物图案及施工的条件留出 5%～15% 的耗损量。植物图案总用苗量计算为($A + A \times$ 5%～15%)+($B + B \times$ 5%～10%)+……

5. 设计说明书

设计说明书简述花坛的主题、构思,并说明设计图中难以表现的内容,汉字宜简练,也可附在花坛设计图纸内。对植物材料的要求,应包括育苗计划、用苗量计算、育苗方法、起苗、运苗及定植要求,以及花坛建立后的一些养护管理要求。

7.5 平面式园林植物图案造型施工流程

平面式园林植物造型施工流程包括整地、放样、栽植和整形修剪 4 个步骤。

7.5.1 整地

首先要翻耕土壤，栽植一、二年生草花及草坪需要 20cm 土壤厚度，多年生花卉及灌木需 40cm 土壤厚度。翻耕时要将石块、杂物拣除或过筛剔出，将土块砸碎，以防止土壤中形成空隙。花苗栽植后根系不能与土壤密接而影响根系吸水吸肥，使缓苗期拖延。若土质过劣，则应换以好土，或加入适量腐叶土、泥炭土改良土质。有条件时最好进行土壤消毒。如果土壤贫瘠，则需施足基肥。整地后的地面应疏松平整，中心地面应略高于四周地面，以避免渍水，要根据设计要求及现场地形，因地制宜地制造地形变化，达到最佳的视觉效果。平面式、龟背式和坡式是常见的 3 种基本地形（图 7.6）。

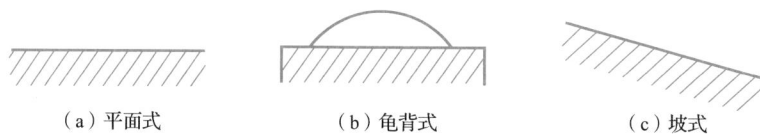

（a）平面式　　　　　　（b）龟背式　　　　　　（c）坡式

图 7.6　地形的 3 种基本形式

7.5.2 放样

放样是按施工图纸上的原点、曲线半径等，按放大的比例直接在施工地面定点放样或通过方格网法，先在图纸上描好方格，然后按放大的比例放大方格，将原设计图纸上的图案描到放大的方格上，这样可在施工地面上按比例确定图案的形状、大小。放样时尺寸应准确（图 7.7）。中小型平面式园林植物造型可用麻绳或铁丝按设计图纸摆好图案模纹，画上印痕，并沿痕撒上灰线；复杂纹样的平面式植物造型直接放线不便或不易准确，可直接在白报纸或纸板上放线，然后镂空一些花纹盖在地上，镂空部分可撒白沙等标明，也可勾画出图案轮廓。

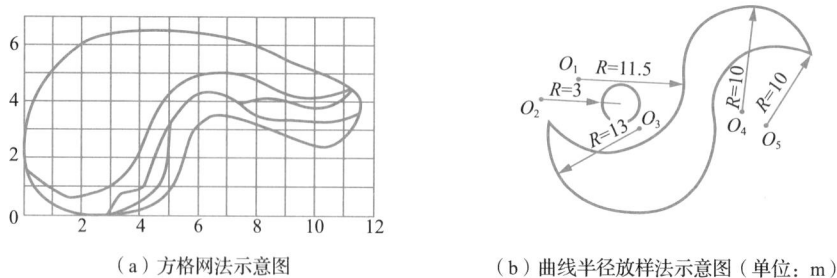

（a）方格网法示意图　　　　　　（b）曲线半径放样法示意图（单位：m）

图 7.7　方格网法及曲线半径放样示意图（引自庄莉彬等）

7.5.3 栽植

放样完成后，在造型外形轮廓的边缘按设计的材料、质地、高低、宽窄砌上边，然后栽植苗木。要选择阴天或傍晚。栽植的苗木要求茎秆粗壮，根系完好带小土团，无病虫害，花蕾露色，分蘖者必须有 3~4 个分叉。苗木在保管过程中，要防止因日晒风吹而失水。

栽植顺序一般按由内向外、自上而下进行。模纹图案部分则应先栽种图案的轮廓，然后栽空隙。浮雕植物图案先栽植凸出的阳纹部分，然后栽阴纹部分，以使图案清晰。栽植距离应根据各种花卉植物的生长规律确定，以花卉在盛花期时的植株冠幅为依据，以使土面不裸露。在栽植中需根据植株的高矮不断调整，一般中间高四周低，使其整齐有致。根据植株大小调整密度，切忌成行成排或规整梅花形栽植，那样不但耗时多，而且不自然。较大面积施工时，为避免操作时人为踩实已经整平的土壤，可用较长的跳板，操作者可踩在跳板上栽植。模纹花坛可用火绒子、香雪球等镶边，栽植宽度为 20~30cm。

花卉栽植完毕后，用喷雾装置均匀浇透水，不能用皮管直冲，以后根据天气情况酌情浇水。

7.5.4　整形修剪

栽植完经缓苗后，发现有个别枯萎的植株时要随时更换，对扰乱图形的枝叶要及时修剪，以保证外表整齐，图案外形线条流畅。

■ **任务实施** ■

任务 7.1　彩结植物图案制作

任务描述 ☞

以黄杨为主的彩结植物图案在 16 世纪的西方国家广为流行，将绿篱组成不同文字和图案既整洁美观又庄重，提升了绿篱的观赏价值。本任务旨在让学生熟悉绿篱造型的基本方法。

选择 3 种以上本地区常用的不同颜色的适于做绿篱的花灌木，在庭院内建造边长为 3.6m 的正方形彩结图案的花坛（图 7.8）。要求图案造型由 3 种不同颜色的绿篱构成，正方形边框和中心为一种灌木，边框内正方形为一种灌木，弧形线为一种灌木，3 种颜色搭配协调。在图案空隙覆盖一层沙砾。

任务目标 ☞

用本地绿篱树种完成绿篱种植，掌握绿篱造型的基本方法。

植物材料 ☞

女贞、三角枫、红花檵木、珊瑚树、黄杨、雀舌黄杨、茶梅、大叶黄杨、狭叶十大功劳、紫叶小檗、雪柳、小叶女贞、桧柏、侧柏等。苗木高度以 0.5m 为宜，要求根系发达、冠幅完整、无病虫害。

造型用具与备品 ☞

手推车、铁锹、镐头、修枝剪、手铲、灌水用具、细绳、卷尺、45cm 长木桩、沙砾等。

图 7.8　彩结图案示意图

任务操作步骤与方法 ☞

1. 整地

将欲建彩结植物图案的地块用锹或镐翻耕，深约 40cm，拣出石砾，砸碎土块，整平。有条件的可施基肥适量。

2. 苗木选择

1）选择本地区常用的绿篱树种。根据颜色搭配规律挑选 3 种不同颜色的树种甲、乙、丙，分别设计在外框、内正方形和弧形线中。花坛中心的树种应与外框的树种相对，但在株高和冠幅上应占优势。

2）计算 3 个树种的用苗量。株距可根据土壤条件和植株生长状态而定，一般为 15～30cm，单株单行栽植。

3. 放线

1）在地块上量出边长为 3.4m 的正方形，作为植物图案的外沿线，用石灰标记，为了标记种植甲树种的界限内沿，在外沿线上，距离转角 30cm 处放置木桩（图 7.9a），然后在相对的木桩间拉绳。

2）测量中点距离，用木桩标记出甲树种排列的 4 条边界的内沿的中点（图 7.9b）。

3）在相对的中点之间暂时交叉地拉两条线，在线上距离中点（图 7.9b）15cm 处，插木桩标记（图 7.9c）。

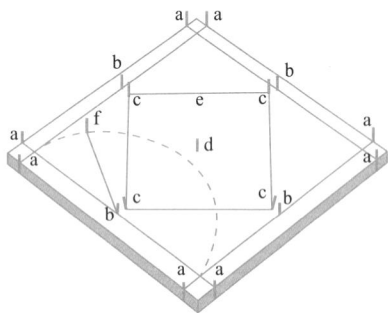

图 7.9　彩结图案放线示意图

4）用一根木桩（图 7.9d）标记图案的中心，然后移开中点间的连线。在步骤 3）中所设的 4 根木桩间拉线，以标记用来形成里面的正方形的乙树种的位置（图 7.9e）。

5）为了标记第一条圆弧的丙树种种植路线（图 7.9f）（4 条圆弧中的一条，它们交错穿过种植乙树种的正方形），将 1.4m 长的绳的一端固定在中点的木桩（图 7.9b）上，另一端连接一根木桩（图 7.9f），将绳拉紧，以固定点为圆心，在地上画出一个半圆。按相同的步骤标记出其余 3 条圆弧的丙树种的种植路线。

4. 栽植

1）移开用来标记结状图案中心的木桩，栽上一株株高和冠幅占优势的甲树种。

2）在第一条圆弧上种植丙树种，要从左边开始，按一定株距有规则地沿线栽植，然后在圆弧的右半边，当乙树种和丙树种的种植路线交叉时，在离乙树种种植路线 25cm（该数字应与株距一致）处，种植丙树种（图 7.10g）。植物长大以后，这个位置的丙树种就像长在乙树种的下面。以同样的方法在其余 3 条圆弧上种植丙树种。

3）种植乙树种前，用一根木桩沿所拉的绳在里面的正方形种植路线上画出标记，然后移去绳子，由转弯处开始栽植，按株距规则栽植。将乙树种种在离丙树种种植路径 25cm（此数字与株距一致）的地方。

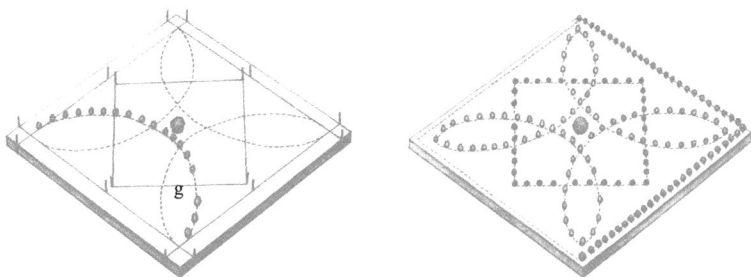

图 7.10　彩结图案栽植示意图

4）由转弯处开始种植甲树种，按株距规则式种植。

5）移去所有的绳子和木桩，在植物周围及整个种植床覆盖洁净的沙砾，厚度为 5～8cm，然后浇透水。

5. 修剪

栽植后可任其生长，第 2 年早春开始按矩形断面形状修剪，高度控制按 30～40cm，中心甲树种可修剪成球形，高度约 60cm，直径为 50cm。修剪时，在绿篱带的两头各插一根木桩，再沿绿篱上口和下口沿拉绳子，作为修剪的准绳，使绿篱修得平整、笔直划一，高度和宽度一致。

任务评价 ☞

任务完成后，可在施工现场和形成效果后进行两次评价。第一次评价应从整地、苗木量计算、放线、栽植、修剪、场地清理、安全生产、工具使用、操作程序方法、施工质量方面进行量化评价。第二次评价要侧重栽植效果评价，在设计要求、修剪质量、苗木长势等方面给予评价。具体评价标准如表 7.1 所示。

表 7.1　彩结植物图案制作评价标准

序号	制作步骤	评价标准	赋分	备注
1	整地	整地平整	4 分	
		整地细致	4 分	
2	苗木选择	正确选择树种、规格合适	4 分	
		准确计算树种的用苗量	4 分	
3	放线	放样准确表达设计意图	4 分	
		放样方法科学、误差小	4 分	
4	栽植	栽植顺序符合要求	4 分	
		栽植规范符合标准	4 分	
5	修剪	修剪面平整、整齐划一	4 分	
		修剪高度和宽度一致	4 分	

巩固训练 ☞

以本地区常见绿篱树种为纹样，以草花为背景，用方格网法放样，制作一个 6m×4m 的彩结植物图案（图 7.11）。

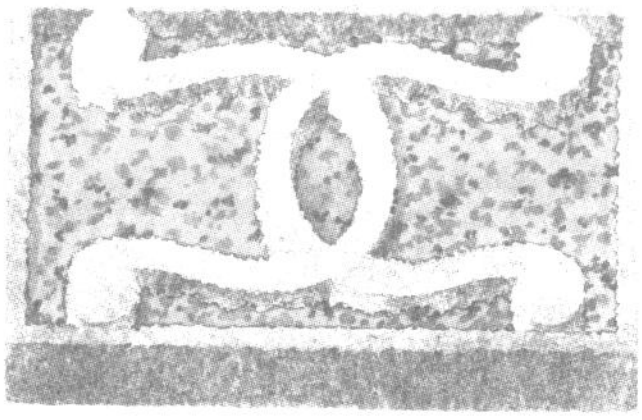

图 7.11　交错窝卷式彩结植物图案

任务 7.2　独立式花丛植物图案制作

任务描述 ☞

花丛植物图案是最常见的表现花卉盛花期群体色彩美的形式，本任务旨在让学生掌握群体花卉造型的常用方法和造型程序。用小叶黄杨（或其他灌木）、一串红、矮牵牛、格丽海棠、三色堇等在宾馆门前制作直径为 8m 的独立式花丛植物图案。植物图案参见图 7.1。

任务目标 ☞

用花卉植物完成群体花坛造型操作，掌握群体花卉造型的常用方法和造型程序。

植物材料 ☞

小叶（或其他灌木）株高不超过 1m，冠幅较大；在国际劳动节开花的一串红、雏菊、金盏菊、三色堇等草本花卉。也可选用长春花、半枝莲、秋小菊、银边翠、鸢尾、孔雀草、矮牵牛、羽衣甘蓝等花卉。

造型用具与备品 ☞

铁锹、镐、铁耙、花铲、卷尺、木圆规、喷壶、木桩、竹片、石灰等。

任务操作步骤与方法 ☞

1．配花并计算花卉用量

根据图案进行配花设计，并计算各种花卉用量。

2．整地

将植物图案土壤翻耕 20cm 深，过筛，加入适量腐熟的粪肥，掺匀，将地整平，中央略高。

3．放样

用方格网法将设计图案放大，然后按图示步骤放样于整平的土地上。

1）在地块上量出半径依次为 30cm、37cm、65cm、160cm、185cm、200cm 的一组同心圆，用石灰标记，同心圆的圆心放置一木桩作为标记，并在最大圆上每隔 15° 角放置一木桩，然后在圆心与每个木桩间拉绳 [图 7.12（a）]。

2）按图所示，每隔 3 条线，在距圆心 125cm 的位置上，绘一半径为 10cm 的圆，用石灰标记，依次用圆弧连接 A、B、C 三点，以此类推，旋转一周 [图 7.12（b）]。

3）按各线条间的对应关系，用石灰将红色部分进行放线［图7.12（c）］。

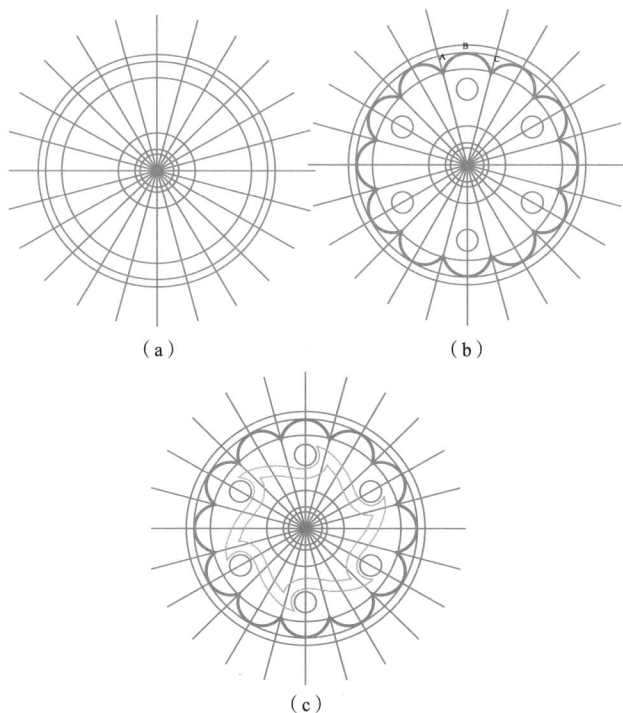

（a）　　　　　　　　　　　（b）

（c）

图 7.12　独立式花丛花坛放样示意图

4. 砌边

将花坛四周用竹片或砖块圈好。

5. 栽植

花卉与图案位置的对应关系（图7.13），由中央至四周按图案中的配花要求将花卉栽于相应的图案位置中，先将红色鸡冠花栽至中央；红色鸡冠花土坨之间的距离以 10～15cm 为宜，土坨用土埋严；孔雀草、红格丽海棠、粉色矮牵牛、黄色地被菊的株距、行距均为 10cm。各部分栽植结束后，移去所有的绳子和木桩，在植物周围及整个种植床上覆盖洁净的沙砾，厚度为 5～8cm，然后浇透水，以后视天气和土壤干湿情况适时浇水。

A—红色鸡冠花；B—孔雀草；C—黄色地被菊；D、F—粉色矮牵牛；E—红格丽海棠。

图 7.13　独立式花丛植物图案栽植示意图

任务评价 ☞

花丛植物图案制作主要考查不同种类花卉组合搭配所表现出来的华丽的图案和优美的外貌，因此，除评价整地质量、栽植质量外，还应侧重考查放样是否准确表达设计意图，放样方法是否科学、误差小，不同花之间的界限是否清晰，花卉色泽搭配是否符合颜色搭配的规律，能否体现较好的观赏效果。具体评价标准如表 7.2 所示。

表 7.2　独立式花丛植物图案制作评价标准

序号	制作步骤	评价标准	赋分	备注
1	配花并计算花卉用量	根据图案完成配花设计	4 分	
		准确计算各种花卉的用苗量	4 分	
2	整地	整地平整	4 分	
		整地细致	4 分	
3	放样	放样准确表达设计意图	4 分	
		放样方法科学、误差小	4 分	
4	砌边	符合要求	4 分	
5	栽植	栽植顺序符合要求	4 分	
		栽植规范符合标准	4 分	
		栽植的深浅稀密合适，外观整齐	2 分	
		不同花之间的界限清晰，花卉色泽搭配符合颜色搭配的规律	2 分	

巩固训练 ☞

用郁金香、风信子（蓝）、水仙（黄）、花毛茛（白）按图 7.14 制作花坛。

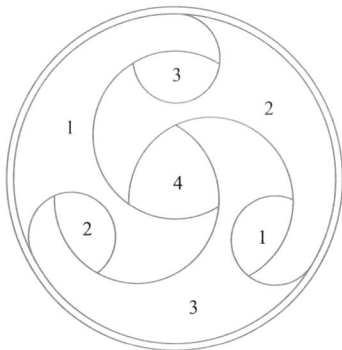

1—风信子（蓝）；2—水仙（黄）；3—花毛茛（白）；4—郁金香（红）。

图 7.14　独立式花丛花坛平面图图案栽植示意图

任务 7.3　五色草模纹植物图案制作

任务描述 ☞

模纹植物图案是在大型广场绿地应用广泛、气势恢宏、图案清晰明快的花卉群体造型。本任务以五色草模纹植物图案为例，让学生熟悉花卉组成图案与文字的造型方法。

五色草又名锦绣苋、三色苋、毛毡苋、红绿草、模样苋、五色苋等，属苋科虾菜属。

该属常见的栽培品种、变种有小叶绿、大叶绿、微叶绿、小叶黑、微叶黑、小叶红等。还有血苋属的尖叶红叶苋，景天科景天属的白草。以上种类习惯上统称为五色草，均为多年生草本，繁殖简单，易于扦插成活，用于花坛造型，色彩华丽鲜艳，造价低廉。本任务采用小叶红、小叶绿和白草制作毛毡式模纹植物图案，直径为 8m（图 7.15）。

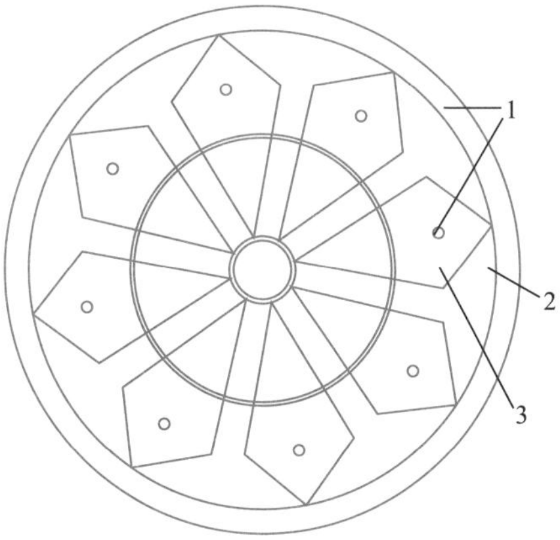

1—小叶红；2—小叶绿；3—白草。

图 7.15　五色草模纹植物图案

任务目标 ☞

用五色草植物完成模纹图案的制作，掌握植物组成图案与文字的造型方法。

植物材料 ☞

小叶红、小叶绿、白草，苏铁或龙舌兰等盆栽植物。

造型用具与备品 ☞

铁锹、铁耙、抹子、筛子、夯实工具、木桩、工程线、绳、木槌子、大平剪、喷雾设施、卷尺、水泥、细沙、砖等。

任务操作步骤与方法 ☞

1. 整地

地栽五色草的土壤要求疏松、深厚、肥沃、排水性能好，土层达 20～30cm。土壤太差的应换通透性能好的沙壤土。翻地前先施腐熟的有机肥作为基肥，然后深翻、细耙、耧平。如果天旱，则要提前浇水，适期翻地，翻深 25cm 左右。翻后按设计高度、坡度耙平，必要时可稍加镇压。花坛的床面可高于地面 10cm。

2. 砌边

植物图案边缘应形式简单，色彩朴素，以浅黄色、浅绿色、白色为宜。植物图案边缘的高和宽各约 12cm。从植物图案中心点插一木桩为圆心，用图案半径长的绳绕圆心画出花坛轮廓，作为花坛内墙皮。然后沿轮廓线挖 32cm 宽、约 15cm 深的沟槽，沟槽宽度从内墙向内 10cm，向外 22cm，沟槽底部夯实。再按 1∶3 的比例配制砌筑砂浆，按 1∶2 的比例配制抹灰砂浆，采用一顺一丁形式砌筑花墙边缘墙体。抹完墙面后可将墙面用涂料等涂成浅黄色。

3. 计算五色草用量

根据植物图案制作实际面积，按比例将尺寸落实到图案上，并按株间距 3cm 计算出各种草的用量。

4. 放样

用绳以植物图案中心为圆心，以图案中各圆不同半径用绳画出各圆图形，然后通过圆心画十字线，再将每个不规则的四边形用铅丝做成图案轮廓（也可用纸模剪成图案模型），以十字线为参照，在花坛地面轻轻压出图案。图案线条可用石灰标记。

5. 栽植

在植物图案中央放置 1 盆苏铁或龙舌兰等盆栽植物，称之为"上顶子"，然后将图案的轮廓线栽好，再由花坛中心向外栽植。栽种时可先用木槌子插眼，再将草插入眼内用手按实。要求做到苗齐、地平，达到横看一平面、纵看一条线的效果。最窄的纹样栽白草不少于 3 行，栽绿草、小叶红不少于 2 行。栽植株行距视草大小而定，一般白草植行距为 3～4cm，小叶红、小叶绿为 4～5cm，平均每平方米 250～280 株。

6. 浇水和修剪

栽植完毕后浇一次透水，以后每天浇两次水，保持各部位湿润。浇水不能在中午高温时进行，宜在上午 4 时前和下午 4 时后。

栽植后用大平剪进行平面整体轻剪，只要修剪平即可，以后每 10～15 天剪一次。注意不要剪到分枝以下，各色草之间的分界线不交叉，使之线条明显、图案清晰。

任务评价 ☞

五色草模纹植物图案的制作整地细致，坛体砌筑施工方法、尺寸符合要求，放样与图案一致，五色草栽植的深浅稀密合适，外观整齐，界线清晰，栽后修剪面平、线直、图案不走样，修剪高矮适度。具体评价标准如表 7.3 所示。

表 7.3　五色草模纹植物图案制作评价标准

序号	制作步骤	评价标准	赋分	备注
1	整地	整地平整	2 分	
		整地细致	2 分	
2	砌边	施工方法符合要求	4 分	
		施工尺寸符合要求	4 分	
3	计算五色草用量	准确计算	4 分	
4	放样	放样准确表达设计意图	4 分	
		放样方法科学、误差小	4 分	
5	栽植	栽植顺序符合要求	2 分	
		栽植规范符合标准	4 分	
		栽植的深浅稀密合适	2 分	
		外观整齐，界限清晰	2 分	

续表

序号	制作步骤	评价标准	赋分	备注
6	浇水和修剪	浇水符合要求	2分	
		修剪面平、线直	2分	
		修剪图案不走样，高度合适	2分	

巩固训练 ☞

用小叶红、小叶绿和白草制作动物纹样的模纹植物图案（图 7.16）。

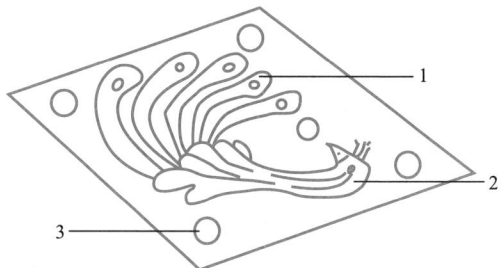

1—小叶红；2—小叶绿；3—白草。

图 7.16　动物纹样的模纹植物图案

▰ 小结 ▰

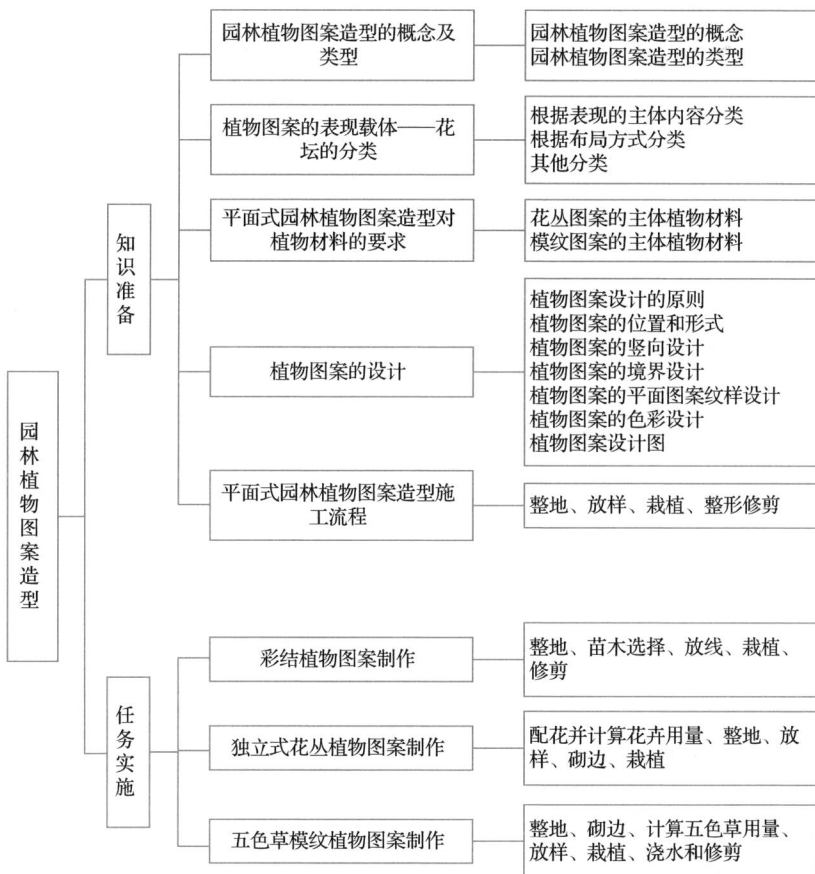

思考练习

一、选择题

1. 布置在建筑广场中央、道路交叉口、公园进出口等处的几何形花坛，可采用（　　）。
   - A．点式植物图案造型
   - B．线式植物图案造型
   - C．面式植物图案造型
   - D．其他植物图案造型

2. 布置在道路中间或两侧的带状绿化分隔带，可采用（　　）。
   - A．点式植物图案造型
   - B．线式植物图案造型
   - C．面式植物图案造型
   - D．其他植物图案造型

3. 独立式花丛图案为（　　）植物图案造型，主要作为（　　）。
   - A．点式　主景　　B．线式　配景　　C．面式　主景　　D．线式　主景

4. 带状花丛图案为（　　）植物图案造型，通常作为（　　）。
   - A．点式　主景　　B．线式　配景　　C．面式　主景　　D．线式　主景

5. 毛毡图案主要用（　　）植物组成精美复杂的装饰图案。
   - A．低矮观叶　　B．低矮观花　　C．高大观叶　　D．高大观花

6. 浮雕图案凸出部分多由（　　）组成，凹陷面多由（　　）植物组成。
   - A．常绿小灌木　低矮草本
   - B．常绿大灌木　高大草本
   - C．落叶小灌木　低矮草本
   - D．落叶大灌木　高大草本

7. 由常绿灌木组成，可以数年维持花坛的图案或稳定的造型的花坛称为（　　）花坛。
   - A．永久性　　B．半永久性　　C．季节性　　D．一次性

8. 由多年生花卉组成，或用灌木做成图案纹样，内部填充草本花卉，需定期更换其中的部分植物的花坛称为（　　）花坛。
   - A．永久性　　B．半永久性　　C．季节性　　D．一次性

9. 由一、二年生花卉或球根花卉组成，由于所植花卉的花期不同或需掘球根保护越冬或越夏，而需季节性更换植物的花坛称为（　　）花坛。
   - A．永久性　　B．半永久性　　C．季节性　　D．一次性

10. 由于环境不同，花坛的设置会依据环境有所变化，花坛与地平面基本一致的称为（　　）花坛。
    - A．平面　　B．斜坡　　C．台阶　　D．高台

11. 高于地面的花坛称为（　　）花坛，用于分隔空间或与附近建筑风格取得协调统一。
    - A．平面　　B．斜坡　　C．俯视　　D．高台

12. （　　）属于一、二年生花卉。
    - A．三色堇　　B．郁金香　　C．风信子　　D．美人蕉

二、填空题

1. 根据人们的视野和形状之间的相互对比关系，可将植物图案造型分成_____、_____和_____3个类别。

2. 花丛植物图案是由观花类草本植物花朵盛开时所表现出的群体色彩美。根据平面长

和宽的比例，又可分为_____和_____。

　　3．模纹植物图案因内部纹样及所使用的植物材料不同、景观不同可分为_____、_____、_____。

　　4．根据布局方式，花坛可分为_____、_____、_____。

三、简答题

　　1．植物图案设计的原则有哪些？

　　2．植物图案设计图通常包括哪些部分？

　　3．平面式园林植物图案造型施工流程包括哪些步骤？

项目 8　草本花卉立体造型

■ **学习目标** ■

知识目标 ☞

1. 了解草本花卉立体造型的概念。
2. 熟悉立体花坛常用的造型方法及特点。
3. 掌握立体花坛造型设计原则。
4. 掌握立体花坛造型的工作流程内容。

能力目标 ☞

1. 会区分立体花坛的种类。
2. 能根据不同立体花坛的种类选择植物材料。
3. 能根据不同环境选择立体花坛的建造种类，并能对立体花坛进行形体设计、色调设计和结构设计。

思政目标 ☞

1. 培养自主学习的能力，综合分析问题、解决问题的能力和创新意识。
2. 培养吃苦耐劳的精神，增强团结合作的团队意识，提高协调沟通能力及社会适应能力。

■ **知识准备** ■

8.1　草木花卉立体造型的概念及类型

草木花卉立体造型是以草木花卉为主要素材，通过适当的载体在平面、立体等多维空间有机组合、镶嵌、形成具有多维观赏延伸性的各种造型。此类造型具有充分利用空间、展示植物材料的绿化美感、置景方式具有更大自由度、能迅速形成景观等特点。

按造型方法的不同，草本花卉立体造型可分为以钵床、卡盆为基本单元的组合立体花坛和立体造型花坛。

在花坛体量足够大的前提下，以钵床、卡盆为基本单元可组合成任意形状的花坛，如花柱造型花坛（彩图 8.1）、花环造型花坛（彩图 8.2）、花鸟造型花坛（彩图 8.3）、花桥造型花坛（彩图 8.4）等。利用卡盆结合先进的灌溉系统，可以在立体造型上以不同颜色的花卉拼构出非常细致的图形，连接方式简便易行。组合立体花坛的适用范围非常广，既可用于大型广场、公园、大型的庆典场合，也可用于宾馆饭店及家居庭院。

立体造型花坛是以不同色彩、质地的植物材料的花、叶来构成半立体或立体的艺术造型，是最复杂、最能体现设计者神思妙想的一种表现手法。它是超出花坛原有含义的布置形式，常包括造型花坛和标牌花坛等形式。

造型花坛是用模纹花坛的手法，使用五色草或小菊等草本植物做成各种造型，如脸谱（彩图 8.5）、龙亭（彩图 8.6）、天鹅拱门（彩图 8.7）、花篮（图 8.8）、塔（彩图 8.9）、花墙（彩图 8.10）等，前面或四周用平面式装饰。标牌花坛是用植物材料组成的竖向牌式花坛，多为一面观。此类花坛可以是落地的，也可以是借助建筑材料（砖、木板、钢管、铁架等）搭成首架，植物材料种植在栽植箱或花盆中，绑扎或摆放在骨架上，使图案成为距地面一定高度的垂直或斜面的广告宣传牌样式（彩图 8.11）。

8.2　立体花坛植物材料选择

用作立体花坛的植物材料，通常要选择色彩鲜明、花期长、多花、株型整齐、高矮适中、抗性较强（如抗寒、抗热、抗病虫等）的种类。但是集众多优点于一身的种类并不是很多，在实际应用中，常选择优点较多或具有一定特色的品种，只有集中栽种，取长补短，方能达到较好的观赏效果。

观花植物应选择花期长、冠形整齐、色彩鲜艳的多年生宿根草本与部分一年生草本及矮小灌木，以忍冬科、茜草科、凤仙花科、秋海棠科、景天科、锦葵科、百合科、马齿苋科及菊科等植物为主，常用的有荷兰菊、银叶菊、雏菊、鸡冠花、矮牵牛、绣球花、龙船花、凤仙花、半枝莲、长寿花、扶桑、百合、郁金香、风信子、翠菊、大波斯菊、孔雀草、一串红、一半白等。观叶植物应选择萌蘖性强、生长旺盛、分枝多、四季彩叶或四季绿叶的多年生草本，以苋科为主，常用的有紫绢苋、红龙草、白苋草、红苋草、绿苋草，以及三色堇、白鹤芋、彩叶芋、绿巨人、蔓绿绒、万年青、黛粉叶、粗肋草、蕨类植物等。

以卡盆等为单位组成的大型花柱、模纹立体花坛、标牌式立面装饰，既要突出细部的结构，又要展示整体的设计效果，要选择株型矮小、分枝繁多、枝叶茂密、单花花径小而花萼较大且开花时间长的植物材料，这样即使部分种类开始凋落，整体效果也能维持一段时间。常用的有四季海棠、小菊、凤仙花、长寿花、彩叶草、三色堇、羽衣甘蓝等。

8.3　立体花坛的造型方法

8.3.1　植物栽植修剪法

采用植物栽植修剪法时用较低矮致密、不同色彩的植物如黄金叶、五色草、秋海棠、佛甲草、仙人荷花、三色堇、雏菊、马蹄筋、早熟禾等栽植修剪组成各种图案、纹样。这种方法常用钢材按造型轮廓形成骨架固定在基础上，再用铅丝网扎成内网和外网，两层网之间的距离为 8～12cm，内网孔规格为 5～7cm。为防止漏土，可用无纺布贴附内网上，外网孔规格为 2～3cm，两网之间再填入腐殖质土，然后用竹签（长 15～20cm，直径约 3cm）戳孔均匀栽植植物，栽后及时浇水和修剪（彩图 8.12）。

8.3.2　胶贴造型法

采用胶贴造型法时通常先用钢材制作骨架，将骨架与基础焊接牢固，按造型搭建框架并蒙上铅丝网，然后在网上抹粉水泥、石灰，再将塑料花、绢花、干花、干果及种子等材料用胶粘贴，最后根据设计要求喷漆着色。用此法造型质感强烈，具有突出的雕塑效果。

8.3.3　绑扎造型法

采用绑扎造型法时以小型盆花为基础单位，以搭建框架及扎花两大工序来完成独具一格的植物圆雕或浮雕的造型效果。框架由模型框架、装盆框架和扎花篾网 3 个部分组成。模型框架及设计形象的主体，为竹、木或钢架结构；装盆框架是衬在模型框架内侧的框架，用于放置盆花，可用竹、木或钢架搭建；扎花篾网是模型框架的附属物，用竹篾按照模型框架编制成方格网，或用铁丝网格扎缚在框架表面，用以固定植物的茎叶，保持编织图案的稳定。在有的立体花坛施工中，也可省略装盆框架。例如，将盆菊脱盆，在土球外面包裹稻草或塑料薄膜，保持土球湿润，放进已建的模型框架内，由下而上进行绑扎。

8.3.4　插花造型法

采用插花造型法时通常以金属材质做出造型框架，内部填充吸水的花泥，然后将鲜切花插入花泥而形成花坛。这种造型方法简便省工，能清晰表现花坛中的装饰图案或文字，但花卉保持时间不如盆栽花卉。

8.3.5　组合拼装法

采用组合拼装法时根据立体花坛设计图的要求，用钢筋按盆花容器的尺寸制作成放置盆花的呈方格状或圈状的网格，预先将五色草或其他花卉培育在塑料制的圆形或方形的容器内，待立体花坛布置展出时，适时按设计造型拼装而成。此法适用于屏风状或圆柱形、伞形的立体花坛，在花坛表面可用各色花卉组成图纹字样（彩图 8.13）。

如果用花球、卡盆、吊篮等预制形式，则可以设计出更加丰富的造型，施工方法也更为方便。

8.4　立体花坛造型设计

8.4.1　设计原则

1. 因地、因时、因材制宜原则

花坛设计首先要考虑植物的适应性和环境特点。不同地区、不同季节有各自独特的生态条件，适合不同植物材料的生长。即使同一地区在小环境要素之间也有差别，如地面铺装的形式和色彩、已有的绿化形式与规模、地形的高低变化及所在地点所应具有的功能等。因此，要根据各自的特点去选择适当的造型类别、主题及适宜的植物材料，做到将配置的艺术性、功能的综合性、生态的科学性、经济的合理性、风格的地方性等完美地结合起来，切不可盲目抄袭、生搬硬套。

2. 经济美观、适用与环境相协调原则

设计立体花坛时，应结合环境的空间特点和建筑物的风格充分发挥其本身所特有的画

龙点睛的功效，突出其与环境相协调且丰富多变的艺术特征，还要考虑景观的稳定性及持续性，做到近处着手，远处着眼，既经济适用又美观，不能求大求全。

3. 个性、特色、多样性原则

设置立体花坛，更加强调人与环境的自然和谐、地方文化韵味及艺术创意的独到性，也更强调造型效果及整体效果的个性特征。设计时不仅仅要强调丰富的花卉品种的展示与环境的美化，更要强调是一种个性与地方特色的表现。

8.4.2　种类选择

立体花坛主要应用在广场、道路、公共绿地等处，要根据环境及功能选择相应的造型种类。大型广场在空间的深远度和地势上的相对平坦，是展示植物立体造型的最佳场所，一般可以设置大型组合式花坛、主题花坛，在设计上要讲究雄伟大气，色彩以热烈奔放的暖色调为主。在交通广场上可通过采用小型立体花坛来起到疏导人流的作用，设计上不能占用较大的地面和空间，而要适应人流、车流和集散，保证通畅、明快的视觉空间。建筑物前的附属广场，绿化主要起着陪衬、隔离、遮挡等作用，可采用不同花柱或大型花球、花伞等构成视觉亮点，也可采用观叶植物的不同色彩来组成斜面花坛。设计时既要注意与建筑风格的协调统一，又要注意不能造成人行走时的障碍，造型要简洁明快。

在公园中的休闲区，一般地势较为平坦，可以考虑设置立体花坛和花柱，观赏区则多以追求自然景观为主，可以构筑立体或斜面花坛及绿雕等形成人工景观。

在路旁绿带，可以利用边坡的坡度或人工构筑物布置斜面花坛；对于立交桥下的封闭式的街头绿地，可配以大型花坛，或以盛花花坛结合花球、花塔、花柱、花钵的组合，起到飞花溢彩的美化作用。也可以采用主题花坛的表现形式，以具有雕塑效果的植物造型或极具想象力的立体花坛来表现特定的主题。

8.4.3　形体设计

立体花坛和雕塑一样，是有主题的，主题通过外在形象来表达。立体花坛的设计应该紧紧围绕形象与主题进行构思和创作，要做到塑造一个形象、营造一种气氛、表达一个主题。

形象要依环境和主题来设计，可为人物、动物、花篮、花瓶、图徽及建筑小品等。整个花坛造型的大小由环境空间的大小来决定。根据视觉规律，人们所选择的舒适观赏位置多数处在观赏对象高度视平线以上 2 倍以远的位置，而且在高度 3 倍的距离前后为多。以高度为主的对象，在高度 3 倍以上的距离去观赏时，可以看到一个群体效果，不但能看到陪衬立体的环境，而且立体在环境中处于突出的地位；如果在立体 2～3 倍的距离观赏，这时立体非常突出，环境退居第二位，实际上主要在欣赏立体自身。以宽度为主的对象，比较集中有效和突出的视距范围，一般是在视距等于开度的范围，即 54° 视角，在此范围内观赏者无须转动头部即能清楚地看到对象的全貌。在造型体量确定时，可参考视觉规律，结合造型物的大小，以能给观赏者看出最佳观赏视点（即高 2～3 倍的视距或 54° 视角）的体量尺寸最佳。在可见空间大于允许造型用地空间时，最佳视点可能落在允许用地范围之外，这也是允许的。在体量确定时，还应考虑造型的题材，一些在人们心目中较小的形体，如小的动物等，则不宜用太大的体量表现。因此，在大空间里，应确定用大体量表现的题材，再参考视觉规律确定具体的体量。

对于形体本身而言，应遵循艺术构图的基本原则，即在统一的基础上寻求灵活的变化，在协调的基础上创造对比的动感，使用正确的比例、尺度，讲究造景的均衡与稳定。不同比例的形体会给人不同的感觉（图8.1）。以四面观圆形花坛为例，一般高为花坛直径的 1/6～1/4 较好。

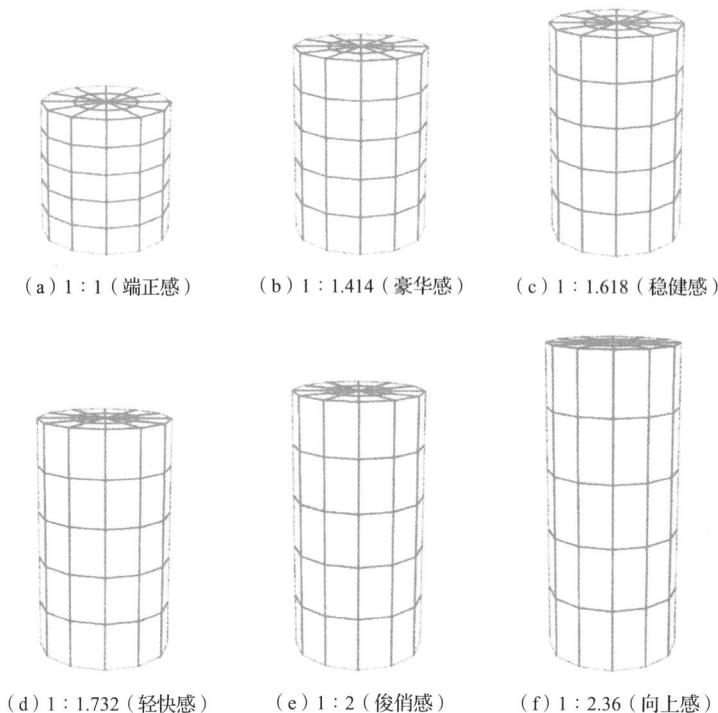

（a）1:1（端正感）　　　（b）1:1.414（豪华感）　　　（c）1:1.618（稳健感）

（d）1:1.732（轻快感）　　　（e）1:2（俊俏感）　　　（f）1:2.36（向上感）

图 8.1　不同比例的形体给人不同的感觉

人工造型的形体要有明显的均衡中心，使各方都受此中心控制，这样才能给人以均衡、稳定、充满自然活力的感觉。如果要创造对称均衡，就要有明确的中轴线，各形体在轴线的两边完全对称布置；如果是不对称均衡，就没有明显的中轴线，各形体在无形的轴线周边自然分布而达到均衡（彩图8.14）。

8.4.4　色调设计

色调设计与平面造型花坛相同，但在色彩配置上应强调以下几点。

1）同色调或近似色调的植物搭配在一起，易给人以柔和愉快的感觉。

2）成对比的色调，如蓝色与橙色、黄色与紫色搭配在一起，会形成极其鲜明的对比，应用于造型的轮廓线上能起到良好的作用。但两种对比色调的植物在同一造型中数量不宜均等。

3）灰白色的植物可以衬托其他颜色的植物，在造型中勾画出鲜明的轮廓线，但不能对两种不同色调的植物起调和作用（彩图8.15）。

4）同色调的植物，其浓淡两色面积比例对效果也有影响。例如，大面积的浅蓝色，镶以深蓝色的边，则效果很好。但浓淡两色面积远离则会显得呆板。

5）选择植物时应有一个主调色彩，其他颜色的植物为陪衬，在色彩上要主次分明。

另外，立体造型应与下面配套的平面图案形成表达主题的完美结合体，也要处理好色彩的对比与调和问题。如果用盆花组合图案，则摆放盆花的一般原则是内高外低或中心高四周低。同一种类花卉易摆成平整的水平面或坡度较小的平整坡面，不同种类花卉多摆成平整的台阶形。

8.4.5　骨架设计

植物造型的骨架必须考虑外观形象、力学结构、外被附着方式、骨架安装固定及便于施工等方面。只有结构合理的骨架才能制作出好的植物造型，可以说骨架是植物造型的基础。首先骨架外形设计应当符合造型的外观形象要求，即要按植物造型的尺寸来确定骨架轮廓（图 8.2），而植物造型的尺寸又包括骨架尺寸和骨架外被厚度两个部分。

骨架外被厚度是由草绳、泥层、根坨及植物材料枝长构成的。设计骨架时应同时确定外被的附着方式，如骨架外抹泥、骨架外缝制麻袋布后内装蛭石或珍珠岩，将根坨直接绑扎在骨架上，将带盆植物直接安放在骨架上等。同一造型，外被附着方式不同，其骨架结构也不同。制好的骨架一定要便于施工，特别是对于有预制组装要求的造型设计，要留有便于枯木吊运、组装、衔接的结构。另外，在骨架设计时，还必须进行承重与受力分析。所受的外力主要是其所承受的外被重量及骨架材料自身的重量。受力分析应根据力学原理，考虑骨架所受外力在骨架中的合成、分解和传递等问题。分析结果用于指导骨架材料及其型号的选择和各部位具体结构的设计，目的在于找出既满足外观造型要求又符合力学原理的最简明的骨架结构，以便做到既安全可靠又节省材料。

图 8.2　柱形骨架

立体花坛原则上不允许有影响造型外观形象完美地暴露在造型外的辅助支撑物。对于植物材料不易表现的局部，如动物造型的头部、眼神、尾部等，可事先用塑料泡沫、石膏、木料等制成装饰性材料，然后安装到造型上，起到画龙点睛的作用。也有的用彩灯镶出立体外形轮廓以增强夜间观赏效果。

8.4.6　基础设计

基础设计应充分考虑地基承载的允许值，以及作为造型体荷载支撑构件的合理布置。基础是承受上部荷载、稳定造型形体的重要结构，它不但要有足够的强度，不能因受重荷而变形、破坏，而且与它接触的土层（即地基）要有足够的承载强度，这种强度依土质而定。当植物造型荷载不大时，只要不是腐殖土或回填土，就只需进行地基土层夯实，使之达到一定承载强度即可（一般黏土可达到 $4 \sim 8t/m^2$ 的承载力）。若上部荷载较重，造型形体所占面积较大，则需进行地基土质的钻探，并进行地基承载力的验算。当植物造型底面积较小时，可采用整体基础；当植物造型底面积较大或较长时，可采用条形或独立基础。当上部荷载不大时，可采用毛石、砖基础，亦可采用毛石混凝土或素混凝土基础；当上部荷载较大时，则可采用钢筋混凝土基础。基础施工图一般应绘出平面图、剖面图，标明尺寸、材料，并做出相应的施工说明。

8.4.7　设计书编制

设计书的内容包括总平面图、造型效果图、造型平面图、造型剖立面图、骨架结构图、基础图、重要节点图、植物材料和建筑材料种类及用量、施工方法等必要的说明。

8.5　立体花坛造型的工作流程

8.5.1　施工准备

1. 材料准备

根据设计图纸计算工程量清单，购买工程材料，准备好施工用的水、电、路等设施。

2. 施工程序编制

施工程序编制应考虑施工中的可行性和操作上的方便。施工程序的内容涉及骨架吊运、组装、外被上架、平面花卉的布置等环节，有了编排合理的程序，立体花坛的施工即可有条不紊地顺利进行。外形及结构比较复杂的造型，也可以编制一个骨架制作程序。按程序逐步放样、下料、焊接、绑扎，不仅能减少失误，还能省去许多剖面图。

8.5.2　骨架制作

骨架制作以骨架设计图为依据。结构复杂的骨架按预先编制的制作程序逐步进行。骨架材料可用钢材、竹材、木材等，结构衔接固定有焊接、螺栓紧固、铅丝绑扎等方式。焊接骨架不能有砂眼。大型花坛也可分部件烧焊，然后到现场拼接。预制组装式骨架部分，要设有专门的吊环，并且吊环应该能够隐藏在外被中，必要时还要制作专门的钩，以便在吊装时连接吊环和吊车钩，吊钩设计要考虑到方便装钩与卸钩。骨架用带根坨植物材料的，应置根坨架。可用两道细钢筋或稍粗铅丝用焊接或绑扎方式固定到短钢筋上，一般呈环形布置。根坨架层间距由选用植物植的冠径及放置方式决定，以放置植物后不留间隙为基本原则，一般在 15～30cm。在麻袋布上扦插的，要将麻袋布缝制在骨架上，用蛭石填充在缝制麻袋布的骨架内。骨架基础坚实稳固，必要时可在骨架基部填充土石等，以防倾斜。多数骨架可以直接放置到地面较平的地点，靠骨架支撑脚起稳固作用。当需要特别固定时，较厚的水泥地面可用膨胀螺栓固定，裸土地面可将基部放入土中固定，或者预先进入专设的基座，安装时再将骨架用焊接或膨胀螺栓固定到基座上。

8.5.3　植物栽植上架

1. 五色草扦插

1）在麻袋布上绘出图案线，标出各部分草色。

2）根据造型需要采集各种颜色的五色草枝条做插穗，将采下的五色草枝条剪成 6～10cm 长，下端削成整齐斜口，去掉基部叶片，并将过于膨大的节在对称两面稍削去一部分，以利插穗能顺利插入洞孔。

3）用直径为 6mm 的钢筋打尖磨圆，另一头做成握把的扎锥，在泥层上稍向上斜插孔。

4）将剪削好的五色草插穗插入孔中，并用手封按孔口，以插穗不易拔出为度。插草深度为枝长的 1/3～1/2，并应保证有 1 节入泥孔（利于生根）。扦插密度以插穗不拥挤又基本不露麻袋布为准，株行距为 3cm。

5）扦插时，可先将图案轮廓线插出，再于其内填插，这样可使图案线更整齐分明。

2. 根坨上架

1）把植物材料去盆，根坨上沿抹成圆滑形。根坨不宜损伤过大，否则花易衰败。

2）用麻袋布紧密包裹根坨，同时，用细铁丝在根坨上沿内，穿引麻袋布环绕，两端对接后拧牢，包好的根坨只允许在上沿花卉基部有少部分裸露。

3）将包好的根坨放在根坨架上（一般稍倾斜放置），用细铁丝固定。在操作中，应从上到下逐层放置。若植物材料种植在圃地中，则可在上架前一两天起出上盆，浇透水阴干后，使之成坨，再按前述程序上架。

8.5.4　给水管放置

骨架外被为扦插的五色草，可用喷雾器具直接喷水。骨架里用带根坨植物材料的，就要设置给水管，用建筑用的普通塑料水管，在根坨上架的同时，从最高处开始，沿所有根坨逐层盘浇，并用细铁丝紧贴麻袋布固定，一边上管一边在管朝向根坨的一面的每个根坨处用尖利的孔锥扎 3～5 个小孔，作为出水孔，给水管末端用铁丝扎紧不要漏水。给水管的进水口设在最高处，通过一个特别的变口径接头与一根直径较大（可为给水管直径的 2 倍以上）的上水管相连，此上水管不能暴露在造型外，应预伏在骨架内，其下部一般用直径为 2cm 的铁管，经弯头变向从骨架基部引出，再用一根黑胶管引至平面花卉图案的外缘。供水时，可将自来水直接引入黑胶管，水在自来水自身的压力下经给水管系统，从出水孔喷射到根坨麻布上湿润根坨，达到给立体花坛供水的目的。

栽植完成后，要浇足水，保证植物的成活。

8.5.5　养护管理

由于立体花坛不同于一般地面的绿化，在养护管理上有许多特殊的环节。这主要体现在以下几个方面。

1. 灌溉

（1）灌溉水质

由于花卉立体花坛多采用容器栽植，基质中积累的盐离子无法得到自然淋溶，所以灌溉用水的电导率要低，可在 $0.1～0.5ds/m^2$。过高时须采取过滤系统对水进行处理。

（2）灌溉时间

灌溉时间要综合考虑立体花坛所处的位置、容器的结构和规格、基质的组成、季节，以及最近的雨量、温度、风力等综合因素。夏季高温时期，如果处于太阳直射的位置，则浇水间隔不能太长。对较小的容器类，每天可能需要浇两次水；基质持水能力强的，浇水次数相对较少；而含泥炭藓较多的生长基质持水能力差且干透后不易再次湿润的，更需要把握好浇水间隔。降雨也会影响浇水，但如果容器中植物丰满，则会影响雨水进入容器。两次浇水的间隔应掌握在生长基质已干但植株尚未出现缺水症状时。

（3）灌溉形式

1）传统灌溉：利用附近的水源及配套的水管系统进行灌溉；也可以采用水车对一些离水源较远的立体花坛进行灌溉。这种方式的优点是操作起来简单易行，但水的冲刷会对植株造成一定的伤害，影响开花质量和花期。

2）滴灌：通过分水器将水从主管系统分流到微管，然后经过微管传送到卡盆等立体容器中。微管端部由一根插杆将微管固定于容器中，灌溉水直接进入生长基质。这是大部分立体花坛最适宜的灌溉形式。这种方式的优点是浇水均匀，不会导致土壤板结及土壤溅出容器，能减少因此而导致的病原传播；水直接进入生长基质，避免冲击花卉，可延长花卉展出期。采用滴灌系统必须考虑生长基质的选择，即基质中水流侧向传输性能好，否则微管中出来的水分会直接与容器壁分离，再灌溉时水分容易顺缝隙流失。采用滴灌时，也可以将电磁阀等控制装置接入灌溉系统，对植物进行定时自动灌溉。

对于花柱等组合花坛，安装滴灌系统时应考虑水肥供应不均匀会造成不同部位的花卉长势不同，影响造型。可以采取增加顶部和减少基部滴灌管的数量的方法，一定程度上平衡供水和施肥；花柱不太高时，可以在顶部安装微喷代替滴灌系统。

2. 施肥

立体花坛如果预计展示时间超过 1 个月，则应该制订合理的施肥计划，保证植物得到足够的营养。根据植物种类选用适宜的肥料类型。施肥方法通常采用基肥和追肥两种，基肥是指在定植前结合土壤耕作所施用肥料；追肥可以采用施肥泵的方法使肥料随灌溉水进入基质，也可以采用叶面追肥的方法。

3. 植株的去残及修剪

立体造型植物的养护包括如下环节：定期清理残花、种子及枯叶，以维持较好的观赏价值并减少病虫害的滋生；对于生长过快或同一个立体造型上如花柱、花球、立体造型花坛等生长速度过快的植物需适时修剪或摘心，以保证良好的造型或图案。

任务实施

任务 8.1　五色草宝瓶式花坛制作

任务描述 ☞

砖骨架宝瓶式花坛是传统的最简单的立式花坛造型方法，造型方法简单，成本低。本任务旨在使学生熟悉立体花坛造型的方法，为学习复杂造型奠定基础。

在街道的某一区域设立一个砖结构的永久性五色草宝瓶式花坛（图 8.3），其大小根据具体位置确定。要求南方四季，北方春、夏、秋季可供欣赏。

任务目标 ☞

掌握立体花坛造型的方法。

植物材料 ☞

要求有茶褐色、紫红色、绿色和鲜红色等颜色

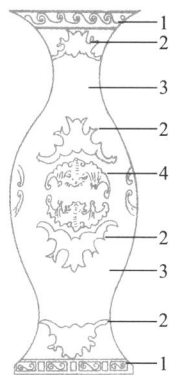

1—茶褐色；2—紫红色；3—绿色；4—鲜红色。

图 8.3　宝瓶图案（引自俞善金、金洪学）

的五色草品种。在宝瓶上能摆放的应季的各种观花、观叶、观果植物，如碧桃、连翘、榆叶梅、竹类、云杉、蒲葵及苹果、石榴等观景类盆景。

造型用具与备品 ☞

铁锹、抹子、钢管脚手架、工程线、铁钉或木楔、细铁丝、剪刀、刷子、草包片、园田土、腐熟粪肥、麦秸、墨汁、砖、石灰、沙子等。

任务操作步骤与方法 ☞

1. 材料计算

根据施工场地确定宝瓶式花坛的大小，计算图案与实物的比例，计算砖和各类五色草的用量。

2. 砌骨架

根据宝瓶大小和当地的冻层及地质情况确定地基深度，并开挖基础，夯实，用砖、沙、白灰，以单层砖砌宝瓶式雏形，要求砌筑端正、得体。

3. 钉木楔

根据砖缝横向 24cm、竖向 12cm 在砖缝中钉入木楔（图 8.4）。木楔要露出 5cm 左右，用长铁钉代替木楔也可。

4. 贴肥泥

将肥土（园田土 80%、腐熟粪肥 20%）掺入同等体积的麦秸（或稻草长 10cm 左右）和成泥。泥要硬一些，不可软。麦秸（或稻草）和肥土要掺和均匀。用水将砖墙喷湿，用手将泥贴在墙上，肥泥厚度为 4cm 左右，薄厚要均匀，贴完泥后要把泥表面抹平整、抹光滑。

5. 铺草包片

图 8.4　钉木楔示意图

将稻草编织的草包片平整贴在泥上，把草包片固定在木楔或钉子上，并将钉在墙上的木楔（或钉子）暴露出来，使木楔起到固定草包片的作用。同时，将有些部位多余的草包片剪除。然后用细铁丝拴紧木楔（或钉子），成为若干个"井"字形，再用较软的肥泥贴在草包片上，将稻草包片盖严抹平即可，不必太厚。

6. 画图案

用刷子将设计好的图案放大画在宝瓶上。

7. 栽植五色草

在肥泥没干之前，栽植五色草。用直径为 1.5cm 左右、先端尖的木棍在草包片上扎洞，按照设计图案要求的颜色自上而下先栽植花边和蝙蝠图案，随后栽植底色，逐一将五色草植入扎好孔洞的草包片下肥泥中，用手将肥泥把孔洞封严。五色草的间隔要均匀，以不露出肥泥为准。

8. 整理及养护

五色草栽好之后，在干旱无雨的日子每天喷水 3～4 次。每月对五色草图案进行一次修整，使图案更清晰、更美观。每年春季重新栽植一次，变换一次图案。

9. 花卉装饰

五色草宝瓶式花坛创作成功之后，还要对宝瓶进行花卉装饰，在不同季节进行不同的花卉装饰。例如，春季可在宝瓶上摆放盛开的碧桃、连翘、榆叶梅等春季开花的植物；夏季可摆放竹类、云杉、蒲葵、棕榈、鱼尾葵等植物；秋季可摆放苹果、梨、石榴等观果类树桩盆景；冬季南方可摆放观叶类植物，北方可摆放用塑料制成的各种绢花等。

五色草宝瓶式花坛下面春季可摆放一串红、天门冬、彩叶草等，摆成一定图案，装饰花坛的下方。夏、秋季可采用一品红、一串红、鸡冠花、菊花、绿藜等摆放成优美的图案，装饰美化五色草宝瓶式花坛。

任务评价 ☞

本任务采用以砖为骨架的外抹泥层栽植五色草的传统造型手法，简便易行，成本低。在骨架砌筑上，要求基础深浅适度，砌砖质量符合建筑施工规范，宝瓶雏形与图纸设计形体一致；肥泥制作软硬适度，贴抹薄厚均匀光滑；用方格网转绘无误差；五色草栽植间隙均匀，不露泥，深浅适度，图样边缘界线清楚。具体评价标准如表 8.1 所示。

表 8.1　五色草宝瓶式花坛制作评价标准

序号	制作步骤	评价标准	赋分	备注
1	材料计算	准确计算砖的用量	2 分	
		准确计算各类五色草的用量	2 分	
2	砌骨架	基础深浅适度	2 分	
		砌砖质量符合建筑施工规范	2 分	
3	钉木楔	钉入木楔符合要求	4 分	
4	贴肥泥	肥泥制作软硬适度	2 分	
		贴抹薄厚均匀光滑	2 分	
5	铺草包片	顺序符合要求	2 分	
		草包片盖严抹平	2 分	
6	画图案	图案转绘无误差	2 分	
		图案不走样	2 分	
7	栽植五色草	五色草栽植间隙均匀，不露泥，深浅适度	3 分	
		图样边缘界限清楚	3 分	
8	整理及养护	按时养护	2 分	
		修整后图案清晰、美观	2 分	
9	花卉装饰	春季花卉装饰合理	2 分	
		夏季花卉装饰合理	2 分	
		秋季花卉装饰合理	2 分	
		冬季花卉装饰合理	2 分	

巩固训练 ☞

用五色草制作如图 8.5 所示的砖骨架的花坛。

图 8.5　五色草花瓶造型效果图

任务 8.2　五色草海豚顶球立体造型花坛制作

任务描述 ☞

立体造型花坛常应用在园林景观视线的中轴线部位，是工艺较复杂的造型种类。本任务旨在使学生熟悉以钢为骨架的简单动物造型的技艺和步骤。

在动物园入口处制作两个大小与所在场地相适应的钢架结构的由五色草组成的海豚顶球立体造型花坛（图 8.6）。造型设置在盆花组成的平面花坛中。

图 8.6　海豚顶球立体造型花坛效果图

任务目标 ☞

掌握以钢为骨架的简单动物造型的技艺和步骤。

植物材料 ☞

各种颜色的五色草、瓜叶菊、万寿菊、一串红等盆花。

造型用具与备品 ☞

电焊机、切割机、铁锹、钳、麻袋布、细铅线、4cm×4cm 的角铁、直径为 6mm 和直径为 8mm 的钢筋等。

任务操作步骤与方法 ☞

1. 骨架制作

用 4cm×4cm 的角铁按骨架图（图 8.7），依比例焊出骨架，然后用直径为 6mm 和直径为 8mm 的钢筋焊出海豚的外部轮廓网状结构，网眼大小为 15cm×15cm。

2. 骨架安装固定

将骨架安放在预先设计的平面位置上，用骨架支撑脚起稳固作用。若为水泥地，则可用膨胀螺栓固定。

1—钢筋；2—麻袋；3—角铁。

图 8.7　五色草海豚顶球立体造型骨架图

3. 包麻袋布和填基质

在骨架外表层密包一层麻袋布，用细铅丝将麻袋布固缚在钢筋上，然后在骨架内填蛭石或配比土壤。配比土壤可用腐熟饼肥 20%、沙壤土 60%、蛭石 20%，三者混匀。

4. 扦插

在麻袋布上用笔绘出海豚身体的轮廓线和球部的分区线，标出各部分草色。选五色草枝剪成 6～10cm 长，下端削成整齐斜口，去掉基部的叶及分枝的插穗，并将过于膨大的节在对称两侧的两面稍削去一部分，以利插穗能顺利插入洞口。用直径为 6mm 的钢筋打尖磨圆，另一头做成握把的扎锥，在泥层上稍向上斜插孔，将剪好的插穗插入孔中，并用手封按孔口，以插穗不易拔出为度。扦插深度为插穗长的 1/3～1/2，并保证有 1 节插入孔中（利于生根）。扦插密度以草枝不拥挤又基本不露麻袋布为准，株行距约为 3cm。扦插时先插图案轮廓线，再于其内自上而下、从前至后的步骤插入蛭石或土中。

5. 浇水

扦插完毕后用喷雾器具直接对五色草喷水。日后每天可喷 3～5 次，喷水的水温要适宜，夏季应高于 15℃，其他季节可高于 10℃。浇水不可太快太多，要细雾状喷洒，这样可清洗叶面上的灰尘、降低温度、提高空气相对湿度，有利于五色草的生长。

6. 盆花装饰

在造型基部四周，用盆花摆放成图案。

7. 其他养护措施

如果生长期过长不能满足五色草生长的需要，就要薄肥勤追肥。化肥和微量元素施用浓度不超过 0.3% 和 0.05%，有机肥浓度不超过 5%，每 10～15 天追肥一次或叶面喷肥，以晴天傍晚追肥为宜。

五色草如果出现萎蔫、死亡，则应及时补植。

刚栽完的五色草，用大平剪轻剪将表面修平即可。生长养护期，为控制五色草长高可

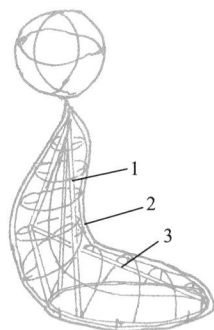

重剪。还要用手剪对图案进行细致修剪，保证图案线条明显、图案清晰，一般 15～20 天剪一次。

五色草在养护过程中易出现烂叶现象，多是低温高湿所致，尤其是国庆节期间，一旦出现烂叶，即应减少喷水次数和喷水量。也可用药剂防治，使用 5%～20% 农用链霉素，50% 速可灵可湿性粉剂 4000 倍喷雾，共 1～2 次，喷药后 24h 内不可喷水。

任务评价 ☞

钢结构造型骨架制作要保证重心不能偏移，形体符合设计意图；焊点牢固无假焊现象；栽植五色草后骨架不能外露，外包麻袋布严实不漏土，要均匀缝制在钢筋网上，骨架内填土无空隙、充实；五色草栽植高矮一致，密度均匀不漏麻袋布，草色搭配符合美学原理，不同色草间界限清晰；平面盆花图案清晰，与造型相呼应、相协调。具体评价标准如表 8.2 所示。

表 8.2　五色草海豚顶球立体造型花坛制作评价标准

序号	制作步骤	评价标准	赋分	备注
1	骨架制作	钢结构造型骨架制作能保证重心不偏移	2 分	
		形体符合设计意图	2 分	
2	骨架安装固定	焊点牢固无假焊现象	4 分	
3	包麻袋布和填基质	外包麻袋布严实不漏土	2 分	
		外包麻袋均匀缝制在钢筋网上	2 分	
		骨架内填土无空隙、充实	2 分	
4	扦插	栽植五色草后骨架不外露	2 分	
		五色草栽植高矮一致	2 分	
		密度均匀不漏麻袋布	2 分	
		草色搭配符合美学原理	2 分	
		不同色草间界限清晰	2 分	
5	浇水	浇水规范、符合要求	4 分	
6	盆花装饰	平面盆花图案清晰	3 分	
		与造型相呼应、相协调	3 分	
7	其他养护措施	薄肥勤追肥	2 分	
		及时补植	2 分	
		细致修剪	2 分	
		烂叶防治	2 分	

巩固训练 ☞

用角钢和钢筋外包麻袋布制作如图 8.8 所示的五色草字牌造型。根据字牌颜色选择五色草或其他花卉。制作完成后，试计算成本。

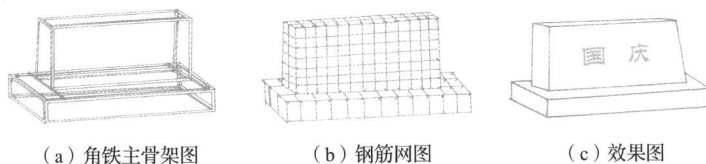

（a）角铁主骨架图　　（b）钢筋网图　　（c）效果图

图 8.8　五色草字牌造型

任务 8.3　标牌花坛制作

任务描述 ☞

标牌花坛是用观叶、观花植物组成各种字体或纹样用于宣传的立体花坛。造型方法有两种，其一是用五色草等观叶植物作为表现字体或纹样的材料，栽种在营养钵盘内组合拼装放在斜立架上形成立面景观。其二是以盛花花坛的材料为主表现字体或色彩，多为盆栽或直接种在架子内形成一面或四面景观。在设置方向上，以东、西两向观赏效果好；南向光照，影响视觉；北向逆光，纹样暗淡，装饰效果差。也可设在道路转角处，以观赏角度适宜为度。对于组字花坛，可根据营养钵盘规格设计每个字的大小，若每个长度为 59.5cm×27cm 的营养钵盘，则用 6 个盘的宽边（27cm）为字牌底边，底边长度为 1.62m，依次排列 3 层，高度则为 1.78m（59.5cm×3 个）。字牌牌面倾斜度以 45°～50° 为宜。

本任务用五色草制作牌面为长 6m、宽 2.7m 的字牌造型（图 8.9）。

1—鲜红色；2—绿色；3—茶褐色；4—紫红色。

图 8.9　字牌造型图案示意图

任务目标 ☞

掌握标牌花坛造型方法。

植物材料 ☞

鲜红色、绿色、茶褐色、紫红色的五色草扦插苗；一串红、一品红、菊花（黄色的）、天门冬、鸡冠花、美人蕉、绿藜、小丽花等盆花若干盆。

造型用具与备品 ☞

52cm×27cm 的塑料营养钵盘 10 个（图 8.10）、培养土（过筛的园土占 50%、草炭土占 25%、过筛腐熟粪肥占 25%）、钢管、三角钢、木板、绘图用具等。

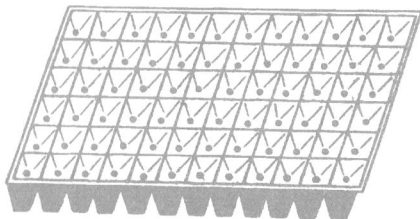

图 8.10　塑料营养钵盘示意图（引自俞善金等）

任务操作步骤与方法 ☞

1. 图案设计

采用 52cm×27cm 的营养钵盘，以钵盘长边为底边，以宽边为高度，每行 10 个，共 10 行，则为 100 个，则图案面积底边长为 520cm，高为 270cm。按 100∶1 的比例设计好图纸，并设计好图案中所用五色草的颜色。

2. 五色草扦插组字

提前 20 天繁殖五色草并将其运至施工现场，按设计要求把营养钵盘摆成一平面，装满配好的培养土，并将每个盘编上坐标号，用方格网法将图案放大并落实到每个盘上。先将五色草按对应颜色扦插出文字和图案的轮廓线，再扦插内部，株距为 3cm×3cm。扦插结束后，每天喷水 2～3 次，以保持土壤湿润为准。2 周后，扦插苗长出新根。1 个月后，把字盘搬至光线充足的地方。每天控制浇水量，以五色草不出现萎蔫为度。对五色草要进行轻度的修剪，使株高保持一致。

3. 支架制作安装

用角钢制作支架（图 8.11）。支架的纵向两侧各留出 50～60cm 摆放盆花梯形台阶。斜面倾斜度为 45°。字牌底边距地面 60cm。钢架顶面上端要设计一个平台，用于摆放盆花，钢架上下、前后、左右每个部位都要用接头牢牢固定。上下、左右要有角钢做沿以固定字盘。斜面底部要铺放平整木板，以支撑字盘平整摆放。

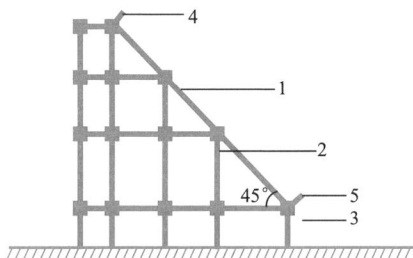

1—木板斜面；2—钢铁框架；3—斜面框架前方（可摆放盆花装饰花坛）；
4—框架上方平台（可摆放盆花）；5—角钢（固定营养钵盘）。

图 8.11　钢支架侧视图

4. 组字花坛摆放

把准备好的支架放在指定位置，用平板拖车把字盘运到现场后，按坐标顺序从左至右、自下而上摆放到斜面木板上面，调整好后，对五色草进行轻剪。以后每天喷水 2～3 次，每次喷水以湿润表土 1～2mm 为准。严格控制喷水是为了保持字盘内土壤的硬度，促使五色草大量生根，防止大雨将其淋坏。

5. 盆花装饰

为使五色草组字花坛更美观，在花坛前方和左右平台两侧摆放一品红、一串红、鸡冠花、菊花、天门冬等盆花。在花坛上方平台上摆放矮化美人蕉、绿藜、小丽花等。最后在花坛左右两侧和后面摆放一些高大的桂花、石榴、散尾葵、鱼尾葵等以遮挡钢铁框架。每天对盆花也要喷水数次。

任务评价 ☞

组字花坛的字体笔道要直，结构规范，笔画粗细比例美观；五色草扦插时不同颜色要清晰；字盘之间布局规整紧密、表面平整；钢架受力科学、不变形；最后要计算制作成本。具体评价标准如表 8.3 所示。

表 8.3　标牌花坛制作评价标准

序号	制作步骤	评价标准	赋分	备注
1	图案设计	按比例设计好图纸	4 分	
		设计好图案中所用五色草的颜色	4 分	
2	五色草扦插组字	用方格网转绘无误差	2 分	
		字体笔道直，结构规范，笔画粗细比例美观	2 分	
		五色草扦插时不同颜色清晰	2 分	
		字盘之间布局规整紧密、表面平整	2 分	
3	支架制作安装	钢架牢固	4 分	
		钢架受力科学、不变形	4 分	
4	组字花坛摆放	摆放顺序正确	4 分	
		喷水规范，符合要求	4 分	
5	盆花装饰	盆花摆放位置符合要求	4 分	
		与造型相呼应、相协调	4 分	

巩固训练 ☞

用五色草制成如图 8.12 所示的标牌花坛。用钢架结构、营养钵盘拼装，图案长为 5.2m、高为 2.7m，斜立式。

图 8.12　标牌花坛

任务 8.4　花柱组合造型制作

任务描述 ☞

在一些隆重的庆典场合和大型的广场、公园，我们常见到一些花柱、花墙、花拱门、巨型花球等花卉造型，它们是组合式的立体花坛。花卉栽植在一个叫卡盆的容器里。卡盆里没有土壤，而是用撒施缓释性颗粒肥的海绵包裹着花卉根系，水利用自来水水压通过分水器连接的微管进入生长基质供给植物吸收。这种给水方式避免了直接浇水给植株带来的伤害，能延长开花期限，肥料也可以溶解到水里输送给植物。通过每个卡盆中栽植不同种类或色泽的花卉，可拼构成不同的图形。这些植物生长到一定高度，可通过掐尖来控制植株高度，维持原来的造型和图案。本任务以花柱组合造型为例，说明其安装过程。

任务目标 ☞

掌握花柱组合造型的安装过程。

植物材料 ☞

四季海棠、小菊、凤仙花、长寿花、彩叶草、三色堇、羽衣甘蓝等。植株高度为15～25cm。

造型用具与备品 ☞

钢管、角钢、钵床、卡盆（图8.13）、分水器（图8.14）、铅丝、海绵、缓释性颗粒肥、焊机、膨胀螺栓等。

图 8.13 卡盆（引自朱仁元、张佐双、张毓）

图 8.14 分水器（引自朱仁元、张佐双、张毓）

任务操作步骤与方法 ☞

1. 制作花柱骨架

根据所在环境设计形体适中的钢骨架（图8.15）。若在广场上造型，则花柱直径可为1.2m，高为5m；若在宾馆造型，则直径可为0.8～1.0m，高为3～4m。根据花柱表面积计算卡盆数量。

图 8.15 花柱骨架

2. 供水资源与钵床的安装

在骨架内安装供水主管，依据卡盆数确定分水器（由1根进水管和24根出水微管组成）的密度（图8.16）。为使花柱上下供水均衡，顶部3～5圈可安装双根滴管，基部3～5圈省去滴管。用膨胀螺栓将骨架支架固定在水泥地面上，然后将钵床连接到骨架上（图8.17），再将分水器的微管从钵床的卡孔中拉出来（图8.18），对分水器试水，以确保微管畅通。

图 8.16　安装供水主管及分水器

图 8.17　钵床与骨架连接

图 8.18　从钵床卡孔中拉出
分水器微管

3. 卡盆栽植与安装

卡盆是栽花的容器，卡盆上的弹性结构可以固定到钵床上，卡盆顶部的卡扣可以固定卡盆内的花苗，即使卡盆倒置，花苗也不会掉落。按钵床孔数准备好卡盆及衬垫海绵（图 8.19），并用水将海绵浸湿；先垫上卡盆底部海绵（图 8.20），再在包裹花苗的长方形海绵上撒施缓释性颗粒肥（图 8.21）；用撒施颗粒肥的长方形海绵包裹花苗（图 8.22）；将包裹好花苗的海绵插入卡盆中（图 8.23），将卡扣安装到卡盆顶部固定花苗（图 8.24），将分水器微管通过固定钩连接在卡盆侧面，再将卡盆推回卡孔（图 8.25）；启动供水阀门，浇足水（图 8.26）。

图 8.19　准备好卡盆及衬垫
海绵

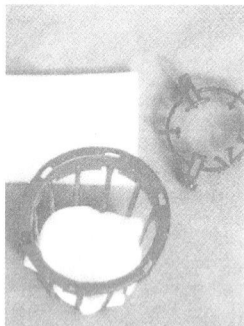

图 8.20　垫上卡盆底部海绵

图 8.21　在包裹花苗的长方形海
绵上撒施缓释性颗粒肥

图 8.22　用撒施颗粒肥的长方形
海绵包裹花苗

图 8.23　将包裹好花苗的海绵
插入卡盆中

图 8.24　将卡扣安装到卡盆顶部
固定花苗

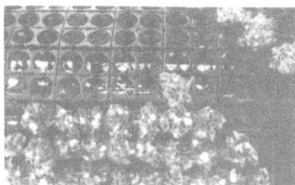

图 8.25　将分水器微管通过固定钩连接在卡盆侧
　　　　面，再将卡盆推回卡孔

图 8.26　启动供水阀门

4. 养护

在养护中，灌溉用水电导率（electrical compass，EC）应在 0.1～0.5ds/m^2，否则基质中积累的盐离子无法得到自然淋浴。浇水间隔以植物不出现缺水症状为宜。为保持花柱的形体，要适当修剪和摘心。

任务评价 ☞

花柱为组合式立体便利花坛的一种，要求形体大小与所处环境协调；钢结构强度要与外被重量相匹配，尤其要考虑花苗浇水后的重量，否则花柱易倾斜变形；花卉材料要求选择生长速度和生态本性接近的种类，以维护造型；供水系统畅通，上下供水均衡；养护要及时，措施得当，适时适度采取摘心方式控制株高；对因光照不同导致花柱一面粗、一面细的情况，应能采取区别施肥、供水、修剪等措施，予以控制；会计算花柱造型的成本。具体评价标准如表 8.4 所示。

表 8.4　花柱组合造型制作评价标准

序号	制作步骤	评价标准	赋分	备注
1	制作花柱骨架	钢结构强度与外被重量相匹配	3分	
		能根据花柱表面积计算卡盆数量	3分	
		形体符合设计意图	3分	
2	供水资源与钵床的安装	供水系统安装正确	3分	
		供水系统畅通，上下供水均衡	3分	
		钵床的安装正确	3分	
3	卡盆栽植与安装	卡盆安装稳固	3分	
		花苗栽植符合要求	3分	
		浇水及时，水量得当	3分	
4	养护	养护及时	3分	
		养护措施得当	3分	
		保持花柱的形体不变	3分	

巩固训练 ☞

用卡盆组合制作长约 6m、高约 2m 的带有文字的花墙，植物材料可用四季海棠、小菊、长寿花、彩叶草等。要求图案平整，字体规范，植物材料配置有利于养护，色彩醒目，骨架坚固，供水系统畅通。

■ 小结

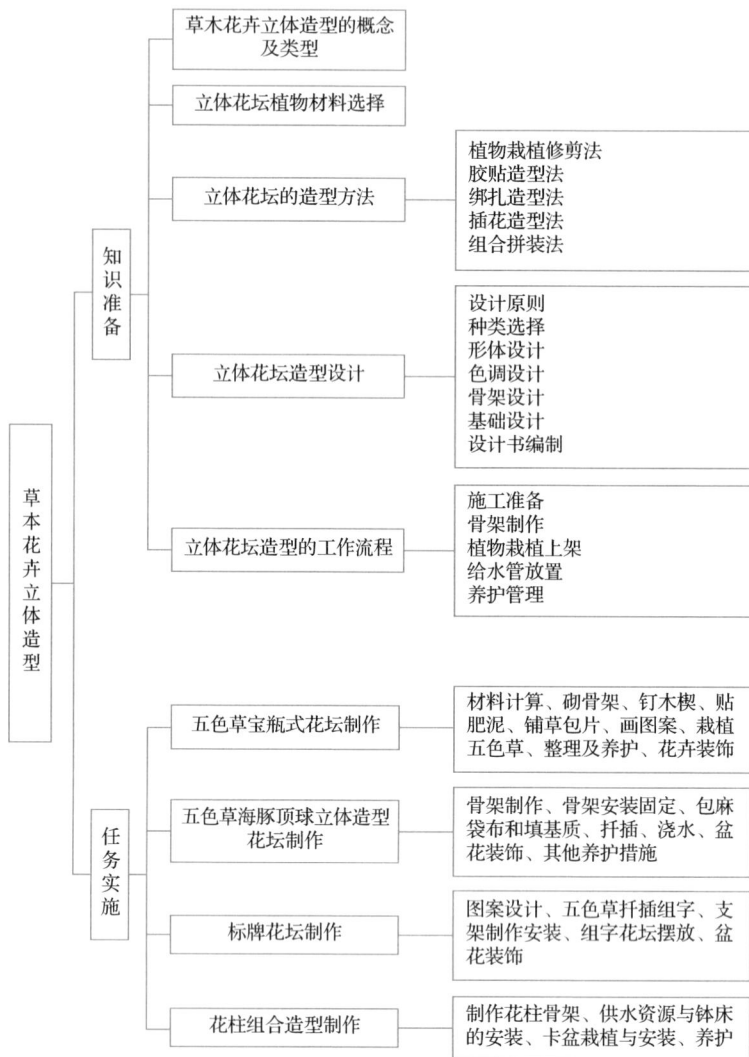

■ 思考练习

一、选择题

1. 草木花卉立体造型是以（　　）为主要素材，通过适当的载体在平面、立体等多维空间有机组合、镶嵌、形成具有多维观赏延伸性的各种造型。

　　A. 草木花卉　　　B. 木本花卉　　　C. 灌木　　　　　D. 乔木

2. 在花坛体量足够大的前提下，以钵床、卡盆为基本单元可组合成任意形状的花坛，如（　　）。（多选题）

　　A. 花柱造型花坛　　　　　　　　B. 巨型花球造型花坛

　　C、花墙造型花坛　　　　　　　　D. 花拱门造型花坛

3. 组合立体花坛的适用范围非常广，可用于（　　）。（多选题）

　　A. 大型广场　　　　　　　　　　B. 公园

C．大型的庆典场合　　　　　　　　D．宾馆饭店

4．造型花坛是用模纹花坛的手法，使用五色草或小菊等草本植物做成各种造型，如（　　　）。（多选题）

A．人物　　　　　　B．亭　　　　　　C．动物　　　　　　D．花篮

5．用作立体花坛的植物材料，通常要选择（　　　）的种类。（多选题）

A．色彩鲜明　　　　　　　　　　B．花期长、多花

C．株型整齐、高矮适中　　　　　　D．抗性较强

6．用作立体花坛的植物材料，观花植物可选择（　　　）。（多选题）

A．荷兰菊、银叶菊　　　　　　　　B．鸡冠花、矮牵牛

C．绣球花、龙船花　　　　　　　　D．白苋草、红苋草

7．用作立体花坛的植物材料，观叶植物可选择（　　　）。（多选题）

A．紫绢苋、红龙草　　　　　　　　B．红苋草、绿苋草

C．白鹤芋、彩叶芋　　　　　　　　D．黛粉叶、蕨类植物

8．立体花坛的植物栽植修剪法是用较低矮致密、不同色彩的植物如（　　　）等栽植修剪组成各种图案、纹样。（多选题）

A．黄金叶、五色草　　　　　　　　B．秋海棠、佛甲草

C．仙人荷花、三色堇　　　　　　　D．马蹄筋、早熟禾

9．立体花坛的绑扎造型法以（　　　）为基础单位，以搭建框架及扎花两大工序来完成独具一格的植物圆雕或浮雕的造型效果。

A．小乔木　　　　　B．小灌木　　　　　C．大型盆花　　　　D．小型盆花

10．组合拼装法适用于（　　　）的立体花坛。（多选题）

A．屏风状　　　　　B．圆柱形　　　　　C．伞形　　　　　D．桥形

二、填空题

1．按造型方法的不同，草本花卉立体造型可分为以钵床、卡盆为基本单元的_____花坛和_____花坛。

2．立体造型花坛是以不同色彩、质地的植物材料的花、叶来构成半立体或立体的艺术造型，常包括_____花坛和_____花坛等形式。

3．以卡盆等为单位组成的大型花柱、模纹立体花坛、标牌式立面装饰，既要突出_____的结构，又要展示_____的设计效果。

4．采用绑扎造型法时造型框架由_____框架、_____框架和_____3个部分组成。

5．基础施工图一般应绘出_____图、_____图，标明尺寸、材料，并做出相应的施工说明。

三、简答题

1．立体花坛的造型方法有哪些？

2．立体花坛造型的设计原则有哪些？

3．立体花坛色调设计与平面造型花坛相同，但在色彩配置上应强调哪几点？

4．立体花坛造型的工作流程有哪些？

项目 9　常见园林植物造型

学习目标

知识目标 ☞

1. 了解常见园林造型植物的生物学和生态学特性。
2. 熟悉不同园林植物造型设计的常见形式、造型方法与手段。

能力目标 ☞

1. 能依据植物的生物学特性进行合理造型。
2. 学会本地区常用园林植物造型操作技术。

思政目标 ☞

1. 培养自主学习的能力，综合分析问题、解决问题的能力和创新意识。
2. 培养吃苦耐劳的精神，增强团结合作的团队意识，提高协调沟通能力及社会适应能力。

知识准备

9.1　常见花灌木造型

9.1.1　紫薇

1. 树种简介

【基本特征】紫薇（*Lagerstroemia indica* L.）为千屈菜科落叶灌木或小乔木，高可达 7m，干屈曲，枝曲而平展，形成独特的株型（图 9.1）。在当年枝顶端上由直径为 3cm 左右的 6 枚花瓣的花群集成圆锥花序而开放（图 9.2），花深红色或白色，花瓣长 3～4cm，近圆形，边缘呈皱缩状，基部有长爪，花期 6～9 月，一、二年生的枝条易于剥皮；剥下树皮后，树干和树皮华润美丽，故有"猿滑"之称。因其花期长达 3 个多月，又名百日红。

图 9.1　紫薇自然株型

图 9.2　紫薇自然花型

【观赏特征】紫薇树形优美，树枝光滑，枝干扭曲，花色艳丽，花朵紧密，花开于夏季，花期长达数月，是具有极高观赏价值的树种。它适宜植于建筑物前、庭园内、道路旁、疏林草地及草坪边缘等地，也可成片、成丛种植，体现鲜艳热烈的气氛，或植于林前，形成丰富的颜色对比变化。

【栽培特点】紫薇是阳性树种，栽植时应选阳光充足的环境，湿润肥沃、排水良好的壤土。移栽一般在 3～4 月初，以清明时节最好，秋季次之。移植时植株应带土球。

【管理要点】在生长季节要求土壤湿润。成活后的植株每年春季浇水 3～4 次，花期浇水 1～2 次。定植后头 3 年冬季或春季萌芽前在根部穴状施有机肥 10～15kg。紫薇在冬季修剪，以枝条分布均匀、形成完整树冠为原则，把影响树冠的枝条剪除，并将组成树冠的枝条短截 1/5～1/3，可达到满树繁花的效果。要及时减除萌蘖保持树形。主要病虫害为蚜虫、蚧壳虫、大袋蛾及煤污病等，应及时防治。

2. 造型技艺介绍

紫薇从幼树开始就要进行勤修剪、整理株型。春天，紫薇花在新梢的顶端开放，因此在秋天落叶期要把当年伸长的枝剪掉（图 9.3），以利于次年开花。春剪口会萌发大量新梢，在新梢顶端着生花，并群集成圆锥花序（图 9.4）。但是，如果每年在同一部位修剪，则在这一部位会形成瘤状突起（图 9.5）。要避免瘤状突起的形成，就要注意以下两个方面的事项：一方面，要避开连年在同一个剪口修剪；另一方面，一旦瘤状突起形成，每隔 3～4 年就修剪一次。

图 9.3 紫薇修剪　　　图 9.4 紫薇新梢顶端花着生状　　　图 9.5 紫薇剪口瘤

紫薇可以单株造型，也可以丛生形造型：一般不太高的株型适合单干造型（图 9.6），而在草坪等绿地中可以根据环境需要进行丛生形造型（图 9.7），把整丛紫薇作为一个整体，采取中央高、周围低的造型。

图 9.6 紫薇单干造型　　　　　　　图 9.7 紫薇丛生形造型

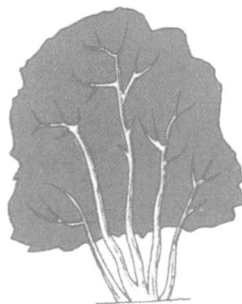

　　紫薇多枝闭心形造型：小乔木、古树较多采用。可把观赏姿态和观花有机地结合起来，一般具 3～4 个主枝，小枝密而细，花序较少，花也小，但风韵独特，适宜在古典园林中配植。

　　桩景形造型：利用紫薇枝间形成层较发达的特点造型，最简单的是把丛生形的主干 2～3 根扭在一起，如紫薇瓶 [图 9.8（a）]、紫薇屏等。

　　逐年更新的小乔木：紫薇一般长而粗壮的枝条花多，先把它培养成小乔木形，也可参照桩景形把 2～3 个主干绞扭造型，整形带 1～1.5m，主枝 4～5 个。主枝选好后，当年冬季即将所有主枝重短截，促使春季萌枝开花，萌发新枝的同时适当疏去一部分多余萌蘖。以后每年的养护修剪，都是在冬季将细弱的当年生枝疏去，粗壮的重短截，第 2 年再萌发新枝开花 [图 9.8（b）]。这种修剪方法，树形不漂亮，也谈不上整形，但它充分利用了紫薇容易开花、在一年生壮枝上开花的特性，花多而大，故一直沿用至今。

（a）紫薇瓶　　　　　（b）修剪后的紫薇

图 9.8　紫薇（引自王韬璆）

9.1.2　杜鹃

1. 树种简介

　　【基本特征】杜鹃（*Rhododendron simsii* Planch.）为杜鹃花科常绿或落叶灌木，株高达 2m，丛生性，分枝强，枝叶繁茂（图 9.9）。在枝先端着生 5 裂的漏斗状花冠（图 9.10），其大小与花色依品种而变化。花期 4～5 月。杜鹃是良好的庭院、绿篱、盆栽等树木。

图 9.9　杜鹃自然株型

图 9.10　杜鹃自然花型

　　【观赏特征】杜鹃株型美丽，可孤植或群植，树势强壮结实，一般的场所均可栽培。在小庭院中，杜鹃也是易于栽培的花木。杜鹃种类非常多，故其花色及形态也很丰富，4～5

月开花，可长期供人们欣赏。常绿性杜鹃花的花与叶同时开放，鲜花与新绿相映成趣，如火把杜鹃（*Rhododendron kaempferi*）、九州杜鹃（*Rhododendron kiusianum* Makino）、钝叶杜鹃（*Rhododendron obtusum* (Lindl.) Planch.）、大萼杜鹃（*Rhododendron megacalyx* Balf. f. et K. Ward）、白花杜鹃（*Rhododendron mucronatum* (Blume) G. Don，又称琉球杜鹃）、紫花杜鹃（*Rhododendron umesiae* Rehd. et Wils.）等。落叶性杜鹃大多数种类先开花后放叶，如菱叶杜鹃（*Rhododendron dilatatum* Miq.）、日本杜鹃（*Rhododendron japonicum*（Blume）Schneid）、大字杜鹃（*Rhododendron schlippenbachii* Maxim.）、韦里奇杜鹃（*Rhododendron weyrichii* Maxim.）、迎红杜鹃（*Rhododendron mucronulatum* Turcz.）等。

【栽培特点】尽管因种类不同其性状有差异，但其树势均强壮，喜光照充足、排水好、富含有机质的肥沃土壤。另外，对落叶性的种类最好给予充足的阳光，但这类杜鹃忌夏季的高温，故不要选择西照强的场所栽植。常绿性的种类耐寒性较弱，故在东北地区要选择耐寒性强的种类品种。定植适期为 2 月下旬至 3 月与 11～12 月，常绿性杜鹃在一年中皆可进行。杜鹃喜酸性土壤，植穴中除深施腐熟堆肥外，还需加入泥浆，并采取稍高植方式栽培，在根基部要铺稻草。另外，杜鹃老龄树也可简单地移植。

【管理要点】杜鹃具有细根性且耐干燥，因此在冬、夏两季的干燥期要铺上稻草或腐叶土把根基保护起来。每年只在 9 月施入充足的肥料，但要避免肥料过多，否则易伤根。要注意防治褐斑病、茶饼病，以及食心虫与红蜘蛛等病虫害。

2.　造型技艺介绍

可以将杜鹃修剪成球形造型，但在小庭院配置时以培育成近自然株型为宜。培育自然树形时，植株过高就要修剪，把过密的枝和有碍树形的枝都剪去。但落叶性杜鹃，因萌芽力不强，要尽可能避免修剪，只去掉有碍于树形的枝条即可。

杜鹃适宜在花后马上进行修剪。6 月中旬以后修剪时，要避免把花芽剪掉。之后把伸长的枝与徒长枝从基部剪掉（图 9.11），培育自然株型。对落叶性杜鹃基本上自然培育，修剪时，只把有碍株型的枝条从基部剪掉（图 9.12 和图 9.13）。

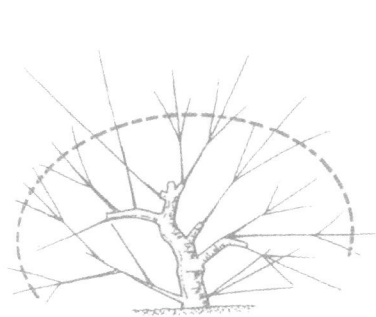

图 9.11　杜鹃修剪（一）　　　图 9.12　杜鹃修剪（二）　　　图 9.13　杜鹃修剪（三）

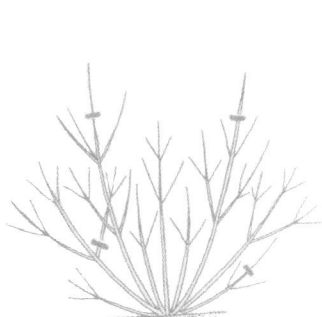

杜鹃造型时，要根据品种特点，以自然株型为基础，可以修剪成伞形造型、散球形造型等，也可以进行丛生形造型、多干形造型（图 9.14～图 9.17）。此外，杜鹃还常被用作园林绿地色块造型的植物材料。

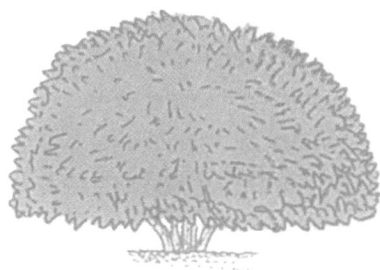

图 9.14　杜鹃伞形造型　　　　图 9.15　杜鹃散球形造型　　　　图 9.16　杜鹃丛生形造型

图 9.17　杜鹃多干形造型

9.1.3　蔷薇

1. 树种简介

【基本特征】蔷薇（*Rosa* sp.）为蔷薇科落叶灌木，株高 1～2m，由地表分枝，呈丛生形（图 9.18）。基本花型为花瓣 30～40 枚，剑瓣，高芯开花，因品种不同，其花型、花色也富于变化（图 9.19）。花期 5～6 月，有的栽培品种可长达半年。野生种在北半球各地分布有 200 多种，现在有很多栽培的大花蔷薇都是在野生种的基础上加以改良的杂种性园艺种，一般被称为西洋蔷薇。蔷薇依据植株的性状可分为丛生木本蔷薇和蔓生蔷薇两大类。

图 9.18　蔷薇自然株型　　　　　　　　　　图 9.19　蔷薇自然花型

【观赏特征】蔷薇花色艳丽，气味芳香，是色香并具的观赏花，适宜西洋风格庭院栽培。孤植或群植要根据空间大小及目的决定。多株同品种栽培比单一品种单棵栽培的效果要好。蔓生蔷薇可以缠绕在篱笆上，架杆或做拱门等各种整形。另外，蔷薇花适于做切花、干花等。

【栽培特点】蔷薇适于日照充足与通风良好、富含腐殖质、排水良好的地方。阴地及排水不好的地方发育不良，几乎不开花。如果没有适当的场所，则最好进行盆栽。

【管理要点】虽然树势强，但是如果放任生长，就会逐渐枯死，必须精心管理。木本蔷薇与蔓生蔷薇有四季开花和一季开花的差异，要先弄清楚其特性再栽培。蔷薇需要多施适量的混合肥料。病虫害较多，白粉病、炭疽病、黑星病、蚜虫、介壳虫、红蜘蛛等均有发生，每年 3 月下旬至 9 月必须定期喷洒药物进行防治。

2. 造型技艺介绍

蔷薇生长旺盛，但需要修剪调节树势，不同的种类采取的修剪方法不同。

蔓生蔷薇：一般只在冬季进行修剪，把开花 3～4 年的老枝从基部剪掉（图 9.20）。长势强而伸长的新枝不要剪，而是横向加以诱导，其余两年以上的枝条剪去 1/3，开花枝留 2～3 芽，其余剪掉。

木本蔷薇：可在冬季和夏季修剪两次，冬剪为强剪。四季开花的种类，剪去 1/3 的枝条（图 9.21），而开一季的种类则剪去 1/2 以下。夏季，四季开花的种类轻剪。另外，四季开花的种类，在春季摘除残花后紧接着能开第 2 次、第 3 次花，直到整个夏天都陆续开花。之后要摘蕾以防止消耗，准备秋天花开。木本蔷薇四季开花的种类冬天修剪采取强剪 2/3，一季开花的种类冬季剪去 1/2，剪口在新芽 5mm 左右处与芽平行剪掉（图 9.22）。

图 9.20　蔷薇修剪（一）　　图 9.21　蔷薇修剪（二）　　图 9.22　蔷薇修剪（三）

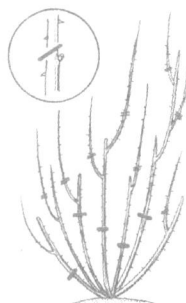

蔓生蔷薇是良好的植物造型材料，常见的造型形式有台灯式造型（图 9.23）、篱笆式造型（图 9.24）、拱门式造型（图 9.25）、柱干式造型（图 9.26）等。

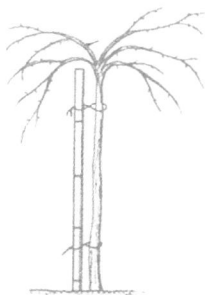

图 9.23　蔷薇台灯式造型　　　　图 9.24　蔷薇篱笆式造型

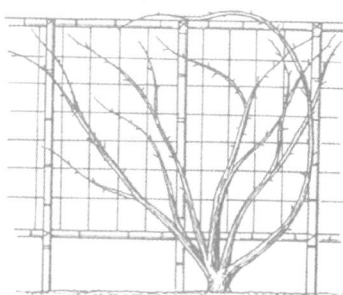

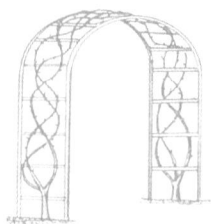

图 9.25　蔷薇拱门式造型

图 9.26　蔷薇柱干式造型

台灯式造型：花着生于枝端，在花期中，花似瀑布，极具观赏性。蔓生蔷薇小苗时为其立支柱，以养干为主，等到一定高度时进行截顶，促进侧芽分化，并对枝条进行诱导，形成台灯式造型。它是比较适于小庭院植物装饰的一种造型方法。

篱笆式造型：不断诱引沿着设计的篱架使蔷薇枝条不断伸长，花在整个枝上平均开放。

拱门式造型：篱笆式与柱干式造型的中间类型，用于正门的美化装饰等。

柱干式造型：只需支杆，对造型场所的要求不严格的一种造型方法，花易于向上生长。

9.1.4　绿冬青

1. 树种简介

【基本特征】绿冬青（*Ilex viridis* Champ. ex Benth.）为冬青科常绿灌木，在初夏开放不显眼的小白花，但在晚秋能结出黑色的果实。雌雄异株。叶互生。

【观赏特征】绿冬青为公园或庭院普及的庭院树木，可修剪成球形造型，也常作为绿篱栽培，因越修剪小枝长得越茂密，故可做各式各样的造型。

【栽培特点】绿冬青喜好向阳、排水好的场所，但对土质的要求不严。它宜于定植与移植，但若严重干燥，就会造成枝叶枯萎。

【管理要点】在定植或移植时，在根周围挖浅沟，把鸡粪或豆饼等有机肥料埋入其中。土壤呈酸性时就稍施石灰。绿冬青的抗性很强，几乎不必担心病虫害。

2. 造型技艺介绍

绿冬青十分耐修剪，一年四季，任何时候修剪都生长健壮，但必须注意在重剪之后易于枯枝。

为了保持株型，从早春到晚秋，一般至少要进行 3 次轻剪（图 9.27）。第 1 次初剪在 6 月中上旬，目的是抑制旺盛新枝的生长。第 2 次在梅雨季节过后，把小枝、密枝剪掉。第 3 次于 9 月中、下旬进行，将徒长枝等剪掉，并进行全株整形，以供欣赏。如果不管理徒长枝等一些多余的枝条，就会破坏株型，因而要及早地从基部将多余枝条剪掉。

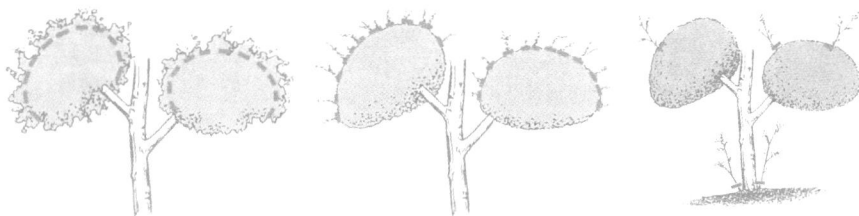

图 9.27　绿冬青修剪整理

在绿篱整形时，把多余的萌蘖从基部剪掉。同时，若树干中部枝枯且呈穴洞状，就会影响美观，要把上部密生枝剪掉，以促进新枝伸长，这种操作称为绿篱的"补贴边"。

绿冬青枝细叶密，可塑性很强，造型形式丰富多彩，通常为叠云造型（图 9.28）、散球形造型（图 9.29）、层状造型（图 9.30）、伞形造型（图 9.31）、圆锥形造型（图 9.32）、圆桶形造型（图 9.33）、四方体造型（图 9.34）、绿篱造型（图 9.35）、象形造型（图 9.36）等。

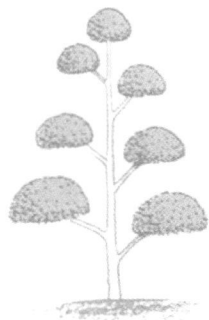

图 9.28　绿冬青叠云造型　　　图 9.29　绿冬青散球形造型　　　图 9.30　绿冬青层状造型

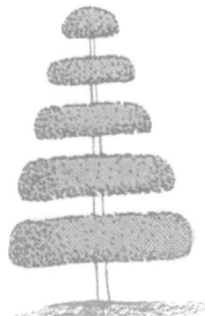

图 9.31　绿冬青伞形造型　　　图 9.32　绿冬青圆锥形造型　　　图 9.33　绿冬青圆桶形造型

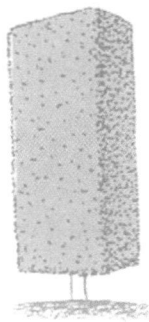

图 9.34　绿冬青四方体造型　　　图 9.35　绿冬青绿篱造型　　　图 9.36　绿冬青象形造型

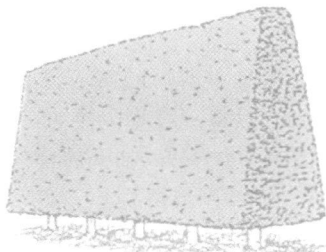

绿冬青造型后对环境的装饰作用，具有其独特的个性，能为景观增加许多情趣。此外，绿冬青还是建筑象形造型的良好树种之一，在庭院美化、园林绿化等方面的应用十分广泛。

9.2　常见乔木造型

9.2.1　桂花

1. 树种简介

【基本特征】桂花，学名木樨（*Osmanthus fragrans* (Thunb.) Lour.），为木樨科常绿乔木或呈灌木状，高可达 10 余米；树冠卵圆形（图 9.37）。花小，浅黄色，腋生、聚伞状，花开时芬芳扑鼻，飘香数里（图 9.38）。花期 9～10 月上旬。核果椭圆形，熟时呈蓝色。

图 9.37　桂花自然株型

图 9.38　桂花自然花型

【观赏特征】桂花是我国传统的绿化与观赏树种，其浓烈的芳香气味似乎告诉人们秋天已至；萌芽力旺盛，耐修剪，是用作绿篱、庭院绿化、行道树的良好树种，常用的有金桂、银桂、四季桂等品种或变种。

【栽培特点】桂花为亚热带及暖温带树种，性较耐阴，凡蔽阴、阳光不足之处栽植较为适宜，对土壤的要求不严，喜肥沃而排水良好的砂质壤土，涝地、碱地不宜栽植，可盆栽。以春植为宜，暖地则以秋植为好。

【管理要点】11～12 月施基肥，使翌春枝叶繁茂，有利于花芽分化。7 月在二次枝未发前进行追肥，有利于二次枝萌发，使秋季花大茂密。

2. 造型技艺介绍

桂花的萌芽力旺盛，耐修剪，但忌重剪，通常培育成自然株型。修剪整形时，可从树木幼时开始，必须非常小心地修剪，以整理株型为重点。

桂花修剪时，把开过花的枝留下 2～3 节，其余剪掉。第 2 年发出新枝，其上着生花芽（图 9.39）。

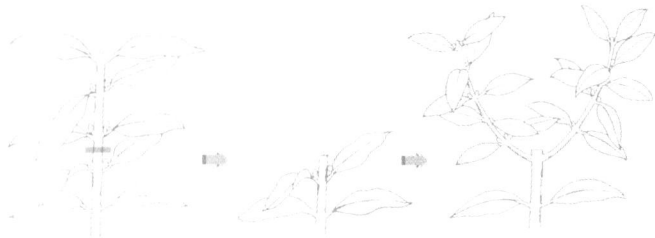

图 9.39　桂花修剪

当株高 3～4m 时，把弱枝、逆枝等不必要的枝剪掉，使树冠整齐。桂花造型形态通常有伞形、球形、圆柱形、丛生形等，其中圆柱形是桂花最为常见的造型形态（图 9.40）。

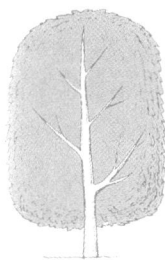

图 9.40　桂花圆柱形株型

9.2.2　光叶石楠

1. 树种简介

【基本特征】光叶石楠 [*Photinia glabra* (Thunb.) Maxim.] 为蔷薇科常绿乔木，株高 5～7m，干直立，枝细，树冠呈球形（图 9.41）。在枝条先端长出圆锥花序，花序直径为 10cm 左右，稍横向扩展，花小，白色密集（图 9.42）。花期 4～5 月。

图 9.41　光叶石楠自然株型

图 9.42　光叶石楠自然花型

【观赏特征】光叶石楠小枝密生，耐修剪，多用作绿篱。将其整形成圆柱形或散球形，可成为庭院一景。

【栽培特点】光叶石楠喜日照与排水好的肥沃土壤，在背阴地也能生长，但新叶不能形成新鲜的红色。尽可能修剪枝条，抑制蒸腾作用。在较大的定植穴中，施足堆肥，并适当采取高植。

【管理要点】光叶石楠具有萌芽力，但一次修剪过度可导致枝条枯死，故要分几次进行轻剪，以使新叶色艳，增加观赏效果。不必定期施肥，但做绿篱或强剪时需要追肥。要注意防治褐斑病、卷叶虫及天牛等病虫害。

2. 造型技艺介绍

光叶石楠是很好的植物造型材料，可以依其自然树形的特点及环境的需要，塑造成圆柱形造型（图 9.43）、曲干散珠形造型（图 9.44）、直干散球形造型（图 9.45）、绿篱造型（图 9.46）等。

图 9.43　光叶石楠圆柱形造型

图 9.44　光叶石楠曲干散珠形造型

图 9.45　光叶石楠直干散球形造型

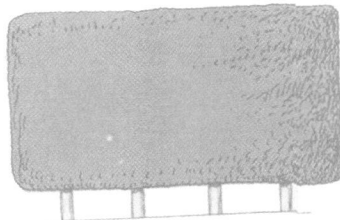

图 9.46　光叶石楠绿篱造型

圆柱形造型：植株高度控制在 2～2.5m，离地 0.5～0.6m 养干，通过反复修剪整形成圆柱形。

曲干散珠形造型：因光叶石楠干为直立形，故要从幼苗开始，通过人为辅助加竹竿造型成曲干，再逐步修剪造型，以增加观赏性。

直干散球型造型：对于枝与枝间隔较大的叶丛而采取的适宜造型，小球形尽量多做，大球形相对要少做，这样会使树体显得更加平衡、稳重。

绿篱造型：植苗要求株距 30cm 间隔，植株达到 1～1.2m 高时开始整形造型。经过几年，下部枝若向上长，则再进行强修剪，使其更新为新枝。

光叶石楠没有固定的造型方式，可以根据目的及空间进行自由安排。

9.2.3　黑松

1. 树种简介

【基本特征】黑松（*Pinus thunbergii* Parlatore）为松科松属常绿针叶乔木，高 30m，胸径可达 2m。树皮灰黑色，故称黑松，冬芽银白色，圆柱形；针叶两针一束，长粗硬。花期 4～5 月。球果圆锥状卵形或卵圆形，长 4～6cm，次年 10 月成熟。

【观赏特征】黑松为高大乔木，树势雄伟，树冠广圆形或伞形，是庭院美化与园林绿化的良好树种。

【栽培特点】黑松喜光照充足、排水良好的场所和通气性好的土壤，耐干旱。因原产于海岸附近，故耐海风与干燥，不耐水湿，在水分过多情况下生长不良，甚至死亡。庭院栽植最好控制浇水。移栽适期为 3 月，但除特别冷的时期外，冬季也可以移栽。移栽成树时，需要从 1 年前开始断根。

【管理要点】黑松根系发达，幼苗期要适当庇荫。病虫害防治的要点是松材线虫，在 5～7 月喷洒异恶唑磷有效果。

2. 造型技艺介绍

黑松春季的摘芽和秋、冬季的去老叶与修剪树形是不可缺少的作业。黑松的芽粗而长，要尽可能更多地将其摘去。

黑松各式各样的造型通常要从幼树开始。常见的造型形式有直干造型（图 9.47）、曲干造型（图 9.48）、门冠造型（图 9.49）、偏冠造型（图 9.50）、童发式造型（图 9.51）、绿篱造型（图 9.52）等。

图 9.47　黑松直干造型　　图 9.48　黑松曲干造型　　图 9.49　黑松门冠造型

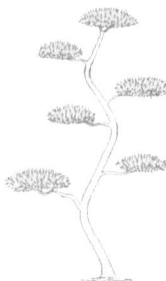

图 9.50 黑松偏冠造型   图 9.51 黑松童发式造型   图 9.52 黑松绿篱造型

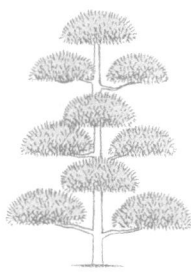

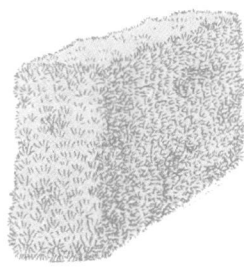

直干造型：利用直立的干进行圆锥状造型，为近自然株型的造型方法，把上部枝的嫩芽摘掉并进行重剪，以抑制株高。

曲干造型：使树干弯曲的造型，一般在幼树时，利用支柱，人为使干弯曲，显示出自然的韵味。

门冠造型：松树独特的传统造型方法。将幼树栽植于门廊边时，使树干倾斜 20°～30° 定植，牵引一部分枝于门上呈水平伸长，除支柱外，还必须用竹编的夹板把小枝诱导其上并绑扎，使枝扩展。

偏冠造型：株高较低、长枝伸到水面上的一种造型方法。适宜把树植在池塘边，通过修剪控制靠岸边的枝条的伸展，长放伸展在水面方向的枝条，欣赏其映在水面的姿态。

童发式造型：使自然株型的树冠能到达地面的一种近地面的造型方式。因造型枝的间距较小，从外观看与细叶冬青等的散球形造型相似。

绿篱造型：对黑松不太适合，但适于矮性品种，要进行摘嫩芽与强剪。

9.2.4 圆柏

1. 树种简介

【基本特征】圆柏（*Juniperus chinensis* L.）为柏科常绿乔木，株高 5～8m，干直立，枝沿干螺旋状向上卷起，呈火焰状的特殊株型（图 9.53）。雌雄异株，花小，雄花椭圆形，雌花（图 9.54 左）具紫绿色鳞片，着生短柄的花，球果（图 9.54 右）成熟时为黑紫色。花期 4 月。

图 9.53 圆柏自然株型   图 9.54 圆柏自然花型

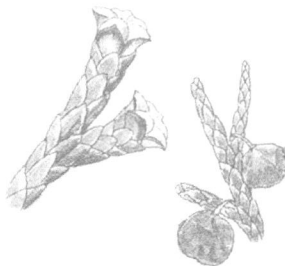

【观赏特征】圆柏的枝扭曲，叶呈火焰状，树冠呈卵圆形，可进行多种形式的造型。叶色终年鲜绿色，因此成为深受欢迎的庭院树木。圆柏一般不能成为中心树木，但作为庭院的主要树木或绿篱、影壁等使用而被广泛栽培，尤其适于西洋风格的庭院。即使形成火焰

状自然树形，也是很美丽的。因为圆柏抗潮害与城市公害，同时不选择土质，所以在全国各地栽培非常广泛。

【栽培特点】圆柏耐旱，对土质或排水好坏的要求不严格，但由于是阳性树种，还是喜欢光照充足的场所。在重黏土的土壤中生长可清楚地表现出其特征，在轻火山灰的地区生长则枝长而粗、生长繁茂。

因树势强，随时都可以定植。但新芽抽出前和冬季之前才是适宜期，多加入堆肥后定植，在基部必须设立支柱以防弯曲。

【管理要点】因圆柏耐修剪，故在4～10月都可以进行修剪。修剪过后，要把生长速度快的芽干净利落地摘除。重修剪后就会长出似杉木的针状叶，应尽早摘除生长速度快的芽。在病虫害方面，需要特别注意在4月常发生锈病。

2. 造型技艺介绍

圆柏耐修剪，树势强，造型形式多样，常见的有圆筒形（图9.55）、火焰状（图9.56）、散球形造型（图9.57）、球形造型（图9.58）、绿篱造型（图9.59）等。

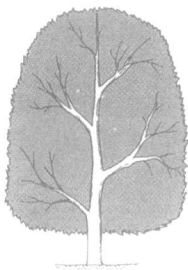

图9.55　圆柏圆筒形造型　　　　图9.56　圆柏火焰状造型　　　　图9.57　圆柏散球形造型

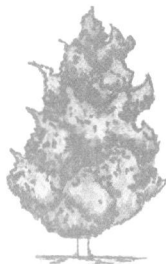

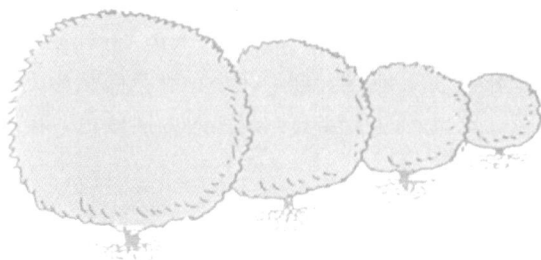

图9.58　圆柏球形造型　　　　　　　　图9.59　圆柏绿篱造型

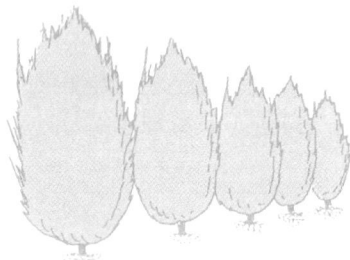

圆筒形造型：要从幼树开始，反复进行摘芽，逐渐加以整形。当苗木生长到2～3m时，摘心并把枝先端剪掉。为了增加小枝，要进行修剪，一年中要反复2～3次。株型形成后，要把从树冠伸出的新芽摘除。

火焰状造型：主要利用圆柏生机勃勃的自然株型，结合其特别的叶形，整形修剪成火焰状形态，别具一格。

散球形造型：要从幼树开始，在桧柏幼树期，把植株剪去植株高度的1/2，再把伸长的枝条剪成球形。或者在圆筒形造型的基础上，把枝的顶端修剪成散球形，但是要注意从全株的均衡角度来进行修剪，否则不会形成美丽的株型。散球形造型的圆柏列植也可以产生其他树种所没有的柔和感。

球形造型：修整成球形十分适合作为境界篱，可以产生层次变化的美感。

绿篱造型：自然株型的列植能给人以强烈的视觉感。

9.2.5 日本扁柏与日本花柏

1. 树种简介

【基本特征】日本扁柏与日本花柏为柏科常绿针叶树，两者株高均可达 30～40m。日本扁柏树干直立，枝条水平伸展，形成具有风格的株型；叶为鳞片状交互对生，叶的正面为浓绿色，背面为具有"丫"形白色气孔线（日本扁柏呈"X"形）；雌雄异株；花期 3 月。日本花柏比日本扁柏更耐水湿，两者具有极为相似的自然型的直干，常作为庭园树木或公园的景观树种植。

日本扁柏 [*Chamaecyparis obtusa* (Siebold et Zuccarini) Enelicher] 的常见品种：矮性的金扁柏，庭园树木和绿篱经常用；枝叶像孔雀羽毛那样伸出的孔雀扁柏，其叶黄金色变化的为金叶孔雀扁柏等。

日本花柏 [*Chamaecyparis pisifera* (Siebold & Zucc) Endl.] 的常见品种：作为庭园树木最多的羽枝花柏，其叶金黄色的为金叶花柏。此外，尚有小枝细长下垂的垂枝花柏、小枝密生的花柏。

【观赏特征】日本扁柏与日本花柏具有直立的干形，水平伸展的细枝，鳞片状的叶，给人以温柔的感觉，形成别具一格的景观。

【栽培特点】日本扁柏与日本花柏喜阳光与适当湿润的场所，在富含腐殖质的土壤中生长发育良好。能耐半阴，但叶片会变得瘦弱。定植适宜期为 3～4 月，但 9 月中旬到 10 月也可以定植。若是成年树，则必须在 1 年前就进行断根才能移植，15 年以上的大树尽量避免移栽。在定植添加腐叶土的同时，也施一些豆饼、鸡粪等有机肥料。若新芽茁壮地长出来，则在生长期没有必要进行追肥。小枝如果密生，就会影响透光通风，要适时轻剪。

【管理要点】日本扁柏与日本花柏具有一定的抗性，无须特别担心病虫害，但 6～7 月叶枯病发生时，则要喷洒波尔多液等药剂进行防治。

2. 造型技艺介绍

日本扁柏与日本花柏树势强，耐修剪，基本上是在春天和 11～12 月进行两次修剪（图 9.60），春剪主要是把密生枝、弱枝修剪疏掉，以促进新芽的生长；11～12 月的修剪主要把树冠内的枯枝、枯叶除去，为整形而进行全面修剪。

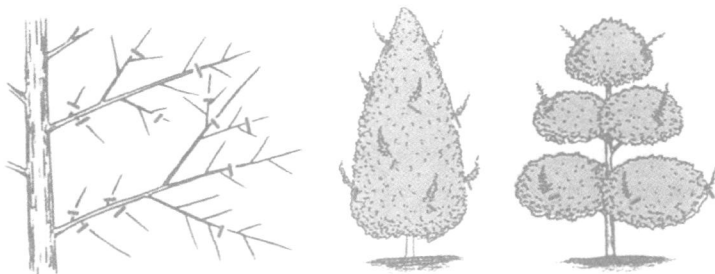

图 9.60　日本扁柏（花柏）修剪

图 9.61　日本扁柏（花柏）疏枝

日本扁柏与日本花柏进行疏枝时，一般把枝条剪去 1/3 左右（图 9.61），以使整个树势有柔和感。若在没有叶的枝条基部修剪，则新芽就不能长出，因此要避免重修剪。

日本扁柏与日本花柏的造型形式很多，当庭院空间比较大时，以直干造型（图 9.62）或双干造型（图 9.63）、圆锥形造型为好。圆筒形的造型比较适合行道树栽植，同时还有防风与做影壁的作用。此外，还有球形造型（图 9.64）、"车"字形造型（图 9.65）、蜡烛形造型等。

图 9.62　直干造型　　　图 9.63　双干造型　　　图 9.64　球形造型　　　图 9.65　"车"字形造型

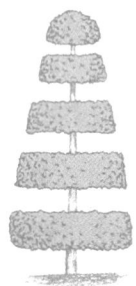

球形造型、"车"字形造型时，把树干的心部去掉，在抑制伸长的同时，为了使上下枝形成一定的间隔，要把多余的枝条从基部去掉（图 9.66）。同时，留下的枝条也得把其顶端剪去，使其多发侧枝而枝叶更丰满，有利于修整成所造之型。

球形造型：枝要相互错开，从上看呈放射状。

"车"字形造型：多余的枝条要全部从基部剪掉，上下枝形成间隔，而且上下枝之间的距离基本保持相等。

在实际运用中，可以根据树形特点，使枝的伸展方向不一致，形成"车"字形的变形造型（图 9.67），使其同时兼有球形和"车"字形的造型特点，别有一番风味。

图 9.66　摘心与疏枝

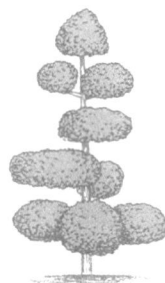

图 9.67　"车"字形的变形造型

9.2.6　梅

1. 树种简介

【基本特征】梅［*Prunus mume* Siebolb & Zucc.］为蔷薇科落叶乔木，株高 5～10m，主

干直立，粗枝斜上呈杯状树冠，老龄树的枝或干发生弯曲（图 9.68）。典型花为直径 2～3cm，白色花瓣水平展开，花横向着生于叶腋，几乎无花柄（图 9.69）。2～3 月先叶开放的花具芳香。依品种不同可分为白色至红色、单瓣、重瓣等。

图 9.68　梅的自然株型　　　　　　　　图 9.69　梅的自然花型

【观赏特征】作为观花类、观果类树木，梅越来越受到人们的青睐。虽然生长比较缓慢，但抗寒性强，树体健壮，故较易栽培。可栽植在庭院的关键部位。一般多采取钵植或盆栽，即使在狭小的庭院，经过重复修剪也能成为具有古树风格的树姿而引人入胜。

【栽培特点】梅虽属于暖地性的树木，但其适应性强，故在北方的南部地区也可栽培。若在光照与排水良好的肥沃地，无论是砂性土还是黏性土都可栽培，但最忌光照不良和湿地，在半阴条件下，着花不良，花质变差。苗木为共砧或以杏为砧木的嫁接苗。为了防止根部干燥，可选择对根有充分保护作用的稻草等物加以保护。

【管理要点】梅的萌芽力很强，耐重修剪，短枝条上着生很多花芽。作为庭园树木剪枝时，将长枝剪掉，则花芽着生良好。但修剪的时期对树木的着花有很大的影响，因此，应绝对避免在夏秋期间的花芽形成时期内对梅进行修剪。由于梅的萌芽力强，对养分吸收得多，故不能缺乏肥料。冬肥在根部周围掘沟，每株要埋入堆肥或鸡粪等有机肥。花期结束后的追肥，要施含氮素稍多的化肥，以促进其枝叶生长。初秋追肥时，要施等量混合的豆饼和骨粉，以促进花芽与根部的生长，施肥量每株约 150g，施于根部。病虫害会影响着花。要及时防治膏药病、黑星病、炭疽病、蚜虫、天幕毛虫、介壳虫等病虫害，在 4～10 月，每月喷洒一次杀菌剂或杀虫剂。

2. 造型技艺介绍

苗木的定植。切掉枝条的 1/2，粗长根也应去掉，挖一个比根幅大的坑穴，加入堆肥或腐叶土，把切口埋起，进行高植，并架支柱（图 9.70）。

整形与修剪。7～8 月花芽着生于新梢叶腋，如果只是使其开花，则可任其生长；若同时观赏株型，则根据需要修剪成各种造型。

梅的萌芽力强，从夏到秋形成许多新梢，伸长 1m 以上的徒长枝几乎不着生花芽，而在上年的徒长枝上长出的短枝上着生花芽。徒长枝从基部留 5～6 个芽，上部剪掉，第 2 年秋天能培育出着生花芽的短枝。5～6 年生枝条，随着生长，下部的枝干枯，其开花部位逐渐上移，因此 5～6 年枝要进行强修剪，使其从较低位置形成短枝（图 9.71），以利于观赏。

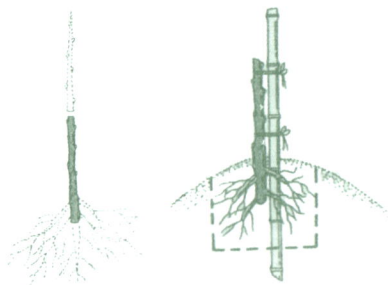

图 9.70　梅的定植

图 9.71　梅的修剪

梅的造型形式多样，有杯状造型（图 9.72）、散球形造型（图 9.73）、近自然型造型（图 9.74）、曲干造型（图 9.75）、自然开心形造型（图 9.76）等。

图 9.72　梅的杯状造型

图 9.73　梅的散球形造型

图 9.74　梅的近自然型造型

图 9.75　梅的曲干造型

图 9.76　梅的自然开心形造型

杯状造型：主要适于果梅造型，可抑制树高，因树冠大，故必须有大的空间。

散球形造型：近杯状整形，为自然型与杯状的中间类型。

近自然型造型：花梅与果梅均适用的方法。不择场所，与其他树木配植也很和谐。

曲干造型：①定植，把苗木剪去 1/2，斜植，并用支柱固定；②第 1 年冬，把先端的两个枝剪去 1/3，其他枝从基部剪掉；③第 2 年冬，把增添的木板放在伸长的枝上，使基部弯曲，剪去不必要的枝条；④第 3 年冬，达到目的高度，已停止生长的枝要摘心，并拿掉支柱；⑤第 4 年冬以后，留下形态好的枝条，剪掉不必要的枝条，来进行整枝整形。

自然开心形造型：一般在主干 60～80cm 处剪断，保留其下部呈放射状的 3 个主枝，从主枝再长出大量副枝，通过整形修剪逐步形成。

9.3　常见藤本植物造型

9.3.1　多花紫藤

1. 树种简介

【基本特征】多花紫藤［*Wisteria floribunda* (Wild.) DC.］为豆科攀缘性落叶藤本，能长到 15～20m，为右旋攀缘（图 9.77）。花长 1.2～2cm，淡紫色蝶形，以长花柄横向着生在花轴上，花序长 20～90cm（图 9.78），在总状花序上着生多数淡紫色小花，花从花序基部先开，花期 4～6 月。

图 9.77　多花紫藤自然株型

图 9.78　多花紫藤自然花型

【观赏特征】多花紫藤广义上是指豆科紫藤属植物的总称。平常所说的紫藤是指多花紫藤，其园艺品种很多，如今已在全世界范围内被广泛栽培利用。一般做棚架整形，也可将其引导到窗边或房檐沿壁面生长等。若利用其垂直空间，即使在小庭院也能栽培。

【栽培特点】多花紫藤适于光照充足、肥沃的湿润地，在阴地，枝蔓可向光照充足的地方伸展开花。因树势非常强健，故可根据爱好和空间大小来进行修剪。棚架等处的高位嫁接苗，在整形中适当修剪。在落叶期，不打碎根盘，除折断根外，都不切掉，穴内加入堆肥或腐叶土并进行高植。

【管理要点】夏天对多花紫藤的枝端进行轻剪，而正式的修剪在落叶期进行。冬季的整形修剪或初夏的新梢修剪的要点是留下短枝和使短枝形成分枝。若氮肥施入过多，则花便着生不良，故施肥只在易干的地点进行。在冬季，把堆肥或腐叶土埋于根部。

2. 造型技艺介绍

夏天，把伸长的枝端剪去 10～20cm，在落叶期留下 5～10 个芽进行强修剪，同时疏除忌避枝条（图 9.79）。苗木定植以后，把伸长的蔓作为主枝或主干进行培育，再把它诱引到干支柱或篱笆等上面（图 9.80）。

多花紫藤是良好的攀缘造型植物，当其达到预期高度时要摘心，开花枝每年都剪短到基部。常用的造型形式有棚架式造型（图 9.81）、柱干式造型（图 9.82）、篱笆式造型（图 9.83）等。

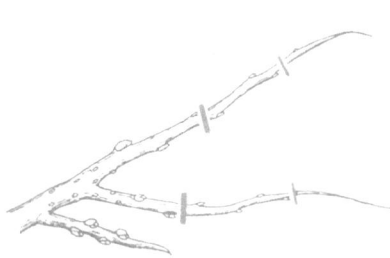

图 9.79　多花紫藤修剪

图 9.80　多花紫藤主蔓诱引

图 9.81　多花紫藤棚架式造型

图 9.82　多花紫藤柱干式造型

图 9.83　多花紫藤篱笆式造型

棚架式造型：多花紫藤最常用的一种形式之一，造型的要领是把主枝引导到棚面上，使其基部保持宽裕的空间。

柱干式造型：杆柱材料可以选择木质材料、不锈钢材料等，按照造型设计，搭建好框架，然后栽植多花紫藤，并牵引其攀缘而上，不断整形修剪而成柱干造型。

篱笆式造型：在既定的篱笆支架上，把蔓向左右诱导，集结于篱笆上端，形成篱笆的美丽造型。

多花紫藤的花具有很高的观赏性，为了使花着生良好，培育着生花的短枝条也很重要，花后留 2～3 个芽，把花梗剪掉，以便剪后抽出新梢并着生花芽。

9.3.2　凌霄

1.　树种简介

【基本特征】凌霄［*Campsis grandiflora* (Thunb.) Schum.］为紫葳科攀缘藤本，具有

多数气根或无气根，长可达 10 多米。茎伸长，由茎长出附着根攀缘于地物而向上生长。枝条呈伞状下垂。紧贴篱笆或壁上（图 9.84）。聚伞花序或圆锥花序。花漏斗状，黄赤色（图 9.85），花期 5～8 月。

图 9.84　凌霄自然株型

图 9.85　凌霄自然花型

【观赏特征】凌霄依附老树或石壁、墙垣栽植，藤蔓围绕，为庭园中重要的造型绿化植物。如果栽植于石隙间、攀缘悬崖上，则柔条纤蔓、碧叶绛花，随风飘舞、倍觉动人。

【栽培特点】凌霄喜光，稍耐阴，喜温暖、湿润，耐旱，忌秋水。

【管理要点】除枯萎枝条，应悉数修剪外，其过繁密枝条也在发芽前尽量修剪，以整树形。

2. 造型技艺介绍

凌霄 3～4 月定植苗木，新梢伸出形成蔓。因其具有长出附着根而攀高的性质，故可根据造型设计乔木柱干、棚架、篱笆等供其缠绕。

柱干造型：将凌霄苗栽植于柱干基部，将枝蔓牵引绑缚到柱干上，开花后的枝于冬季从基部剪掉［图 9.86（a）］，翌春长出新枝部位着蕾［图 9.86（b）］，由基部发生枝或地面萌生枝应尽早除掉［图 9.86（c）］。

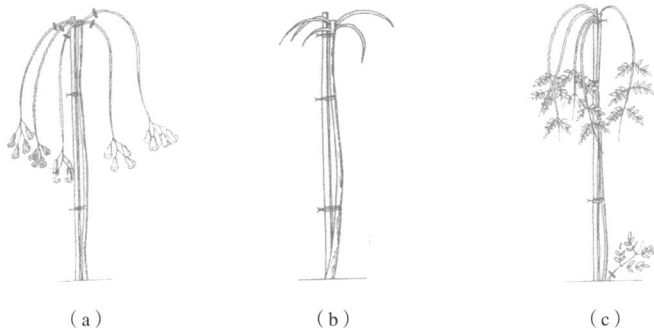

（a）　　　　　　（b）　　　　　　（c）

图 9.86　凌霄修剪过程

棚架造型：在设计好的棚架基部栽植凌霄苗，当凌霄的枝蔓生长到一定高度时进行摘心促发侧枝，并将发出的枝蔓牵引绑缚到棚架上，使枝蔓均匀布满棚架（图 9.87）。

篱笆造型：凌霄是利用气生根向上攀爬的，其吸附力不是很强，做篱笆造型时，需要利用人工将枝蔓均匀地牵引绑扎到篱笆上。一般保留 3～5 个主蔓，通过摘心促发侧生枝蔓，并有选择性地留侧枝，将侧生枝蔓横向牵引布满篱笆，剪去过长的及重叠的枝蔓（图 9.88）。

图 9.87　凌霄棚架造型

图 9.88　凌霄篱笆造型

9.4　其 他 造 型

9.4.1　女贞

1. 女贞五角亭造型

（1）造型设计

根据环境容量的大小或苗圃培育的目标，以及植物本身的生长极限等因素，依据五角亭的基本框架结构，设计合适的植物造型设计图。

（2）造型方法

女贞五角亭造型主要采用绑扎引缚法。

（3）所需材料

所需材料包括园艺铁丝若干、竹竿若干、5 株高 200～250cm 女贞（要求 160cm 以下主干通直）、细绳、剪刀等。

（4）操作步骤

1）选择合适的环境，做好土壤平整等准备工作。

2）根据造型设计图放样。

3）根据放样点栽植女贞。

4）在亭中心立竹竿 1 根，达亭子设计高度顶端，并以已栽植女贞为支架，在离地 150～160cm 处用竹竿搭架五角亭亭顶。

5）选择适宜的女贞枝条弯曲绑缚五角亭亭角，把相对粗壮的枝条用园艺铁丝引缚绑扎到五角亭亭顶竹竿架上，并整理杂乱、细弱的枝条（图 9.89）。

6）检查并整理五角亭造型。

（5）造型后护理

绑扎完成后，先将伸出骨架外的多余枝条剪去，开始时修剪不宜过深，可粗剪出造型轮廓。如果在春、夏季造型，则可在晚秋进行再次修剪，以后每年夏天修剪两次，以保证造型圆润敦实。将需要的部位绑扎，并及时检查以前的绑扎，如果绑扎太紧，则将其解松，使造型逐渐丰满成型（图 9.90）。

图 9.89　女贞五角亭整体框架造型

图 9.90　女贞五角亭造型

2. 女贞大象造型

（1）造型设计

根据环境容量的大小或苗圃培育的目标，以及植物本身的生长极限等因素，依据大象的基本框架结构，设计合适的植物造型设计图。

（2）造型方法

女贞大象造型主要采用绑扎引缚法。

（3）所需材料

所需材料包括园艺铁丝若干、竹竿若干、4 株高 2～3m 女贞（要求主干离地 60cm 左右处有 3～5 个分支，其中 2 株最好是落地双干植株，以用作大象前腿造型）、细绳、剪刀等。

（4）操作步骤

1）选择合适的环境，做好土壤平整等准备工作。

2）根据造型设计图放样。

3）根据放样点，前后各栽植 2 株女贞，分别定位好大象的前后大腿。

4）在 2 株大象的前腿 60cm 左右处、后腿 50cm 左右处用园艺铁丝或细绳平行固定 2 根竹竿，然后把用作后退的女贞植株的分支枝条向前腿弯曲，牵引到用作前腿的女贞植株体上，形成大象的身体结构，并把枝条用细绳固定到事前固定好的竹竿上，初步形成大象的下身造型（图 9.91）。

5）利用用作前腿的女贞植株的枝条绑扎引缚成大象的头部，并整理杂乱、细弱的枝条（图 9.92）。

6）检查并整理大象造型（图 9.93）。

图 9.91　女贞大象四肢框架造型

图 9.92　女贞大象整体框架造型

图 9.93　女贞大象造型

（5）造型后护理

造型后护理方法与五角亭造型形似。

3．女贞其他象形造型

女贞还可以进行几何体造型、长颈鹿的造型、龙的造型等，其造型过程与五角亭造型、大象造型基本相似。如图 9.94 所示的女贞花瓶造型，在造型设计的基础上，根据瓶子设计的目标高度，选用适宜的女贞植株 8～10 株，在放样的基础上，沿瓶底圆周线栽植女贞，并分别在瓶子口径大小变化的转折处，用园艺铁丝或竹丝等材料搭架造型，以牵引和固定女贞枝条，造型出花瓶的基本形态，最后通过不断的修剪整形，形成具有很强观赏性的花瓶植物造型。

图 9.94　女贞花瓶造型

如图 9.95 所示的女贞龙的躯体造型，在造型设计的基础上，根据龙设计的目标长度，选用适宜的女贞植株 12～20 株。在放样的基础上，按照一定的间隔距离分别栽植女贞 4～5 株（间隔距离的大小及栽植点数要根据龙的设计长度决定），以形成龙脚。把每个栽植点的女贞基本按照平分的原则，分别向前和向后绑扎引缚，每 2 个栽植点中间形成拱弧状弯曲，以使龙身有动态和变化感。龙头选用的女贞植株规格相对要大些，以便于龙头的造型（图 9.96）。造型后护理方法与五角亭造型形似。

图 9.95　女贞龙的躯体造型

图 9.96　女贞龙头的造型

如图 9.97 所示为女贞长颈鹿的造型，其造型方法、造型步骤及养护与大象造型十分相似，只是在女贞植株材料选择上的要求不同。由于长颈鹿的颈部比较长，所以用作长颈鹿前腿植物造型的女贞植株要满足高度的要求。

图 9.97　女贞长颈鹿的造型

女贞耐修剪、抗性强、易养护，是难得的常绿性造型树种，在植物造型中应用广泛（图 9.98～图 9.101）。

图 9.98　女贞人物造型

图 9.99　女贞图腾柱造型

图 9.100　女贞"龙"字造型

图 9.101　女贞狮吼造型

9.4.2　菊花

1. 树种简介

【基本特征】菊花原产于中国，别名菊华、秋菊、九华、黄花、帝女花。菊科菊属，多年生草本植物，高 60～150cm，茎直立，茎部木质化，多分枝，具细毛或绒毛；叶有柄，叶片卵圆形或狭长圆形，长 3.5～5cm，宽 3～4cm，边缘有缺刻及锯齿，基部心形，下面有白色绒毛，秋冬开花，头状花序大小不等，直径 2.5～25cm，单生枝端或叶腋，花型变化多，花色丰富。我国各地均有栽培，对土壤的要求不严，但低洼盐碱地不宜栽种。性喜阳光，不耐荫庇。

【观赏特征】菊花是我国十大传统名花之一，在我国已有 3000 多年的栽培历史。菊花品种繁多，依花瓣形态可分为单瓣类、桂瓣类、管瓣类等；依花型可分为宽瓣型、荷花型、莲座型、球型、松针型、垂丝型等；依栽培形式可分为独本菊（又称标本菊）、多头菊、悬崖菊、大立菊、高接菊等。独本菊因一株只有一朵花，故营养集中，花朵硕大，能充分体现出该品种的特性，在菊展中多用于品种展出。多头菊又称多本菊，是一株数杆，每杆 1 花的单株盆栽菊。以花枝数目不同分为三头菊、五头菊、七头菊或九头菊，均取单数，因花朵饱满，花色以黄色为主，花期较长，故有健康长寿和富贵高雅之意。悬崖菊多用小花系品种培植，繁花朵朵，花团锦簇，如居高悬崖，别具雅趣。大立菊一株着花数百朵，常加以人工整理，使之花序井然，或扎成各种图案花纹，一旦花开，美丽壮观，充分体现出巧夺天工的园林艺术。高接菊则是充分借用青蒿高大健壮的体魄，让菊花寄居其上，形成高大的菊塔，蔚为奇观。深秋季节，寒气袭人，万花凋谢，唯有菊花此时却五彩缤纷，变化多姿，傲霜怒放。晋代陶渊明有诗句"采菊东篱下，悠然见南山"，说明我国古往今来种菊欣赏，题咏抒怀，已成风尚。

【栽培特点】菊花培育的主要技术环节是，盆土配制、母本留种、繁殖、上盆定植、水肥管理、摘心抹芽除蕾等方面。要求盆栽菊花的土壤土质疏松，腐殖质丰富。常用扦插、分株、嫁接及组织培养等方法繁殖。露地栽植，选地势较高地段，事先整平耙细畦地，适于排灌。畦宽 1m 左右，长度可因地制宜。根据土壤质地、肥分薄厚，施用适量农家肥作为基肥。第 1 期的扦插苗栽植的株行距为 50cm 左右，第 2 期的扦插苗栽植的株行距为 40cm，栽完浇足水，隔 1～2 天浇第 2 遍水，及时松土中耕，保墒蹲苗，以后视土壤墒情适时浇水，中耕锄草，灭虫打药。

【管理要点】菊花的整枝造型不分盆栽、地栽，做法相同，其他如管理、裱扎、剥蕾、整形等操作也相同。第 1 期的扦插苗，培养"三杈九顶"。当植株第 1 次摘心萌芽后，选留顶端 3 个整齐的新芽发枝，其余的抹掉。当这 3 个新枝长出 4 片叶时，第 2 次摘去心梢。每枝再留 3～4 个新芽供发枝。待新枝长到 30cm 时，整枝定型，把重叠残弱枝剔除，用细绳把植株从中腰围拢，并适当用数根细竹绑扎支撑，保持植株匀称造型。第 2 期的扦插苗培养三五朵菊，第 1 次摘心后，一般养 3 枝的不再摘心，一直培养，适当整形保持 3 枝生长的均势。养 5 朵的第 1 次摘去心梢后，顶部留 2 个新芽发枝，待新枝长出 3～4 片叶时，再次摘去心梢，每枝留 2～3 个芽发枝，最后定型养成 5 枝。

2. 造型技艺介绍

下面以大立菊为例进行造型介绍。

（1）大立菊的概念

大立菊是一种经特殊培育和艺术加工而成的独本大型菊花，即在一棵菊株上开出成百上千朵排列整齐呈平面或半球形的造型菊，别名千头菊。大立菊基部主干为独本，每本开花 100～3000 朵，花朵直径为 6cm 以上，扎圈直径可达 3～5m。植株造型有平面形、扁馒头形、球形和方形等。

（2）大立菊的培育造型

大立菊的培育造型分扦插和嫁接两种方法。

1）扦插法。扦插法是将扦插菊株多次摘心，并加以人工绑扎造型。选用分枝性强、枝条柔软的大花品种，精心培育 1～2 年，成为每株可开数十朵至数千朵花的大立菊，适于展览会及厅堂用。扦插法栽培要点如下。

9月挖 5～10cm 长的健壮脚芽插于浅盆中，生根后移于直径为 12cm 的盆中，室内越冬。次年 1 月移入大盆。当苗生 7～9 片叶时，留 6～7 片叶摘心。上部留 3～4 个侧枝，以后每侧枝留 4～5 片叶反复摘心。扦插最好采用全光间隙喷雾的方法，这样既可育出壮苗，又可缩短育苗时间。

春暖后定植，以后约每 20 天摘心一次，8 月上旬停止。植株旁插 1 根细竹竿，固定主干，四周再插 4～5 根竹竿，引绑侧枝。至 9 月上旬将其移入大盆。

立秋注意水肥管理，经常除芽、剥蕾。当花蕾直径达 1～1.5cm 时，用竹片制成平顶形或半球形的竹圈套在植株上，并与各支柱连接绑牢，然后用细铅丝均匀地系于竹圈上，继续养护。这样培养的大立菊，一株可开花数千朵。特大立菊则常用蒿苗嫁接，并用长日照处理培养两年才成。

2）嫁接法。嫁接法是将菊芽嫁接在砧木（黄蒿或青蒿）上，再绑扎造型。嫁接法不但可使大立菊花多，扎圈直径大，而且可使花色更加丰富，是现代培育大立菊的重要方法。

① 砧木培育。培育特大的立菊，一般用嫁接法繁殖。以同科植物青蒿为砧木，青蒿抗性强、分枝多、生长旺盛，是理想的做砧木的好材料。一般在 11 月上半月挖取野生的或人为播种的青蒿苗进行上盆，放置在温室或塑料大棚内过冬，翌春 3 月底至 4 月初将其移到露地。

种植大立菊的土壤一定要肥沃，基肥充足，以后要不断追肥，否则缺肥易造成木质老化。在实际操作中，可选用八五砖堆成箱形，内填营养土以种植青蒿，待大立菊需装箱前抽掉八五砖，直接用木板钉箱。这样可有效防止伤根现象，使大立菊长势良好。

砧木的修剪整形方法是预先摘心，就是把顶端的头摘除，抑制顶端优势，尽量让砧木基部的侧枝苗壮生长并伸长，这样可使花圈直径增大。为培育花朵特多、花圈直径特大的大立菊奠定基础，对长势不理想、瘦弱的侧枝予以去除，留 10 枝左右做嫁接使用。

② 接穗选择。大立菊的接穗要选与青蒿亲和力强、色彩亮丽、花梗长、抗性强、容易分枝的大花品种做接穗，红色的有"红梅阁"，黄色的有"金黄牡丹"，白色的有"白欧"等，它们都是上佳之选。

③ 嫁接时期。嫁接在 4 月初至 6 月中旬进行。在一天内嫁接的时间根据当天气温来定，4～5 月，白天平均气温约 20℃，可全天嫁接；6～7 月，白天平均气温约 30℃，则以上午 10 时以前、下午 4 时以后嫁接为佳。

④ 嫁接方法。通常采用劈接法。嫁接时，切取肉质实心菊花新梢做接穗，长为 3～5cm，距离接穗下部 1.5cm 两边用利刀削成楔形，含在嘴里；把青蒿砧木拦腰切断，从中心往下用力劈开，长为 1.5cm，然后把接穗插到砧木劈口里面，砧木的一面边缘皮层与接穗皮层对齐，用塑料条缠紧绑缚好。全部嫁接完以后，在嫁接的植株上面搭遮阳网，每天浇水一次，注意不要浇到嫁接口上，待 15 天后把遮阳网取下即可。

⑤ 嫁接顺序。

封头嫁接：当砧木长到 50～70cm 高时，切去顶端（称为封头），嫁接上接穗。

侧枝嫁接：为保证大立菊整形时有足够的菊朵，应当在砧木上多留侧枝进行嫁接。一般培养直径 200～300cm 的大立菊，需留侧枝 10～14 个。所留侧枝在蒿干上以分层分布为宜，各层间留有间距，可保证嫁接成活的菊枝有充足的生长空间。当青蒿侧枝增粗达 0.4～0.6cm、长 15～25cm，侧枝上的小分枝粗 0.3～0.4cm、长约 10cm 时，可在小分枝上留 8cm

长进行嫁接。

⑥ 绑制支架。顶端封头嫁接以后，为了固定枝条，要在根颈附近竖插一根小竹竿作为立柱，用塑料绳或细铁丝拴住主干；在植株四周竖插若干根高 40～50cm 的细竹竿，同时选择一条长竹劈围成圆形竹圈，绑扎在外围竖立的细竹竿上，形成支架和框架，对侧枝进行牵引固定，使每个侧枝均匀分布于主干周围，以利于以后绑扎造型，均衡株态。

⑦ 接后管理。

打头摘心：嫁接成活 7 天后，待菊梢生长至 20cm、8～9 片叶时，对接穗新梢进行第 1 次摘心（俗称打头），促使菊花接穗萌发分枝，培养侧枝。第 1 次摘心时，需保留 6～7 片叶芽，其余均除去。相隔 20 天左右可第 2 次摘心，以后多次摘心，进一步增加各级侧生分枝，同时要对新生分枝去弱留强、去病留壮。如此连续 3～4 次就可达到上千朵花。要培养直径特大的大立菊，则要严格控制摘心次数，否则枝条难以抽长，达不到预期的直径大小。

培养特大立菊总共要进行 6～10 次摘心。最后一次摘心定头应在 8 月中、下旬进行，以保证距开花有 50～60 天生长时间，便于造型。这次摘心对每个枝条都要进行，正常枝留 2 个芽，壮枝留 3～4 个芽，促使每个枝条尽量同时抽发新枝，营养平均分散，从而使各个枝条长势均衡、造型丰满、花朵整齐、花期一致。

抹芽剥蕾：为保证立菊花朵大小及花期一致，从 9 月中、下旬开始，要做好抹芽疏蕾工作。主要做法是及时抹去菊梢上的侧生腋芽，剥去过多的花蕾。如果主花蕾较其他花枝的花蕾小，则应少留或不留侧蕾，使养分集中，促使主蕾加速生长；如果花蕾较其他花枝上的大，则多留侧蕾，使养分分散，减缓主蕾生长；对于劣小而畸形的残蕾，应坚决予以剥除。剥蕾一般可分 4 次进行，第 1 次剥蕾约在 10 月初，最后一次多在 10 月下旬进行，使每枝都留下一个顶蕾，其外形大小及花期便可基本接近一致。

⑧ 绑扎造型。制作特大型大立菊时，可于 9～10 月上旬，当花蕾透色后，将大立菊从畦地中挖出，吊装上盆。上盆后，首先要制作支撑底架，以支撑整个造型的所有竹圈和花朵；然后制作顶部竹圈，绑成平面形或扁馒头形骨架；最后牵引花朵上架，绑扎成型。

制作支撑底架：先用一根粗竹竿紧贴蒿苗主干，深插于培土中固定，再用粗铁丝将竹竿与主干绑紧；再用 3～4 根宽 2～3cm 的竹劈互相在中段交叉，固定于中央竹竿上；两端用斜插或直插于土中的粗竹竿支撑，使竹劈平直伸展或呈弧度弯曲。相邻两竹劈之间的夹角为 60°或 45°，从而制成大立菊造型各竹圈的支撑底架。底架在主干上的固定点即竹劈的交叉点，距主干顶端 10～20cm，高 60～80cm（图 9.102 和图 9.103）。

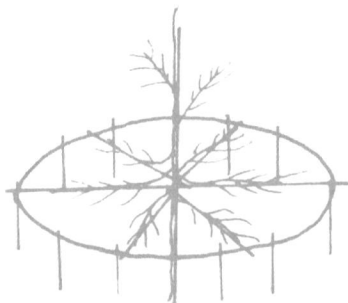

图 9.102　大立菊底层框架　　　　图 9.103　扁馒头形支撑框架示意图

制作顶部竹圈：选择宽约 1cm 的细竹劈，圈成 4~5 个竹圈，每圈半径相差 10~15cm；把这些竹圈以主干为中心，从里到外依次固定于底架上（图 9.104）。

牵引花朵上架：将中央竹圈花朵绑好，然后按照从里到外的顺序，再把其余枝条的花朵等距离均匀绑缚于竹圈架上的各个竹劈上，便制成整体轮廓呈平面形或扁馒头形的大立菊造型。要求竹圈间隔相同，花朵分布均匀，排列整齐，有条不紊，花型优美，花期一致，花面平整或弧度匀称（图 9.105）。

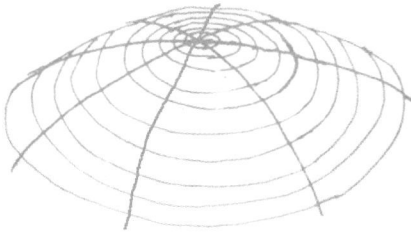

图 9.104 扁馒头形大立菊顶部竹圈

图 9.105 大立菊造型

肥水管理：培养大立菊，肥水的管理是至关重要的。菊花性喜湿润，但也忌水渍，水分过多会使叶片发黄甚至烂根，从而造成死亡。盆土过干会影响正常生长，如夏季高温天气甚至会产生日灼病，浇水时应掌握不干不浇、浇则浇透、盆土要见湿见干的原则。要根据天气和菊花的品种，以及菊花生长的不同时期来确定盆菊的浇水量和浇水时间。一般来说，小苗阶段，前期不要浇肥，每天上下午各喷水一次即可，定植大盆后开始每周浇一次稀薄肥水。立秋后随着菊苗生长的逐渐旺盛，要加大施肥浓度和施肥次数，浇水时间放在中午，这样可以防止徒长。花芽分化时期，有些品种由于过量施肥，菊花生长过旺而产生柳叶头，这时要暂时停肥，待花蕾形成后再继续施肥。每次施肥后都要用清水喷洒叶面，以防污染，同时还要结合根外追肥 3~4 次，方法是用 0.1%尿素和 0.2%磷酸二氢钾混合液喷洒叶面，宜在傍晚进行，花蕾透色后可停喷。

（3）大立菊造型实例

在 2002 年上海植物园举办的菊花展会中，有一盆直径达 5m 的独株大立菊，花朵近 2000 朵，实为艺菊中罕见的精品。现将这株特大大立菊制作的核心技术措施介绍如下。

1）嫁接要点。嫁接枝头为 10 个，4 月中旬一次完成。

2）摘心技术。5 月 10 日第 1 次摘心，每枝留芽为 5~6 个，则总数约达 65 枝。5 月 30 日第 2 次摘心，每枝留芽为 5 个，则总数达 65×5=325（枝）。6 月 20 日第 3 次摘心，每枝留芽为 4 个，则总数达 325×4＝1300（枝）。7 月中下旬定头，每枝留芽为 2 个，则总数为 2000 枝左右。

注意：外圈为了留长枝，有的不能摘心。此大立菊要用四筋八枪共 21 圈。

3）绑扎技术。

第 1 圈以内首先绑扎 9 朵花。其中，中心点上 1 朵，四周茎上 8 朵。从第 1 圈起，先在圈和筋的每个交点上都绑扎 1 朵花，这样，四筋八枪需绑扎 8 朵；同时每两个交叉点之间再绑扎 1 朵花，共 8 个交叉点，故又增加 8 朵；则第 1 圈上有花 8＋8＝16（朵）。

第 2 圈也是先在圈和筋的每个交点上都绑扎 1 朵花，这样，四筋八枪需绑扎 8 朵；同时每两个交叉点之间再绑扎 2 朵花（比第 1 圈共多 8 朵），即 8 个交叉点之间又增加 8×2＝

16（朵）；则第 2 圈上有花 8＋16＝24（朵）。

第 3 圈还是先在圈和筋的每个交点上都绑扎 1 朵花，这样，四筋八枪需绑扎 8 朵；同时每两个交叉点之间再绑扎 3 朵花（比第 2 圈共多 8 朵），即所有交叉点之间又增加 8×3＝24（朵）；则第 3 圈上有花 8＋24＝32（朵）。

这样，由里到外，一圈一圈地逐个绑扎，每增加 1 圈就增加 8 朵花，如此循环往复，直到最后 1 圈绑扎完毕为止。

第 20 圈上有 168 朵花，第 21 圈上有 176 朵花，则此大立菊总花数＝第 1 圈花数＋第 2 圈花数＋…＋第 20 圈花数＋第 21 圈花数＝16＋24＋32…＋168＋176＝1916（朵）。算上第 1 圈以内 9（朵）（中心点上 1 朵，茎上 8 朵），共计有花 1916＋9＝1925（朵）。

▬ 任务实施 ▬

任务　园林植物造型综合训练

任务描述 ☞

不同的植物因应用环境不同，其造型设计与造型方法会有很大区别，同一植物在不同区域有不同的生物学特性，在造型应用中也会有多种处理手段、多种造型方案。因此，在实际生产和工作中，各树种的造型要依据树种本身特点和环境的要求，善于把配置需要与造型技巧有机结合起来，创作出融艺术性与科学性于一体的造型作品。

在本任务中，学生可以选取同一植物创作不同的造型作品，也可以用不同植物创作相同的造型作品，通过综合训练能熟练运用各种造型方法对各种植物进行造型设计和制作。

任务目标 ☞

1. 根据造型植物特性和造型目的进行造型设计。
2. 按照造型设计进行植物造型操作。

植物材料 ☞

女贞、圆柏、朝鲜黄杨、海棠、紫薇、绣线菊、红叶季、红叶石楠、水蜡、榆叶梅、金叶榆、桂花、桃树、悬铃木、紫杉、油松、菊花等（注：可根据当地植物种类按造型目的选择造型树种）。

造型用具与备品 ☞

普通修枝剪，手锯，高枝剪，绘图纸，铅笔，橡皮，各种型号的铝线、铁线、棕丝、竹竿等。

任务操作步骤与方法 ☞

1）选择当地同一树种设计制作开心形造型、几何体造型、象形造型（动物、人物、建筑物或者其他类型）、独干造型、图案造型等。

2）选择不同树种设计制作开心形造型、几何体造型、象形造型（动物、人物、建筑物或者其他类型）、独干造型、图案造型等。

任务评价 ☞

提交不同类型的造型作品 5 种，要求造型作品美观，造型手法运用娴熟，作品细部处理合理。具体评价标准如表 9.1 所示。

表 9.1　园林植物造型综合训练评价标准

序号	制作步骤	评价标准	赋分	备注
1	开心形造型作品	造型设计合理	5 分	
		造型作品美观	5 分	
		造型手法运用正确，细部处理得当	10 分	
2	几何体造型作品	造型设计合理	5 分	
		造型作品美观	5 分	
		造型手法运用正确，细部处理得当	10 分	
3	象形造型作品	造型设计合理	5 分	
		造型作品美观	5 分	
		造型手法运用正确，细部处理得当	10 分	
4	独干造型作品	造型设计合理	5 分	
		造型作品美观	5 分	
		造型手法运用正确，细部处理得当	10 分	
5	图案造型作品	造型设计合理	5 分	
		造型作品美观	5 分	
		造型植物及色彩配置合理，面积和植物数量及预算计算正确	10 分	

巩固训练 ☞

选择当地适宜做造型的树种设计制作开心形、圆球形（圆柱状、锥体、正方体等）、鸟类（各种动物）、各种人物、建筑物或者其他类造型、图案造型、独干造型等，提交造型作品 5 种以上。

■ 小结 ■

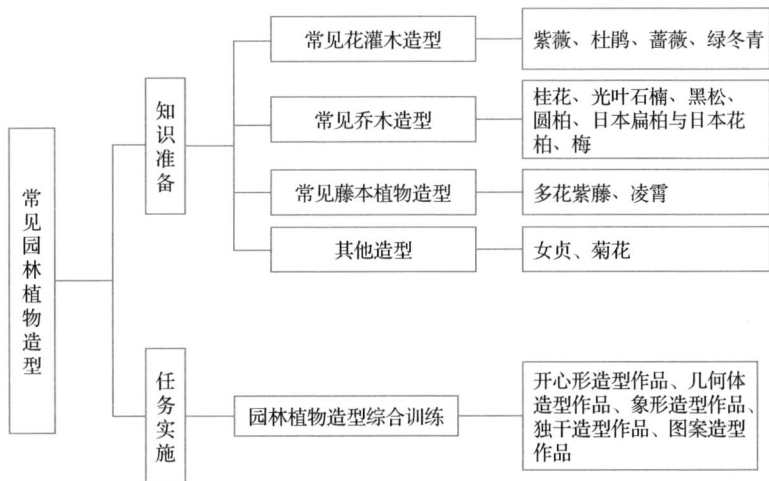

思考练习

一、选择题

蔓生蔷薇一般只在（　　）进行修剪，把开花 3～4 年的老枝从基部剪掉。
　　A．冬季　　　　　　B．夏季　　　　　　C．春季　　　　　　D．秋季

二、填空题

1. 紫薇如果每年在同一部位修剪，则在这一部位会形成_____。
2. 梅的萌芽力强，易发徒长枝，徒长枝从基部留_____个芽，上部剪掉。
3. 用女贞做亭子造型主要采用_____法。
4. 大立菊的培育造型常采用_____和_____两种方法。

三、简答题

1. 杜鹃适宜做哪些造型类型？
2. 简述梅的曲干造型操作过程。
3. 多花紫藤可以做哪些造型？
4. 简述女贞大象造型操作步骤。

参 考 文 献

崔广元，张哲斌，2012．盆景制作与销售[M]．北京：科学出版社．

戴维·乔伊斯，2002．景观植物整形艺术与技巧[M]．乔爱民，盛爱武，郑迎冬，译．贵阳：贵州科技出版社．

刁慧琴，居丽，2001．花卉布置艺术[M]．南京：东南大学出版社．

董丽，2015．园林花卉应用设计[M]．3版．北京：中国林业出版社．

郭春华，2001．花卉造型与展示[M]．乌鲁木齐：新疆科技卫生出版社．

胡长龙，2005．观赏花木整形修剪手册[M]．上海：上海科学技术出版社．

李庆卫，2011．园林树木整形修剪学[M]．北京：中国林业出版社．

鲁平，2006．园林植物修剪与造型造景[M]．北京：中国林业出版社．

穆守义，2001．园林植物造型艺术[M]．郑州：河南科学技术出版社．

彭春生，李淑萍，2018．盆景学[M]．4版．北京：中国林业出版社．

青木司光，2001．观赏树木整形修剪图解[M]．高东昌，译．沈阳：辽宁科学技术出版社．

田如男，祝遵凌，2001．园林树木栽培学[M]．南京：东南大学出版社．

王锚璆，2007．园林树木整形修剪技术[M]．上海：上海科学技术出版社．

吴涤新，1994．花卉应用与设计[M]．北京：中国农业出版社．

吴诗华，汪传龙，2009．盆景制作技法[M]．北京：中国林业出版社．

俞善金，金洪学，1999．花卉艺术[M]．北京：高等教育出版社．

臧德奎，2002．攀缘植物造景艺术[M]．北京：中国林业出版社．

曾宪烨，马文其，2008．新编盆景造型技艺图解[M]．北京：中国林业出版社．

张秀英，2006．观赏花木整形修剪[M]．北京：中国农业出版社．

朱仁元，张佐双，张毓，2002．花卉立体装饰[M]．北京：中国林业出版社．

祝志勇，2006．园林植物造型技术[M]．北京：中国林业出版社．

庄莉彬，连巧霞，魏理树，等，2004．园林植物造型技艺[M]．福州：福建科学技术出版社．

园林植物造型彩图

彩图 0.1　不同颜色苋草巧妙组合的色块图案

彩图 3.1　孔雀造型

彩图 3.2　袋鼠造型

彩图 3.3　恐龙造型

彩图 3.4　游龙造型

彩图 3.5　紫薇花廊造型

彩图 3.6　桧柏塔和灯台造型

彩图 3.7　亭子造型

彩图 3.8　舞女造型

彩图 3.9　火车造型

彩图 3.10　"福"字造型

彩图 7.1　点式植物图案造型

彩图 7.2　线式植物图案造型

彩图 7.3　面式植物图案造型

彩图 7.4　毛毡花坛

彩图 7.5　彩结花坛

彩图 7.6　浮雕花坛（一）

彩图 7.7　花坛群

彩图 7.8　连续花坛群

彩图 7.9　浮雕花坛（二）

彩图 7.10　一串红与黄色地被菊组合花坛

彩图 8.1　花柱造型花坛

彩图 8.2　花环造型花坛

彩图 8.3　花鸟造型花坛

彩图 8.4　花桥造型花坛

彩图 8.5　脸谱造型

彩图 8.6　龙亭造型

彩图 8.7　天鹅拱门造型

彩图 8.8　花篮造型

彩图 8.9　塔造型

彩图 8.10 漏窗式花墙造型

彩图 8.11 标牌式立体花坛造型

彩图 8.12 用植物栽植修剪法
塑造的假山立体造型花坛

彩图 8.13 用盆花拼装成的蘑菇
云状造型

彩图 8.14 不对称而均衡的浮雕
立体造型花坛

彩图 8.15 浅色调天鹅造型

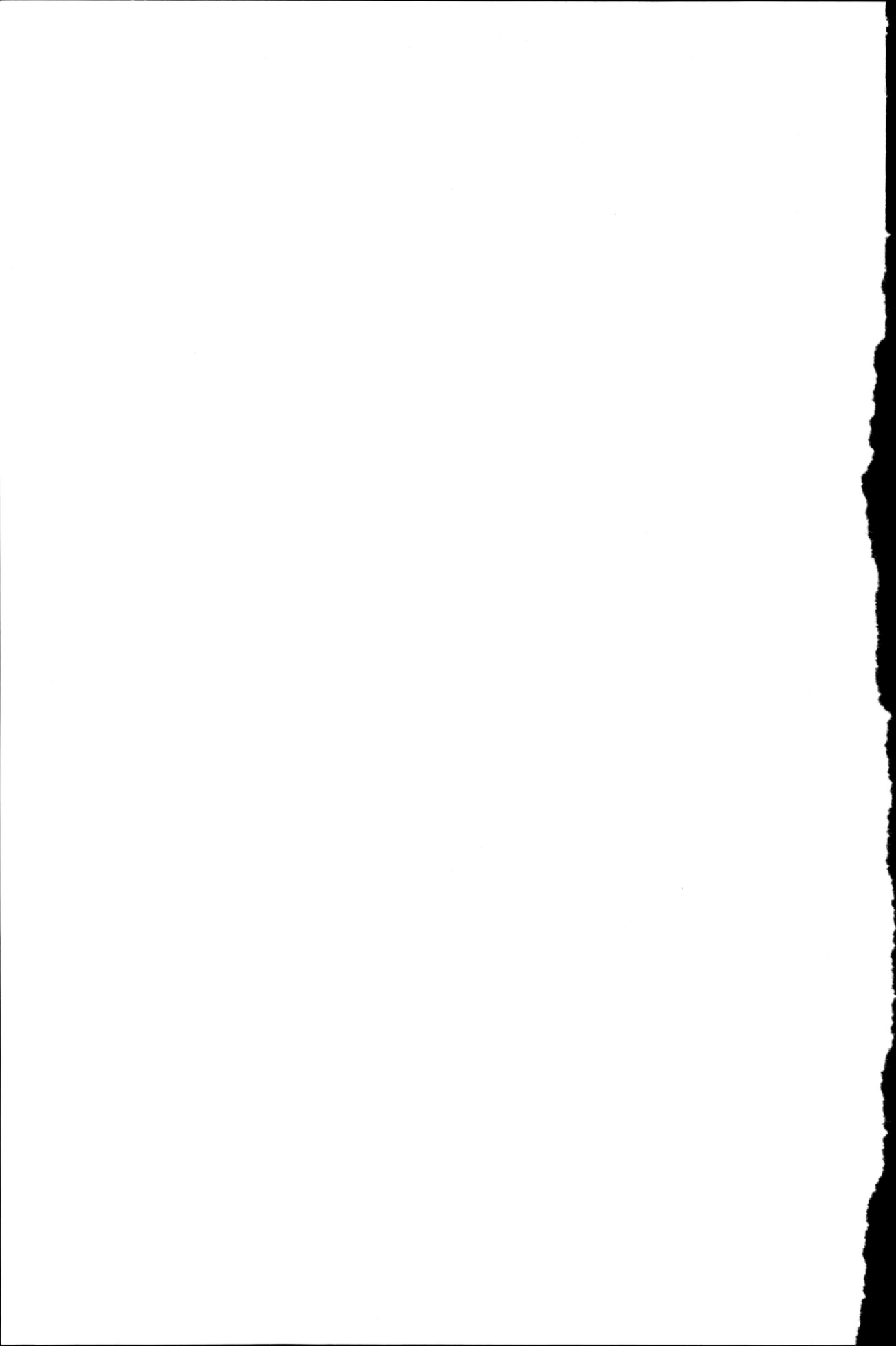